HUANJING HUAXUE LILUN YU JISHU YANJIU

环境化学理论与技术研究

杨 艳 武占省 杨 波 编著

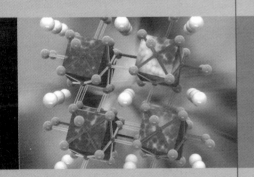

中国水利水电出版社
www.waterpub.com.cn

内 容 提 要

本书主要是以阐述化学物质在大气、水、土壤、生物各环境介质中迁移转化过程及其效应为主线,全面深入地论述这些过程的基本原理、机制和规律,并且探讨了各类与人类密切相关的全球环境问题,也反映了环境化学及环境工程领域最新研究成果和进展。

本书撰写过程中较为注重理论和实例相结合的剖析方式,通过一些典型实例以求表述简洁、清楚。可供高等院校化工环境科学、环境工程等专业的教师学生使用,也可供从事相关研究的人员参考。

图书在版编目(CIP)数据

环境化学理论与技术研究/杨艳,武占省,杨波编著.--北京:中国水利水电出版社,2014.6(2022.10重印)
ISBN 978-7-5170-1981-7

Ⅰ.①环… Ⅱ.①杨…②武…③杨… Ⅲ.①环境化学一研究 Ⅳ.①X13

中国版本图书馆 CIP 数据核字(2014)第 096112 号

策划编辑:杨庆川　责任编辑:杨元泓　封面设计:马静静

书　名	环境化学理论与技术研究
作　者	杨艳　武占省　杨波　编著
出版发行	中国水利水电出版社
	(北京市海淀区玉渊潭南路 1 号 D 座 100038)
	网址:www.waterpub.com.cn
	E-mail:mchannel@263.net(万水)
	sales@mwr.gov.cn
	电话:(010)68545888(营销中心)、82562819(万水)
经　售	北京科水图书销售有限公司
	电话:(010)63202643、68545874
	全国各地新华书店和相关出版物销售网点
排　版	北京鑫海胜蓝数码科技有限公司
印　刷	三河市人民印务有限公司
规　格	184mm×260mm　16 开本　15.75 印张　383 千字
版　次	2014 年 6 月第 1 版　2022年10月第2次印刷
印　数	3001—4001册
定　价	56.00 元

前　言

环境化学是环境科学的基础和重要的分支学科之一,它是研究有毒有害物质在环境介质中的存在、化学特性、行为和效应及其控制的化学原理和方法的科学。目前全球性的环境问题有臭氧层破坏、温室效应与酸雨;不断加剧的水污染造成世界范围的淡水危机;自然资源破坏和生态环境的继续恶化等。进入新世纪,随着人口和生产的增长、城市化的加速、交通运输业和旅游业的发展、人民消费水平的提高、消费方式的变化等,一系列的新问题将不断出现,预示着今后环境问题将加剧。环境化学作为解决环境问题和保护环境不可缺少的知识必将成为人们关注的焦点。

近年来世界各国就环境问题,在环境化学方面的研究不断向纵深发展。环境科技一体化思想在加强,各个学科之间不断交织、对环境化学的要求日趋综合:一方面和相关学科密切配合,如和生物学、生态学、毒理学以及理工相结合;另一方面,化学污染物在不同层次的生态系统水平上对多介质环境化学行为的研究,以及对化学污染物复合体系、非均相体系的研究在不断扩大和深化。

通常,可将造成环境污染的因素大略分为物理、化学以及生物的,其中化学物质引起的污染约占 80%~90%,大多数生态环境问题都与化学污染物有直接联系。而环境化学即是从化学的角度探讨由人类活动而引起的环境质量的变化规律及其保护和治理环境的方法原理。它以化学物质,主要是化学污染物在环境中的迁移、转化规律,污染物的各种状态、特性,及其在环境中出现而引起的环境问题为研究对象,以解决环境问题为目标。本书主要介绍了环境化学的基础知识和原理,在此基础上尽力收集、分析了一些新的研究资料,希望能为关心环境问题、有兴趣或有志从事相关行业的读者提供一些有用的知识储备。

全书共分 10 章,第 1 章概述环境化学的基础概念;第 2~4 章分别介绍了水、大气和土壤的环境化学相关内容;第 5 章为污染物在生物体内的迁移转化;第 6 章是典型化学污染物;第 7 章是放射性物质的环境行为;第 8~10 章从污染控制、修复、研究方法和绿色化学等方面讨论了环境化学的未来发展情况。总的来说,本书是以阐述化学物质在大气、水、土壤、生物各环境介质中迁移转化过程及其效应为主线,全面深入地论述这些过程的机制和规律,并注重反映环境化学及环境工程领域最新研究成果和进展。

环境化学是一门新兴的研究领域,很多问题的方法、理论等都有待进一步探索,由于本书作者水平限制,在内容或相关资料调研选取方面可能存在一定不足,希望广大读者批评指正。最后非常感激在编撰过程中所参考的相关资料的作者。

作者
2014 年 3 月

目　　录

第1章　绪　　论

1.1　环境和环境问题

1.1.1　环境

环境是指与某一中心事物有关的周围客观事物的总和,中心事物是指被研究的对象。对人类社会而言,环境就是影响人类生存和发展的物质、能量、社会、自然因素的总和。环境包括自然环境和社会环境两大部分。

自然环境是人类目前赖以生存、生活和生产所必需的自然条件和自然资源的总称,即阳光、温度、气候、地磁、空气、水、岩石、土壤、动植物、微生物,以及地壳的稳定性等自然因素的总和。"直接或间接影响到人类的一切自然形成的物质、能量和自然现象的总体",简称为环境。社会环境是指人类的社会制度等上层建筑条件,包括居住环境、生产环境、交通环境、文化环境和其他社会环境。

《中华人民共和国环境保护法》把环境定义为:"本法所称的环境,是指影响人类生存和发展的各种天然的和经过人工改造的自然因素的总体,包括大气、水、海洋、土地、矿藏、森林、草原、野生生物、自然遗迹、人文遗迹、自然保护区、风景名胜区、城市和乡村等。"

1.1.2　环境问题

全球环境或区域环境中出现不利于人类生存和发展的各种现象,称为环境问题。环境问题按成因的不同,又分为原生环境问题和次生环境问题。原生环境问题,即自然力引发的环境问题,也称第一类环境问题,如火山喷发、地震、洪灾等。次生环境问题,即由于人类生产、生活引起生态破坏和环境污染,反过来危及人类生存和发展的现象,也称第二类环境问题。

环境科学着重研究的不是自然灾害问题,而是人为的环境问题即次生环境问题。人类与环境之间是一个相互作用、相互影响、相互依存的对立统一体。人类的生产和生活活动作用于环境,会对环境产生有利或不利的影响,引起环境质量的变化;反过来,变化了的环境也会对人类的身心健康和经济发展产生有利或不利的影响。次生环境问题还可以进一步划分为生态破坏与环境污染两大类型。生态破坏主要是由于人类盲目开发利用自然资源,超出环境承载力,引起生态环境质量恶化、生态平衡破坏或自然资源枯竭的现象。环境污染则是随着人口的过度膨胀,城市化的规模发展和经济的高速增长形成的环境污染和破坏,造成环境质量发生恶化,原有的生态系统被扰乱的现象。具体地说,环境污染就是指有害物质对大气、水、土壤和动植物污染并达到有害的程度。

1.1.2.1 环境污染

环境污染是指人类活动产生的副产品和废物进入环境,并在环境中扩散、迁移、转化,使环境系统的结构与功能发生变化,对生态系统产生的一系列干扰和侵害,如水污染、大气污染、酸雨、臭氧层破坏、海洋污染等。简单地说,环境污染就是指有害物质对大气、水、土壤和动植物污染并达到有害的程度。

由于人为因素使环境的构成或状态发生变化,环境素质下降,从而扰乱和破坏生态系统和人们正常生活和生产条件。

环境污染的具体表现为:

①有害物质对大气、水、土壤和动植物的污染并达到致害的程度;

②生物界的生态系统遭到不适当的干扰和破坏;

③不可再生资源被滥采滥用;

④固体废弃物、噪声、振动、恶臭、放射线等造成对环境的损害。

有物理的、化学的和生物的三方面,其中由化学物质引起的占 $80\% \sim 90\%$。

1. 世界八大公害事件

(1)马斯河谷事件

1930 年 12 月 1~5 日比利时马斯河谷工业区发生了持续 5 天的由燃煤有害气体和粉尘污染引起的烟雾事件。马斯河两侧高山矗立,许多重型工厂如炼焦、炼钢、电力、玻璃、炼锌、硫酸、化肥厂等鳞次栉比地分布在长 24 km 的河谷地带。1930 年 12 月初,这里气候反常,出现逆温层,整个工业区被烟雾覆盖,工厂排出的有害气体在靠近地面的浓雾层中积累。从第 3 天起,有几千人发生呼吸道疾病,不同年龄的人开始出现流泪、喉痛、声嘶、咳嗽、呼吸短促、胸口窒闷、恶心、呕吐等症状,有 60 人死亡,大多数是心脏病和肺病患者,同时大批家畜死亡。尸体解剖证实,刺激性化学物质二氧化硫损害呼吸道内壁是致死的主要原因。当时大气中二氧化硫的浓度极大,再加上空气中的氮氧化物和金属氧化物尘埃加速了二氧化硫向三氧化硫的转化,当这些气体渗入肺部时,加剧了致病作用,造成了这次灾难。

(2)多诺拉事件

1948 年 10 月 26 日至 31 日,美国宾夕法尼亚州匹兹堡市南面的多诺拉镇,因地处河谷,工厂林立,大气受反气旋和逆温的控制,持续有雾。大气污染物在近地层积累,4 天内使得 5911 人患病,400 人死亡。

(3)洛杉矶光化学污染事件

20 世纪 50 年代初期,美国洛杉矶市发生了严重的光化学污染事件。由于汽车漏油、汽油不完全燃烧和汽车尾气排放,城市上空聚积近千吨的石油废气、氮氧化物和一氧化碳。这些物质在阳光的照射下,形成了淡蓝色的光化学烟雾。光化学烟雾刺激人的眼、鼻、喉,引起眼病、喉炎和头痛。在 1952 年 12 月的一次烟雾事件中,65 岁以上的老人有 400 人死亡。

(4)伦敦烟雾事件

1952 年 12 月 5 日,伦敦处于大型移动型高压脊气象,使伦敦上方的空气处于无风状态,气温成逆温状态,城市上空烟尘累积,持续 4～5 天烟雾弥漫,使支气管炎、冠心病、肺结核、心脏衰竭、肺炎、肺癌、流感等病的死亡率均成倍增加。甚至在烟雾事件后 2 个月内,还陆续有 8000 人病死。这次事件之后才引起英国政府的重视,采取有力措施控制空气污染。

(5)四日市哮喘事件

1961 年发生在日本四日市。该市的石油冶炼和各种燃油产生的废气,使整个城市终年黄烟弥漫。全市工厂粉尘和二氧化碳的年排放量高达 13 万吨。空气中的重金属微粒与二氧化硫形成的硫酸烟雾,被人吸入肺里以后,使人患气管炎、支气管哮喘和肺气肿等多种呼吸道疾病,统称四日市哮喘病。

(6)水俣病事件

1953～1956 年,日本熊本县水俣镇发生了“水俣病事件”。1925 年新日本氮肥公司在这里建立,后来扩建成合成醋酸厂,1949 年开始生产聚氯乙烯,并成为一个大企业。1950 年这里渔民发现“猫自杀”怪现象,即有些猫步态不稳,抽筋麻痹,最后跳入水中溺死。1953 年水俣镇渔村出现了原因不明的中枢神经性疾病患者,患者开始口齿不清,步态不稳,面部痴呆,后来耳聋眼瞎,全身麻木,继而精神异常,一会儿酣睡,一会儿异常兴奋,最后身体如弯弓,在高声尖叫中死去。1959～1963 年学者们分离得到氯化甲基汞结晶这个导致“水俣病”的罪魁祸首,揭开了污染之谜。原来是新日本氮肥公司在生产聚氯乙烯和醋酸乙烯时,采用低成本的水银催化剂工艺,将含有汞的催化剂和大量含有甲基汞的废水和废渣排入水俣湾中,甲基汞在鱼、贝中积累,通过食物链使人中毒致病。

(7)痛痛病事件

1955 年至 1972 年,在日本富山县神通川流域,由于冶炼厂排放的含镉废水污染了河水,两岸居民用河水灌溉农田,致使土壤含镉量明显增高。居民食用含镉量高的稻米和饮用含镉量高的河水而中毒,导致肾和胃受损。由于患者经常“哎哟～哎哟”地呼痛,日本人便把这种病称为“哎哟～哎哟”病,也就是“痛痛病”。

(8)日本米糠油事件

1968 年 3 月,日本北九州市和爱知县一带在生产米糠油时,使用了多氯联苯作脱臭工艺中的热载体,由于管理不善,多氯联苯混入到米糠油中。随着这种有毒的米糠油在各地销售,造成了大批人中毒。患者一开始只是眼皮发肿、手心出汗、全身起红疙瘩,随后全身肌肉疼痛、咳嗽不止,严重时恶心呕吐、肝功能下降,有的医治无效而死亡。

2. 新“六大公害事件”

20 世纪 70 年代以来,发达国家的大气污染和水体污染事件还没有得到有效解决,不少发展中国家的经济也跟了上来,而且重复了发达国家发展经济的老路,使 20 世纪 70 年代到 90 年代的近 20 年的时间中,全球平均每年发生 200 多起较严重的环境污染事件。其中,最为严重的就是“六大公害事件”。

(1)塞维索化学污染事件

1976 年 7 月 10 日,意大利北部塞维索地区,距米兰市 20 km 的一家药厂的一个化学反应器发生放热反应,高压气体冲开安全阀,发生爆炸,致使三氯苯酚大量扩散,引起附近农药厂 3 500 桶废物泄漏。事故发生后 5 天,出现鸟、兔、鱼等死亡现象,发现儿童和该厂工人患上氯痤疮等炎症,当地污水处理厂的沉积物和花园土壤中均测出较高含量的毒物。事隔多年后,当地居民的畸形儿出生率和以前相比大为增加。

(2)三哩岛核电站泄漏事件

1979年3月28日,美国三哩岛核电站的堆芯熔化事故使周围80 km内约200万人处于不安之中。停课,停工,人员纷纷撤离。事故后的恢复工作在10年间就耗资10多亿美元。

(3)墨西哥液化气爆炸事件

1984年11月19日,墨西哥国家石油公司液化气供应中心液化气爆炸,对周围环境造成严重危害,造成54座储气罐爆炸起火。该事件中,死亡1000多人,伤4000多人,毁房1400余幢,3万人无家可归,周围50万居民被迫逃难,给墨西哥城带来了灾难,社会经济及人民生命蒙受巨大的损失。

(4)博帕尔农药泄漏事件

1984年12月3日,印度博帕尔市的美国联合碳化物公司农药厂大约有45万吨农药剧毒原料甲基异氰酸甲酯泄漏,毒性物质以气体形态迅速扩散,1 h后市区被浓烟笼罩,人畜尸体到处可见,植物枯萎,湖水浑浊。该事件导致2万人死亡,5万人失明,20万人不同程度遭到伤害。数千头牲畜被毒死,受害面积达40 km^2。

(5)切尔诺贝利核电站泄漏事件

1986年4月26日,前苏联乌克兰基辅地区切尔诺贝利核电站4号反应堆爆炸,放射性物质大量外泄。截止到2000年共有1.5万人死亡,5万人残疾。距电站7 km内的树木全部死亡。预计半个世纪内,距电站10 km内不能放牧,100 km内放牧的牛不能生产牛奶。参与事后清理以及为发生爆炸的4号反应堆建设保护罩的60万人仍需接受定期体检。该事故产生的核污染飘尘使北欧、东欧等国大气层中放射性尘埃飘浮高达一周之久,是世界上第一次核电站污染环境的严重事故。

(6)莱茵河污染事件

1986年11月1日,瑞士巴塞尔市桑多兹化学公司一座仓库爆炸起火,使30 t剧毒的碳化物、磷化物和含汞的化工产品随灭火剂进入莱茵河,酿成西欧10年来最大的污染事故。莱茵河顺流而下的150 km内,60多万条鱼和大量水鸟死亡。沿岸法国、德国、芬兰等国家一些城镇的河水、井水和自来水禁用。预计该事故会使莱茵河"死亡"20多年。

1.1.2.2　环境污染物

如果人类排放的物质超过了环境的自净能力,环境质量就会发生不良变化,对人类或其他生物的健康或环境中某些有价值的物质产生有害影响。所谓环境污染物,是指那些进入环境后使环境的正常组成和性质发生变化,进而直接或间接有害于人类的物质。

如果按污染物性质,可将环境污染分为生物污染、化学污染和物理污染。依据环境要素,可将环境污染分为大气污染、水污染、土壤污染等。从本质看,大多数次生环境问题是化学污染物所导致的,肇事者都是化学污染物。据统计,现在全世界每年新出现日用化学品有500～1000种,其中很多化学品对于生物具有一定的危害性,或是立即发生作用,或是通过长期作用而在植物、动物和人的生活中引起各种不良影响。

1.1.2.3 污染物分类

大部分环境污染物是由人类的生产和生活产生的。有些物质原本是人和生物必须的营养元素,是生产中有用的物质,由于利用不充分而大量排放,就可能成为环境污染物;有些污染物进入环境后,经过物理、化学和生物作用,可能转化成为危害性更大的物质,也可能降解为无害物质。有的污染物质存在于某一单一的环境介质或以单一介质为主,如二氧化硫主要存在于大气中。有的污染物存在于大气、土壤、水、生物等多介质中,如多环芳烃和多氯联苯等,在水体底泥、土壤和大气中都有检出。

环境污染物种类繁多,形态各异,可以根据不同的目的、不同的标准,形成多种不同的分类方法。按照环境污染的原因,可以将污染物分为天然污染物和人为污染物。按受污染物影响的环境要素,可将污染物分为大气污染物、水体污染物、土壤污染物等。按污染物的存在形态,可将污染物分为气体污染物、液体污染物和固体污染物。按污染物的性质,可将污染物可分为化学污染物、物理污染物和生物污染物。按照污染物在环境中的物理、化学性质的变化,可将污染物分为一次污染物和二次污染物。此外,为了强调污染物的某些有害作用,还可将污染物分为致畸污染物、致突变污染物及致癌污染物等。

人类社会不同功能产生的污染物:工业污染物、农业污染物、服务业污染物和生活污染物。

(1)工业污染物:工业生产对环境造成污染主要是由于对自然资源的过量开采,致使多种化学元素在生态系统中超量循环和生产过程中产生的"三废"。常见的污染物有酸、碱、油、重金属、有机物、毒物、放射性物质等。有些工业生产过程还会产生大量致癌性物质。另外,食品厂、发酵厂和制药厂等除向环境排放大量需氧有机物外,还会产生微生物、寄生虫等。

(2)农业污染物:农业对环境产生的污染主要包括农药、化肥等工业品,以及农业本身产生的废弃物。在施用农家肥时,往往带来细菌和微生物的污染。

(3)服务业污染物:交通造成的污染包括噪声、燃料燃烧产物的排放、有毒有害物质的泄漏、清洗、扬尘和污水等。餐饮等行业产生的污染主要包括油烟、废水和燃料燃烧产生的有毒有害物质等。

(4)生活污染物:生活活动也能产生大量的污染物。分散取暖和炊事燃煤是城市主要的大气污染源之一。生活污水主要包括洗涤和粪便污水,它含有大量耗氧有机物和病菌、病毒与寄生虫等病原体。

按环境要素区分的污染物,可分为大气污染物、水体污染物和土壤污染物。

(1)大气污染物:自然环境中,由于火山爆发、森林火灾和森林排放、海浪飞沫、陨星破碎所产生的宇宙尘以及自然尘等向大气排放出各种物质。另一方面,人类对资源的开发和利用的同时,也不断地向大气排放各种物质。当大气中某种物质的含量超过了正常水平而对人类和生态环境产生不良影响时,就成了大气污染物。目前,对环境和人类产生危害的大气污染物有100种左右,其中挥发性有机物(VOC)占绝大部分。影响范围广的污染物主要是颗粒物、二氧化硫、氮氧化物、碳氧化物和挥发性有机物等。

(2)水体污染物:排入水体的污染物种类很多,主要包括有机污染物、无机污染物、非金属污染物和放射性污染物等。它们对人类及生态系统可以产生直接的损害或长期积累性损害。

(3)土壤污染物:把输入土壤中影响土壤环境正常功能,降低作物产量和生物学质量,有害于人体健康的那些物质,统称为土壤污染物质。其中主要是指对人体、生物体有害的"三废"物质,以及化学农药和病原微生物等。

1.1.3 全球和区域性环境问题

环境问题贯穿于人类发展的整个阶段。由于生产方式和生产力水平的差异,不同历史阶段环境问题的类型、影响范围和程度也不相同。生态环境的早期破坏阶段是一个漫长的时期,人类活动对环境的影响还是局部的。工业革命以来,随着工业和城市的快速发展,产生了严重的生态破坏和环境污染问题,属于近代环境问题。从全球的角度看,当代环境问题主要包括全球气候变化、酸雨、臭氧层破坏等,不同的区域和国家,还存在各自不同的区域性环境问题。

1. 当前全球性的环境问题

当前,引起全球普遍关注的环境问题主要有:全球气候变化、臭氧层破坏和损耗、生物多样性减少、土地荒漠化、森林植被破坏、淡水资源危机、酸雨污染和持久性有机污染物的污染等。

(1)气候变化

气候变化是国际社会公认的最主要的全球性环境问题之一。通过长期观察,已发现地表大气的平均温度在不断变化中有上升的趋势。据研究,与工业化前的全球平均气温相比,如果全球气温升高的幅度控制在2℃,则在2050年之前,全球温室气体的排放必须比1990年的量降低50%。如果不能将温室气体的排放量控制住,气候变化影响将会变得更加严重。

(2)臭氧层破坏

臭氧层存在于对流层上面的平流层中,臭氧在大气中从地面到70 km的高空都有分布,其最大浓度在中纬度24 km的高空,向极地缓慢降低。20世纪50年代末到70年代就发现臭氧浓度有减小的趋势。1985年英国南极考察队在南纬60°地区观测发现臭氧层空洞,引起世界各国极大关注。不仅在南极,在北极上空也出现了臭氧减少现象。

2005年,臭氧层空洞正逐渐向2003年时的最大面积发展,但它可能不会打破这个纪录。Braathen表示:"臭氧层空洞的变化正逐渐变得稳定,但现在说损耗情况已改善还为时过早。"一些科学家预言臭氧层停止变化将需要50年的时间。如果臭氧层破坏按照现在速率进行下去,预计到2075年,全球皮肤癌患者将达到1.5亿人,白内障患者将达到1800万人,农作物将减产7.5%,水产资源将损失25%,人体免疫功能也将降低。

(3)酸雨污染

酸雨作为一个环境问题,大约出现在20世纪50年代。原只发生在北美和欧洲工业发达国家的酸雨,逐渐向一些发展中国家扩展。欧洲大气化学监测网近20年连续监测的结果表明,欧洲雨水的酸度增加了10%,瑞典、丹麦、波兰、德国、加拿大等国的酸雨pH多为4.0～4.5,美国已有15个州的酸雨pH在4.8以下。

(4)生物多样性减少

生物多样性减少是全球普遍关注的重大生态破坏问题。据UNEP估计,自2000年以来沿海和海洋生态系统受到人类活动的严重影响,生态系统退化造成海带森林、海草和珊瑚面积减少。根据3000种野生物种种群的变化趋势分析,在1970～2000年,物种的平均数量丰富性持续降低了约40%;内陆水域物种降低了约50%,而海洋和陆地物种均降低了约30%。

（5）生态环境退化

人类从环境攫取资源的同时，由于缺少合理的开发方式和相应的保护措施，从而破坏了自然的生态平衡。大量的水土流失使土地的生产力退化甚至荒漠化。荒漠化作为一种自然现象，不再是一个单纯的生态问题，已经演变成严重的经济和社会问题，它使世界上越来越多的人失去了最基本的生存条件，甚至成为"生态难民"。

由于人口的膨胀，对粮食、树木和柴薪需求不断的增长，森林遭到严重的破坏。在人类历史过去的 8000 年中，有一半的森林被开辟成农田、牧场或作他用。据统计，2005 年全球森林面积只占陆地面积的 30.3％。全球森林主要集中在南美、俄罗斯、中非和东南亚。全球森林的破坏主要表现为热带雨林的消失。热带雨林大面积的滥伐将导致水土流失的加剧、灾害的增加和物种消失等一系列的生态环境问题。

森林的大面积减少，草原的退化，湿地的干枯，环境的污染和人类的捕杀使生物物种急剧减少，许多物种濒临灭绝。研究过去 500 年历史发现，全世界每年有近 100 个物种消亡，但近年来，每年全世界都有约 1000 个物种消亡，物种消失的速率明显加快。

（6）城市环境恶化

目前，城市工业发展，基础建设推进，生活废弃物使城市环境污染越来越突出。大气污染使许多城市处于烟雾弥漫之中，全球城市废水量已达到几千亿吨。发展中国家 95％以上的污水未经处理直接排入地表水体，严重污染了城市水体。由于城市人口的不断膨胀，造成居住环境压力日益增大。

随着办公自动化的出现和家用电器的广泛使用，室内电磁辐射的污染也日趋增长。交通运输的发展和车辆保有量的不断增加，交通堵塞和交通噪声已成为城市环境污染的特征之一。城市发展造成资源的大量消耗，产生的垃圾与日俱增。垃圾围城已成为世界城市化的难题之一。大量堆放的垃圾，侵占土地，破坏农田，污染水体和大气，传播疾病，危害人类健康。工业化国家向第三世界国家转移有害的生产和生活垃圾，造成了全球更广泛的环境污染。

（7）新的环境隐患

全球变暖，使病菌繁殖速率加快；经济全球化使得人员和产品流动频繁，病菌传播概率增加；城市环境恶化，现代病增多；抗菌素和杀虫剂的广泛使用，可能产生病菌变异，使人类在 21 世纪有可能遭到新旧传染病的围攻。世界卫生组织（WHO）发布报告：医学的发展赶不上疾病的变化，人类健康面临威胁。全球处在一个疾病传播速率最快，范围最广的时期。

2. 我国当前的环境形势

我国环境保护虽然取得积极进展，但环境形势依然严峻。"十五"环境保护计划指标没有全部实现，二氧化硫排放量比 2000 年增加了 27.8％，化学需氧量仅减少 2.1％，未完成削减10％的控制目标。淮河、海河、辽河、太湖、巢湖、滇池等重点流域和区域的治理任务只完成计划目标的 60％左右。主要污染物排放量远远超过环境容量，环境污染严重。

全国水力侵蚀面积 161 万 km^2，沙化土地 174 万 km^2，90％以上的天然草原退化；许多河流的水生态功能严重失调；生物多样性减少，外来物种入侵造成的经济损失严重；一些重要的生态功能区生态功能退化。农村环境问题突出，土壤污染日趋严重。危险废物、汽车尾气、持久性有机污染物等污染持续增加。应对气候变化形势严峻，任务艰巨。发达国家上百年工业化过程中分阶段出现的环境问题,在我国已经集中显现。我国已进入污染事故多发期和矛盾凸显期。

"十五"期间力图解决的一些深层次环境问题没有取得突破性进展,产业结构不合理、经济增长方式粗放的状况没有根本转变,环境保护滞后于经济发展的局面没有改变;体制不顺、机制不活、投入不足、能力不强的问题仍然突出;有法不依、违法难究、执法不严、监管不力的现象比较普遍。我国人口在庞大的基数上还将增加 4%,城市化进程将加快,经济总量将增长 40%以上,经济社会发展与资源环境约束的矛盾越来越突出,国际环境保护压力也将加大,环境保护面临越来越严峻的挑战。

1.2　环境化学的形成与发展

1.2.1　环境化学发展过程

自然环境主要是由大气圈、水圈、土壤岩石圈和生物圈所构成的。在构成自然环境的 4 个圈层当中,生物圈最为重要,因为它最活跃,最具有生命力。生物圈是经过几百万年的演化才逐渐形成的一个协调发展的生态系统。所谓协调发展的生态系统是指在这个系统中,系统内部各部分的结构和功能都处于相互适应、相互协调的一种动态平衡之中,也就是说生态系统是处于一种平衡状态的。这种平衡状态下的生态系统最适合人类的生存。

可是,在人类社会的发展过程中,人类的生产活动常常会影响到生态系统,有时甚至会破坏人类赖以生存的这种生态平衡。

当代人类面临的环境问题是随着科技的进步和社会的发展而产生的。如化石燃料的使用为工业革命创造了条件,也为大气环境污染埋下了祸根;酚醛塑料的产生为此后各种塑料的发明和生产奠定了基础,然而,由于塑料在数百年内不会自然降解,成为今日威胁着全世界的塑料垃圾,即"白色污染"的根源。环境问题随着科技、经济和社会的发展而发生着变化。

在工业革命之后,许多工业国家的经济都以空前的规模和速度发展起来。特别是在 20 世纪之后,这些工业国家经济发展的速度之快,规模之大都是非常惊人的。根据美国矿山部公布的数字,1940~1970 年这 30 年中,美国所使用的矿物原料的数量要比整个人类从古罗马时代开始一直到 1940 年这漫长的岁月当中所使用的矿物原料的总量还要多。

环境问题的集中出现,就会产生"公害"。从历史发展进程看:

1)18~20 世纪是公害发生期,主要是燃煤、冶炼和化工产生的污染带来的环境问题。

2)20 世纪 20~40 年代是公害发展期,当时工业发展迅猛,尤其是二战后,工业高速发展,带来很多环境问题。在大气方面就有马斯河谷烟雾事件、多诺拉烟雾事件、伦敦烟雾事件等,都跟二氧化硫和烟尘有关。

3)20 世纪 50~70 年代,是公害泛滥期,环境问题已经由局部问题发展到区域性问题。典型的是酸雨问题,60 年代在北欧挪威首次发现,该国工业污染并不严重,东欧、英国、德国才是污染源头,由于大气输送将二氧化硫带到北欧形成酸雨。欧洲的国际环境争端,通过欧盟组织各国合作研究,制订统一计划才得到了解决。

4)20 世纪 80 年代至今,环境问题从局部问题、区域性问题发展为全球性问题。

　　环境科学的产生是环境污染问题的出现所引发的。20 世纪 20～50 年代是环境科学孕育阶段,60～70 年代时,环境科学提出并形成,当时环境问题已经由局部问题发展到区域性问题,80 年代至今是环境科学蓬勃发展的阶段,此时环境问题也从局部问题、区域性问题发展为全球性问题。

　　人的活动遵循社会发展规律,向自然界索取资源,产生出一些新的东西再返回给自然,而环境科学就是研究人和环境间的这样一种关系。人类给予环境的有正面影响,也有负面影响,环境又往往将这些影响反过来再作用于人,环境科学就是因为负面影响通过环境又损及人体自身才应运而生的。如果对此负面影响不加制止,我们的子孙后代就会吞食我们遗留给他们的苦果,所以我们必须在当代就把我们造成的负面影响制止住。环境科学的目的就在于弄清人类和环境之间各种各样的演化规律,使我们能够控制人类活动给环境造成的负面影响。

　　环境科学的研究可以分成两个层次:

　　1)宏观上研究人和环境相互作用的规律,由此揭示社会、经济和环境协调发展的基本规律。这也就是可持续发展的思路,因此环境科学发展之后,必然要提出可持续发展的问题。

　　2)微观上环境科学要研究环境中的物质,尤其是人类活动产生的污染物,研究其在环境中的产生、迁移、转变、积累、归宿等过程及其运动规律,为我们保护环境的实践提供科学基础,还要研究环境污染综合防治技术和管理措施,寻求环境污染的预防、控制、消除的途径和方法,这些都是环境科学的任务。

　　环境科学是一门新学科,但其发展速度是任何一门其他学科都无法比拟的,至今已经形成了一个十分庞大的科学体系。

1.2.2　环境化学定义与特点

　　环境化学是环境科学的一门基础科学,是研究环境中的化学现象和本质及其与人的关系的科学。环境化学是在化学科学的传统理论和方法基础上发展起来的,以化学物质在环境中出现而引起的环境问题为研究对象,它运用化学、物理、数学、生物、计算机、气象、地理、土壤等多门学科的理论和方法来研究环境中的化学现象和本质,即研究有害化学物质在环境介质中的存在、化学特性、迁移、转化和归宿的规律;研究控制与消除污染物的化学原理和方法的科学。它既是环境科学的核心组成部分,也是化学科学的一个新的重要分支。同时还研究环境中的化学现象对人类的作用和影响。

　　环境化学作为一门新兴的学科,在很多方面有其自己的特点。环境物质大多处于不平衡状态,至多处于一种稳态。因此,只用化学热力学很难确切描述它们的反应历程,化学动力学在环境化学中有着极其重要的作用。自然环境体系复杂,组分多,组分含量变化范围大,且多数是低含量的。这就给环境化学的研究,尤其是定量研究带来了困难,给环境分析和监测提出了很高的要求。环境分析方法要有足够的选择性和灵敏度,要有足够快的速度和自动连续性,等等。

　　环境中的化学变化复杂,影响因素多。环境中的化学反应,由于参与反应的物质难以计数,各种物质相互之间反应十分复杂,反应物在介质中的浓度又往往小得微乎其微,加之使反应得以进行的能量如热、光等也难以把握,影响反应的因素又很多,使环境中的化学反应不像"纯"化学那样能得到清晰的描绘,对环境化学问题常提不出一个简单答案,常出现界限不明、结论不同等现象。

　　另外,环境化学具有跨学科的综合性质。自然环境是个复杂的体系,组成复杂,现象复杂,性质和规律也复杂,其化学现象和其他现象紧密地联系在一起。因此,在了解其化学现象的同时,也必须对其他现象给予一定的了解。这必然导致研究环境化学除涉及化学学科外,还涉及气象、生物、水文、土壤、物理、数学、计算机、毒理、卫生等许多学科,使环境化学成为跨学科性的和综合性的。

　　环境化学是一门新兴学科,它以独立的面目出现于世界科学之林才 20 多年,正是方兴未艾。但环境化学的研究工作还不够深入,不够全面,很多本质和规律尚未被揭露和掌握,甚至许多概念还含混不清,定义尚不统一,术语还不一致,环境化学本身的定义和范围都还未能统一。

第 2 章 水环境化学

2.1 水的基本特性

2.1.1 水的组成

天然水是海洋、江河、湖泊、沼泽、冰雪等地表水与地下水的总称。天然水在循环过程中不断与环境中的各种物质接触，并能或多或少溶解它们，因此天然水是一种成分复杂的溶液。

在水污染化学中，水体指河流、湖泊、沼泽、水库、地下水、冰川、海洋等贮水体的总称。水体的组成不仅包括水，而且也包括其中的悬浮物质、胶体物质、溶解物质、底泥和水生生物，所以水体是个完整的生态系统，或是被水覆盖地段的自然综合体。

天然水中一般含有可溶性物质和悬浮物质。可溶性物质的成分十分复杂，主要是在岩石的风化过程中，经水溶解迁移的地壳矿物质。

1. 天然水中的重要离子组成

K^+、Na^+、Ca^{2+}、Mg^{2+}、HCO_3^-、NO_3^-、Cl^-、SO_4^{2-} 为天然水中常见的八大离子，占天然水中离子总量的 $95\%\sim99\%$。水中这些主要离子的含量，用来作为表征水体主要化学特征性指标。

天然水中常见的八大离子总量粗略作为水的总含盐量（TDS）：

$$TDS=[[K^+]+[Na^+]+[Ca^{2+}]+[Mg^{2+}]]+[[HCO_3^-]+[Cl^-]+[SO_4^{2-}]]$$

2. 水中的金属离子

水溶液中金属离子常以 M^{n+} 表示，与水结合形成 $[M(H_2O)_x]^{n+}$。它可通过化学反应达到最稳定的状态，酸碱、沉淀、配合及氧化还原等反应是它们在水中达到最稳定状态的过程。

水中可溶性金属离子可以多种形态存在。例如铁可以 $[Fe(OH)]^{2+}$、$[Fe(OH)_2]^+$、$[Fe_2(OH)_2]^{4+}$ 和 Fe^{3+} 等形态存在。这些形态在中性（pH＝7）水体中的浓度可以通过平衡常数加以计算：

$$\frac{[[Fe(OH)]^{2+}][H^+]}{[Fe^{3+}]c^\ominus}=8.9\times10^{-4}$$

$$\frac{[[Fe(OH)_2]^+][H^+]^2}{[Fe](c^\ominus)^2}=4.9\times10^{-7}$$

$$\frac{[[Fe_2(OH)_2]^{4+}][H^+]^2}{[Fe^{3+}]^2c^\ominus}=1.23\times10^{-7}$$

假如存在固体 $Fe(OH)_3(s)$，则

$$Fe(OH)_3(s)+3H^+ \Longrightarrow Fe^{3+}+3H_2O$$

$$\frac{[Fe^{3+}](c^\ominus)^2}{[H^+]^3}=9.1\times10^3$$

当 pH＝7 时，$[Fe^{3+}]=9.1\times10^3\times(1.0\times10^{-7})^3$ mol/L＝9.1×10^{-18} mol/L，将这个数值代入以上方程中，即可得出其他各形态的浓度：

$$[[Fe(OH)]^{2+}]=8.1\times10^{-14}\ \text{mol/L}$$

$$[[Fe(OH)_2]^+]=4.5\times10^{-10}\ \text{mol/L}$$

$$[Fe_2(OH)_2]^{4+}]=1.02\times10^{-23}\ \text{mol/L}$$

虽然这种处理简单，但在近于中性的天然水溶液中，水合铁离子的浓度可以忽略不计。在地下水中，可溶性铁以 Fe(Ⅱ)存在，当它们暴露于大气时，Fe(Ⅱ)缓慢氧化生成 Fe(Ⅲ)，就在溶液中产生红棕色沉淀。

3.溶解在水中的气体

溶解在水中的主要气体有 O_2、CO_2、SO_2、H_2S，微量气体有 CH_4、H_2、He 等。气体在水中的溶解情况对水体的酸碱性和氧化还原状况等有很重要的影响。

气体溶解在水中，对于生物种类的生存是非常重要的。例如鱼需要溶解氧，在污染水体中许多鱼的死亡，不是由于污染物的直接毒性致死，而是由于在生物降解过程中大量消耗水体中的溶解氧，导致大量鱼无法生存。

大气中的气体分子与溶液中同种气体分子间的平衡为：

$$X(g) \Longrightarrow X(aq)$$

它服从亨利(Henry)定律，即在一定温度下，一种气体在液体中的溶解度正比于液体所接触的该种气体的分压力。气体在水中的溶解度可用下列平衡式表示：

$$[X(aq)]=K_H p_G$$

式中，K_H——各种气体在一定温度下的亨利常数；p_G——各种气体的分压。

在计算气体的溶解度时，需对水蒸气的分压力加以校正(在温度很低时，这个数值很小)。根据这些参数就可按亨利定律计算出气体在水中的溶解度。但必须注意，亨利定律只能适用于该气体在气相和溶液相中分子状态相同的情况。如果气体在溶液中发生化学反应，此时亨利定律不再适用。如：

$$CO_2+H_2O \Longrightarrow H^+ + HCO_3^-$$

$$SO_2+H_2O \Longrightarrow H^+ + HSO_3^-$$

因此，气体溶解在水中的量可以大大高于亨利定律表示的量。

(1)氧在水中的溶解度

水体与大气交换或经化学、生物化学反应后溶于水中的氧称为溶解氧。当水体受污染时其溶解氧逐渐减少，因此，水中溶解氧的浓度是表明水体污染程度的重要指标之一。地面水要求溶解氧含量不能低于 4 mg/L。

氧在干燥空气中的含量为 20.95％，大部分元素氧来自大气，因此水体与大气接触再复氧的能力是水体的一个重要特征。藻类的光合作用会放出氧气，但这个过程仅限于白天。

氧在水中的溶解度与水的温度、氧在水中的分压及水中含盐量有关。氧在 1.0130×10^5

Pa,298 K 饱和水中的溶解度可按此步骤计算出:在 298 K 时水的饱和蒸气压为 0.03167×10^5 Pa,由于干空气中氧的体积分数为 20.95%,所以氧的分压为

$$p_{O_2} = (1.013 - 0.03167) \times 10^5 \times 0.2095 \text{ Pa} = 0.2056 \times 10^5 \text{ Pa}$$

代入亨利定律即可求出氧在水中的浓度。

$$[O_2(aq)] = K_H \cdot p_{O_2} = 2.59 \times 10^{-4} \text{ mol/L}$$

氧的摩尔质量为 32 g/mol,因此溶解度为 8.29 mg/L。

气体的溶解度随温度升高而降低,这种影响可由 Clausius-Clapeyron 方程式显示出:

$$\lg \frac{c_2}{c_1} = \frac{\Delta H}{2.303R}\left(\frac{1}{T_1} - \frac{1}{T_2}\right)$$

式中,c_1、c_2——热力学温度 T_1、T_2 时气体在水中的浓度;R——摩尔气体常数,$R = 8.314$ J/(mol·K);ΔH——溶解热,J/mol。

因此,若温度从 273 K 上升到 308 K 时,氧在水中的溶解度将从 14.74 mg/L 降低到 7.03 mg/L,与其他溶质相比,溶解氧的水平是不高的,一旦水中发生氧的消耗反应,则溶解氧的水平可以很快地降至零,此时需对水进行复氧。

(2)CO_2 的溶解度

水中的 CO_2 大部分来自于水中有机物的微生物分解。此外,土壤中有机物的分解和生物的呼吸作用使得土壤空气中含有大量的 CO_2。当水流经土壤时,也会将大量的 CO_2 带入天然水中。同时,水与大气的接触,也会使大气中的 CO_2 进入到天然水中。

假定纯空气与纯水在 298 K 时平衡,水中$[CO_2]$的值可以用亨利定律来计算。例如:已知干空气中 CO_2 的含量为 0.0314%(体积分数),水在 298 K 时蒸气压为 0.03167×10^5 Pa,CO_2 的亨利常数是 3.34×10^{-7} mol/(L·Pa)(298 K),则 CO_2 在水中的分压为

$$p_{O_2} = (1.013 - 0.03167) \times 10^5 \text{ Pa} \times 3.14 \times 10^{-4} = 30.8 \text{ Pa}$$

$$[CO_2(aq)] = (3.14 \times 10^{-7} \times 30.8) \text{ mol/L} = 1.028 \times 10^{-5} \text{ mol/L}$$

CO_2 在水中离解部分可产生等浓度的 H^+ 和 HCO_3^-。H^+ 及 HCO_3^- 的浓度可从 CO_2 的酸离解常数 K_1 计算出:

$$[H^+] = [HCO_3^-]$$

$$\frac{[H^+]^2}{[CO_2]c^\ominus} = K_1 = 4.45 \times 10^{-7}$$

$$[H^+] = (1.028 \times 10^{-5} \times 4.45 \times 10^{-7})^{1/2} \text{ mol/L}$$

$$pH = 5.67$$

故 CO_2 在水中的溶解度应为$[CO_2] + [HCO_3^-] = 1.24 \times 10^{-5}$ mol/L。

4. 水生生物

水生生物可直接影响许多物质的浓度,其作用有代谢、摄取、转化、存储和释放等。在水生生态系统中生存的生物体,可以分为自养生物和异养生物。自养生物利用太阳能或化学能量,把简单、无生命的无机物元素引进其复杂的生命分子中即组成生命体。藻类是典型的自养生物,通常 CO_2、NO_3^- 和 PO_4^{3-} 多为自养生物的 C、N、P 源。利用太阳能从无机矿物合成成有机物的生物体称为生产者。异养生物利用自养生物产生的有机物作为能源及合成它自身生命的原

始物质。

水体产生生物体的能力称为生产率。生产率是由化学的及物理的因素相结合而决定的。在高生产率的水中藻类生产旺盛,死藻的分解引起水中溶解氧水平降低,这种情况常称为富营养化。水中营养物通常决定水的生产率,水生植物需要供给适量的 C(二氧化碳)、N(硝酸盐)、P(磷酸盐)及痕量元素。

决定水体中生物的范围及种类的关键是氧,缺乏氧时许多水生生物死亡,氧的存在能够抑制许多厌氧细菌的生长。在测定河流及湖泊的生物特征时,首先要测定水中溶解氧的浓度。

生物需氧量 BOD 是另一个水质的重要参数,它是指在一定体积的水中有机降解所要耗用的氧的量。一个 BOD 高的水体,不可能很快的补充氧气,显然对水生生物是不利的。衡量水体生化需氧量的指标常用 BOD_5 表示,BOD_5 是指水温在 298 K 时 5 天的生物耗氧量。当 $BOD_5 < 3$ mg/L 时水质较好;当 $BOD_5 = 7.5$ mg/L 时水质不好;$BOD_5 > 10$ mg/L 时水质很差,鱼类不能生存。

化学需氧量 COD 是指水样在规定条件下用氧化剂处理时,其溶解性或悬浮性物质消耗氧化剂的量。考虑温度和压力,一般情况下,天然水中的氧含量为 $5\sim10$ mg/L。

CO_2 是由水及沉积物中的呼吸过程产生的,也能从大气进入水体。藻类生命体的光合作用也需要 CO_2,由水中有机物降解产生的高水平的 CO_2 可能引起过量藻类的生长,因此,在一些情况下 CO_2 是一个限制因素。

2.1.2 纯水的基本性质

纯水又称纯净水、去离子水,是以符合生活饮用水卫生标准的水为原水,通过电渗析器法、离子交换器法、反渗透法、蒸馏法及其他适当的加工方法,制得的密封于容器内,且不含任何添加物,无色透明,可直接饮用的水。市场上出售的太空水、蒸馏水均属纯净水。水分子的结构形式为 H_2O,水的性质和水分子的结构密切相关。

(1)密度

水在 3.98℃时的密度最大,为 1000 kg/m³。温度进一步降低,出现高缔合度的水分子,直到具有冰的结构的较大的缔合分子。水的这种特性对水生生物的生存具有重要意义。

(2)沸点和熔点

水的沸点和熔点均高于氧族其他元素的氢化物,这是由于打破连接水分子的氢键需要较多的能量,这种特点有利于保证水在地球的正常温度下主要以液态存在。水的沸点(液化点)随压力升高而升高。在一个标准大气压下,水的沸点是 100℃。高压锅中水的沸点一般大于120℃,在青藏高原则可能小于 74℃。水的熔点随压力升高而降低。例如,冬天的积雪会在碾压的压力下迅速融化,熔化温度低于 −5℃。

(3)溶解性

水是天然的优良溶剂,这既是水有利于万物的优点,同时又是水易被污染侵害的缺点。在环境化学中,水的溶解性对于研究水中污染物质的迁移、平衡、稳定,以及水处理工艺的改进都具有重要意义。

(4)比热容

水的比热容为 4.18×10^3 J/(kg·K),是除了液氨以外的所有液体和固体中比热容最大的,这与水中存在缔合分子有关。水的高比热容对于调节环境气温、维持生物体征有重要作用。

（5）水溶液的依数性

水中溶解了非挥发性溶质后,其溶液的蒸气压降低,沸点升高,凝固点降低,并呈现渗透压力,这四种性质与所溶入的溶质性质和数量无关,而只取决于所含溶质粒子的数目。溶质的粒子可以是分子、离子、大分子或胶粒。例如,融雪剂的水溶液的凝固点随着盐的含量增加而降低;牛奶是蛋白质等物质的水溶液,牛奶的凝固点比纯水的凝固点低。

（6）透光性

水是无色透明的液体。太阳光中的可见光和波长较长的近紫外光部分可以透过水体。水的透光性,对于水中的生物化学反应的顺利进行,对于水环境的自我修复,对于有机物的光化学分解反应,都有重要意义。

（7）酸碱性

水在酸碱平衡中,既能给出质子,又能接受质子。因此,侵入水环境中的物质能使水的酸碱性发生变化。反过来,水体的酸碱平衡能促使盐类发生水解,影响污染物的转化。水的酸碱度和人体酸碱度密切相关,一般人宜喝弱碱性的水。

（8）配位性

水分子中的氧原子含有孤对电子,使得水能够与其他进入水中的物质形成水合物,或者使得水溶液提供多种灵活的配位体与更多的物质形成丰富多样的配位化合物。这对水中金属杂质以及各种污染物在水环境中的迁移、消纳都有积极意义。

2.1.3 水体中的化学平衡

水体中所含物质的存在形态主要是由水体中存在的化学平衡,包括沉淀－溶解平衡、酸－碱平衡、氧化－还原平衡、配合-离解平衡以及吸附－解吸平衡等决定的。天然水体可以看成是一个含有多种溶质成分的复杂的水溶液体系,多种平衡的综合作用决定了这些组分在水体中的存在形态,进而决定了它们对环境所造成的影响及影响程度。

1. 天然水中的沉淀平衡

固体在水中的溶解和沉淀对天然水体和水污染控制具有重要影响。例如,天然水中各种离子从矿物中的溶出,废水处理中污染物形成沉淀而去除等。所以,天然水中的溶解和沉淀是污染物在水环境中迁移的重要途径,也是水处理过程中极为重要的现象。

难溶盐的溶解平衡可以用溶度积常数（K_{sp}）来表征,例如,对于二价金属的硫酸盐存在如下关系:

$$MeSO_4(s) \xrightarrow{K_{sp}} Me + SO_4^{2-}$$

$$K_{sp} = [Me^{2+}][SO_4^{2-}]$$

金属氢氧化物在水环境中的行为差别很大。它们与质子或氢氧根离子都发生反应,达成水解和羟基配合物的平衡,体系存在某个 pH 值,在此 pH 值下它们的溶解度最小,当 pH 值增大或减小时,其溶解度都增大,其迁移能力会随着升高。

在中性条件下绝大多数重金属硫化物是不溶的,在盐酸中 Fe、Mn、Zn、Cd 的硫化物可溶,而 Ni、Co 的硫化物难溶,Cu、IIg、Pb 的硫化物只有在硝酸中才能溶解,因此只要水环境中存在 S^{2-},几乎所有重金属均可以从水体中沉淀除去。

天然水中碳酸盐沉淀实际上是二元酸在三相($Me^{2+}-CO_2-H_2O$)中的平衡分布。有 CO_2 存在时,能生成溶解度较大的碳酸氢盐。当 pH 值增大时,碳酸盐的溶解度减小。因此,碳酸盐的溶解度在很大程度上取决于水中溶解的 CO_2 和水体 pH 值。

通过溶解沉淀平衡计算盐类的溶解度时,应该同时考虑溶液的温度、pH 值、同离子效应、盐效应,以及酸碱平衡、配位平衡、氧化—还原平衡液面上方气相相关物质分压等因素对溶解度的影响。

2.天然水体中的酸—碱化学平衡

天然水环境中的许多化学反应和生物反应都是与酸碱化学相关联的。例如,沉积物的生成、转化及溶解,酸性降水对缓冲能力较小的水体的影响,水体中金属离子的转化和迁移等,都与酸碱化学有关。

通常,天然水体中都含有溶解的 CO_2,主要来源是大气中的 CO_2 以及土壤或水体中有机物氧化时的分解产物。CO_2 是藻类等生物体进行光合作用所必需的,但当 CO_2 含量高时,影响水生动物的呼吸和气体交换,并导致水生生物死亡。一般情况下,CO_2 对于调节天然水的 pH 值和组成起着重要作用。

天然水的 pH 值主要由下列系统决定:

$$CO_2 + H_2O \Longrightarrow H_2CO_3 \qquad pK_0 = 1.46$$
$$H_2CO_3 \Longrightarrow H^+ + HCO_3^- \qquad pK_0 = 6.35$$
$$HCO_3^- \Longrightarrow H^+ + CO_3^{2-} \qquad pK_0 = 10.3$$

从平衡常数可以看出,H_2CO_3 的含量极低,主要是溶解的 CO_2,因此,常把 CO_2、H_2CO_3 合并为 $H_2CO_3^*$。若用 α_0、α_1、α_2 分别代表 H_2CO_3、HCO_3^- 和 CO_3^{2-} 在总量中所占的百分含量,根据 K_1 及 K_2 值就可以绘制出以 pH 值为主要变量的 $H_2CO_3^* - HCO_3^- - CO_3^{2-}$ 体系的形态分布图,如图 2-1 所示。

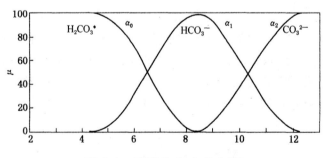

图 2-1 碳酸化合态分布图

(1)水的碱度

对于天然水、工业废水或受严重污染的水体的评价,除需测定 pH 值外,还应测定碱度和酸度。水的碱度是指水中能与强酸发生中和作用的全部物质的总量,即能接受质子(H^+)的物质的总量。在一般的天然水体中,对碱度有贡献的主要包括:强碱,如 NaOH、Ca(OH)$_2$ 等;弱碱,如 NH$_3$、C$_6$H$_5$NH$_2$ 等;强碱弱酸盐,如碳酸盐、重碳酸盐、磷酸盐和硫化物等。

对于碳酸盐体系,对水的碱度有贡献的主要是 HCO$_3^-$、CO$_3^{2-}$ 和 OH$^-$,且根据测定碱度的滴定终点指示剂的不同分为总碱度、酚酞碱度和苛性碱度。

在测定水样总碱度时,一般用强酸标准溶液滴定,用甲基橙为指示剂,当溶液由黄色变为橙红色(pH≈4.3)时停止滴定,此时所得的结果称为该水样的总碱度,也称为甲基橙碱度。所加的 H$^+$ 即为下列反应的化学计量关系所需要的量。

$$H^+ + OH^- \rightleftharpoons H_2O$$
$$H^+ + CO_3^{2-} \rightleftharpoons HCO_3^-$$
$$H^+ + HCO_3^- \rightleftharpoons H_2CO_3$$

因此,总碱度是水中各种碱度成分的总和,即加酸至 HCO$_3^-$ 和 CO$_3^{2-}$ 全部转化为 CO$_2$。根据溶液质子平衡条件,可以得到碱度的表达式:

$$总碱度 = [HCO_3^-] + 2[CO_3^{2-}] + [OH^-] - [H^+]$$

如果用酚酞做指示剂进行滴定,溶液的 pH 值降到约 8.3 时滴定结束,此时溶液中的 OH$^-$ 被中和,CO$_3^{2-}$ 全部转化为 HCO$_3^-$,碳酸盐只中和了一半,因此得到酚酞碱度表达式:

$$酚酞碱度 = [CO_3^{2-}] + [OH^-] - [H_2CO_3^*] - [H^+]$$

若滴定已知体积水样的碱度时,仅使碳酸盐体系中的 OH$^-$ 被中和,这就得到苛性碱度。苛性碱度在实验室内测定时不容易控制终点,不可能迅速测定,如果已知总碱度和酚酞碱度,可以用计算的方法确定苛性碱度。

$$苛性碱度 = [OH^-] - [HCO_3^-] - 2[H_2CO_3^*] - [H^+]$$

(2)水的酸度

酸度是指水中能够与强碱发生中和作用的全部物质的总量,即能放出质子(H$^+$)或经过水解能产生质子(H$^+$)的物质的总量。在一般的天然水体中,对酸度有贡献的主要是:强酸,如 HCl、H$_2$SO$_4$、HNO$_3$ 等;弱酸,如 CO$_2$、H$_2$CO$_3$、H$_2$S、蛋白质以及各种有机酸类;强酸弱碱盐,如 FeCl$_3$、Al$_2$(SO$_4$)$_3$ 等。并且,根据测定酸度的滴定终点指示剂的不同分为无机酸度、CO$_2$ 酸度和总酸度。

用强酸标准溶液滴定测定水样酸度时,以甲基橙为指示剂滴定到 pH≈4.3,得到无机酸度:

$$无机酸度 = [H^+] - [HCO_3^-] - 2[CO_3^{2-}] - [OH^-]$$

以酚酞为指示剂滴定到 pH=8.3,得到 CO$_2$ 酸度:

$$CO_2 酸度 = [H^+] + [H_2CO_3^*] - [CO_3^{2-}] - [OH^-]$$

总酸度应在 pH≈10.8 处得到,但此时滴定曲线无明显突跃,难以选择合适的指示剂,故通常以游离二氧化碳作为酸度主要指标。根据溶液质子平衡条件,可得到总酸度表达式:

$$总酸度 = [HCO_3^-] + [H^+] + 2[H_2CO_3^*] - [OH^-]$$

如果已知某水体的 pH 值、碱度及相应的平衡常数,就可计算出水体中 H$_2$CO$_3^*$、HCO$_3^-$、CO$_3^{2-}$、OH$^-$ 在水中的浓度。

(3)天然水体的缓冲能力

天然水体的 pH 值一般保持在 6～9。天然水体是一个缓冲体系具有一定的缓冲能力,如果没有人为的干扰,其 pH 值的波动不大。

碳酸化合物是水体缓冲作用的重要因素,常常根据它的存在情况来估算水体的缓冲能力。在酸性较强的水中,H_2CO_3 占优势;在碱性较强的水中,CO_3^{2-} 占优势;而大多数天然水的 pH 在 6~9 范围内,HCO_3^- 占优势,即水中含有的各种碳酸化合物控制了水的 pH 值并具有缓冲作用,这就使得天然水对于酸碱具有一定的缓冲能力。最近研究表明,水体和周围环境之间有多种物理、化学和生物化学过程,它们对水体的 pH 值也有着重要作用。

碳酸盐的溶解平衡是水环境化学常遇到的问题。在工业用水系统中,也经常需要知道所用的水是否会产生碳酸钙沉淀,即水的稳定性问题。通常,当溶液中 $CaCO_3(s)$ 处于未饱和状态时,称水具有侵蚀性;当 $CaCO_3(s)$ 处于饱和状态时,称水具有沉淀性;当处于溶解平衡状态时,则称水具有稳定性。

3.天然水中的氧化-还原平衡

氧化还原反应是天然水中污染物的一种重要的迁移转化途径,它对水体的生态平衡有着重要的影响。天然水中重要的氧化还原反应,如有机物耗氧分解的过程以及 NH_3 转化形成 NO_3^- 的过程,都可以使水体中溶解的氧被迅速消耗掉,因而影响水中一些水生生物的生存;对于后者而言,以 NO_3^- 形式存在的氮易于被植物吸收和利用。因此,该反应有利于水体中藻类等植物的生长。

天然水中的氧化还原反应一般都有微生物参与,微生物在反应中起着催化剂的作用。如果没有微生物存在,这些氧化还原反应可能根本就不会发生。因此,有微生物参与是天然中氧化还原反应的一个非常重要的特点。

天然水体中的氧化还原反应与酸碱反应的关系非常密切。因此,可以采取与处理酸碱反应相类似的方法来处理天然水体中的氧化还原过程。

(1)电子活度和 pE

在酸碱反应中,把 pH 定义为 H^+ 活度的负对数,即 $pH = -\lg a(H^+)$。

在氧化还原反应中,自由电子存在的时间是非常短的,在微秒以下,几乎可以说是不存在的。但是,在理论上仍然可以认为自由电子是存在的,并且具有一定的浓度。为了真实地描述自由电子的浓度,和溶液中引入 H^+ 活度的概念一样,在这里引入电子活度的概念,用 a_e 来表示。

由于电子活度的数值非常小,实际应用起来非常的不方便。为了方便起见,和溶液中引入 pH 的概念一样,在这里引入 pE 的概念,它等于电子活度的负对数,即 $pE = -\lg a_e$。

因此,可以利用 pE 的概念来判断体系得失电子能力的大小。如果体系的 pE 较高,则 a_e 值较低,体系容易得电子,是一个氧化性体系。如果体系的 pE 较低,则 a_e 值较高,体系容易失电子,是一个还原性体系。

pE 的严格的热力学定义是根据下面的反应得出的:

$$2H^+(aq) + 2e^- = H_2(g)$$

当 H^+ 活度为 1 个单位,氢气的分压为 1 atm 时,则体系中电子的活度为 1 个单位,阳为 0。

(2)电极电势占和 pE 之间的关系

氧化还原半反应可以用下面的通式来表示,即

$$氧化态 + ne^- = 还原态$$

考虑到电子活度,反应的平衡常数可以表示为

$$K = \frac{[还原态]}{[氧化态] a_e^n}$$

等式两端取对数

$$\lg K = -\lg \frac{[氧化态]}{[还原态]} - n \lg a_e$$

$$pE = \frac{1}{n} \lg K + \frac{1}{n} \lg \frac{[氧化态]}{[还原态]}$$

令 $pE^0 = \frac{1}{n} \lg K$,则有

$$pE = pE^0 + \frac{1}{n} \lg \frac{[氧化态]}{[还原态]}$$

pE^0 表示的是体系中氧化态和还原态浓度相等时体系的 pE 。根据 Nernst 方程可知,标准电极电势 E^0 和电极电势 E 与上述半反应的平衡常数之间有如下关系:

$$E^0 = 2.303 \frac{RT}{nF} \lg K$$

$$E = E^0 + 2.303 \frac{RT}{nF} \lg \frac{[氧化态]}{[还原态]}$$

代入 pE^0 和 pE 的表达式得

$$E^0 = 2.303 \frac{RT}{F} (pE^0)$$

$$E = 2.303 \frac{RT}{F} (pE)$$

对于只有一个氧化还原反应存在的体系,这个氧化还原反应的电势值就是体系的电势值。如果一个体系中存在有多个氧化还原反应,则每个氧化还原反应的电势值对体系的总电势都要有所贡献。如果其中某个氧化还原反应的物质的含量远远地大于其他反应,则该氧化还原反应的电势值就决定着体系的电势值,该氧化还原反应的电势值称为体系的决定电势,而起决定电势作用的氧化还原反应的 pE 就是体系的 pE 。

天然水是一个非常复杂的混合体系,其中存在着众多的氧化剂和还原剂。其中常见的氧化剂包括溶解氧、$Mn(IV)$、$Fe(III)$、和 $S(VI)$,常见的还原剂包括有机物、$Mn(II)$、$Fe(III)$、$S(II)$。当要求得到某种天然水的 pE 时,首先需要确定哪种物质起决定电势作用,然后根据起决定电势作用物质的氧化还原反应,求得体系的 pE 。一般的天然水体中起决定电势作用的物质是溶解氧,当有机物含量非常高时,则有机物起决定电势作用。铁和锰起决定电势作用的情况则比较少见。

(3)水的氧化限度和还原限度

水的氧化反应和还原反应如下:

氧化反应:$2H_2O \rightleftharpoons O_2 + 4H^+ + 4e^-$

还原反应:$2H_2O + 2e^- \rightleftharpoons H_2 + 2OH^-$

由于水的氧化反应是一个释放电子的过程,因而使得水中电子的活度不可能无限度地降

低。因为当水中电子活度降低到一定程度时，水就会被氧化释放出电子，从而阻止了电子活度的进一步降低。使水稳定存在的水中电子活度的最小值，也就是最大的 pE 称为水的氧化限度。同样，由于水的还原反应是一个接受电子的过程，因而使得水中电子的活度不可能无限度地升高。因为当水中电子活度增加到一定程度时，水就会接受电子被还原，从而阻止了电子活度的进一步增加。使水稳定存在的水中电子活度的最大值，也就是最小的 pE 称为水的还原限度。

水的氧化反应可以表示为：

$$\frac{1}{4}O_2 + H^+ + e^- \Longrightarrow \frac{1}{2}H_2O$$

$$pE = pE^0 + \lg\frac{P_{O_2}[H^+]}{1} = pE^0 - pH + \frac{1}{4}\lg P_{O_2}$$

因为氧化限度为最大的 pE，而氧气的分压越大，pE 越高。但氧气的分压最大也不会超过 1 atm，所以取边界条件氧气的分压为 1 atm 时所得到的 pE 即为水的氧化限度。已知 pE^0 =20.75，故氧化限度随 pH 的变化关系为：pE=20.73-pH。

水的还原反应可以表示为：

$$H^+ + e^- \Longrightarrow \frac{1}{2}H_2$$

$$pE = pE^0 + \lg\frac{[H^+]}{(P_{H_2})^{1/2}} = pE^0 - pH - \frac{1}{2}\lg P_{H_2}$$

因为还原限度为最小的 pE，而氢气的分压越小，pE 越低。但氢气的分压最大也不会超过 1 atm，所以取边界条件氢气的分压为 1 atm 时所得到的 pE 即为水的还原限度。已知 pE^0 =0.00，故还原限度随 pH 的变化关系为：pE=-pH。因此，中性水的 pE 应当介于-7 和 13.75 之间。

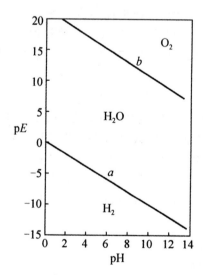

图 2-2　水的氧化限度和还原限度

水的氧化限度和还原限度随 pH 的变化关系可以用 pE-pH 图来表示，如图 2-2 所示。

图中直线 b 表示水的氧化限度,直线 a 表示水的还原限度。如果体系的 pE 比水的氧化限度还要高的话,则水不能稳定存在,水将会被氧化,释放出氧气,故直线 b 上方是氧气稳定存在的区域。如果体系的 pE 比水的还原限度还要低的话,则水同样不能稳定存在,水将会被还原,释放出氢气,故直线 a 下方是氢气稳定存在的区域。如果体系的 pE 介于水的氧化限度和还原限度之间,则水既不会被氧化,也不会被还原。

4.天然水中的配合─离解平衡

大多数金属能与许多配位体形成各种各样的配合物。配合物的形成使得很多难溶元素溶于水体中,从而发生迁移和转化。可见,配合平衡对天然水中污染物的迁移、转化影响很大。据估计,进入环境的配合物已达 1000 万种之多,天然水体中,某些阳离子是良好的配合物中心体,某些阴离子则可作为配合体。在接触实际水体及废水处理过程时,认识到水中金属化合物的配位形态对了解物质的溶解度和迁移特性是十分重要的。

(1)无机配位体对重金属离子的配合作用

天然水体中的无机配离子有 Cl^-、OH^-、CO_3^{2-}、HCO_3^-、F^-、S^{2-} 等。Cl 是天然水体中最常见的阴离子之一,被认为是较稳定的配合剂,它与金属离子形成的配合物主要有 $MeCl^+$、$MeCl_2$、$MeCl_3$ 和 $MeCl_4^-$。

氯离子与金属离子配合的程度受多方面因素的影响,除与氯离子的浓度有关外,还与金属离子的本身性质有关,即与生成配合物的稳定常数有关。Cl^- 与常见的四种金属离子配合能力的顺序为

$$Hg^{2+}>Cd^{2+}>Zn^{2+}>Pb^{2+}$$

大多数重金属离子均能水解,其过程实际上是羟基配合过程,它是影响一些重金属难溶盐溶解度的主要因素。通常水体中存在 OH^{-1},因此当同时存在 Cl^{-1} 时,它们对金属离子的配合作用发生竞争。

在天然水体中,重金属离子易形成配离子,对其迁移转化起着重要作用。一方面可以大大提高难溶金属化合物的溶解度,另一方面可使胶体对金属离子的吸附作用减弱,对汞尤为突出。

(2)腐殖质与重金属离子的配合作用

水体中的有机物也易与重金属离子发生配合作用。大量分析已经表明,天然水体中对水质影响最大的有机物是腐殖质。腐殖质指的是由动物、植物残骸被微生物分解而成的有机高分子化合物,它通过氢键等作用形成巨大的聚集体,呈现多孔疏松的海绵结构,有很大的比表面积。

腐殖质在结构上的显著特点是含有大量苯环及醇羟基、羧基和酚羟基,特别是富里酸中有大量的含氧官能团,因而亲水性较强。腐殖质中所含官能团在水中可以离解并发生化学作用,因此它具有高分子电解质的特性,表现为弱酸性。此外,腐殖质具有抵抗微生物降解的能力;具有同金属离子和水合氧化物形成稳定的水溶性和不溶性盐类及配合物的能力,具有与黏土矿物以及人类排入水体的有机物相互作用的能力。

腐殖质广泛存在于水体中,含量较高。实验表明,除碱金属离子外,其余金属离子都能同腐殖质螯合。起螯合作用的配位基团主要是苯环侧链上的含氧官能团,如羧基、酚羟基、羰基

及氨基等。

腐殖质的螯合能力与其来源有关,并与同一来源的不同成分有关。一般相对分子质量小的成分对金属离子的螯合能力强;反之则弱。腐殖质的螯合能力还与水体的 pH 值有关,水体的 pH 值降低时,螯合能力减弱。腐殖质的螯合能力随金属离子的改变表现出较强的选择性。例如,湖泊腐殖质的螯合能力按照 Hg^{2+}、Cu^{2+}、Ni^{2+}、Zn^{2+}、Co^{2+}、Cd^{2+}、Mn^{2+} 顺序递降。

腐殖质与金属离子的螯合作用对重金属在环境中的迁移转化有着重要影响。当形成难溶螯合物时,便降低了重金属的迁移能力;而当形成易溶螯合物时,便能促进重金属的迁移。水体中腐殖质大多数以胶体或悬浮颗粒状态存在,这对重金属在水中的富集过程起着重要作用,从而影响重金属的生物效应。据报道,在腐殖质存在下可以减弱 Hg(Ⅱ)对浮游生物的抑制作用,也可降低对浮游生物的毒性,而且影响鱼类和软体动物富集汞的效应。

2.2 水体中的主要污染物

水体中污染物质的种类非常多,主要来自于工业污染、农业污染和生活用水污染。工业废水是工业污染的主体,它是水体中污染物的主要来源。农业污染主要是由于广泛使用化肥、农药以及大量农业废弃物的产生而造成的。而随着城市人口逐渐增加,城市生活废水也已经成为水体的重要污染源。

2.2.1 重金属污染物

重金属在地壳中的丰度并不高,但分布极其广泛。微量的重金属是生物体正常生长所必不可少的营养物质。但是,由于重金属的毒性较强,一旦超量,将会造成生物体中毒,影响其正常的生长发育。而且有些重金属可以在生物体内发生富集或转化形成毒性更大的形态。一般来说,重金属一旦进入环境就不会从环境中消失,它只能从一种形态转换形成另一种形态。因此,重金属对环境的危害是非常大的。

1. 汞

汞是最受关注的重金属污染物。天然水中的汞主要来自于下面几种途径。

(1)含汞矿石的自然风化

自然界中最主要的含汞矿物是朱砂,即红色的硫化汞(HgS)。

(2)工业废水

在工业生产过程中,汞的损耗量非常大并且主要随着工业废水排放进入天然水中。如生产 1 t 粗纸浆需加入 40 g 苯基汞醋酸盐,其中 20% 的汞会随废水流失。在利用乙炔合成乙醛的过程中,每生产 1 t 乙醛需用 100～300 g 汞,其损耗量为 5%,年产 10 万 t 乙醛就有 500～1500 kg 汞进入废水。

(3)含汞农药

含汞农药中的汞主要是有机汞化合物,包括烷基汞制剂和芳基汞制剂。它们的主要用途是用作杀菌剂,如氯化乙基汞(C_2H_5HgCl)可在农业上用于浸种,而二硫代二甲胺基甲酸苯基汞可在造纸厂用作杀粘菌剂和纸张霉菌抑制剂。由于烷基汞化合物非常不容易发生降解,因此它对环境的危害比芳基汞化合物以及无机汞化合物还要严重。

轻微的汞中毒表现为精神抑郁和烦躁,严重的汞中毒可以引起瘫痪、失明或精神错乱。汞可以在生物体内,特别是在海洋中的鱼贝类体内发生富集,富集系数可超过 10^3。有时海洋中鱼贝类体内的汞含量甚至要比周围海水中的汞含量高出几十万倍。正是由于食用了这种汞含量非常高的鱼贝类食物,才使得一些海鸟和海兽因汞中毒而濒于绝迹。通过食物链的不断积累,如果最终人一旦食用了这种汞含量非常高的水生生物,就会导致人体汞中毒。历史上典型的汞中毒的例子就是 20 世纪 50 年代发生在日本水俣湾地区的水俣病事件。

(4)煤和石油的燃烧

煤和石油当中都含有汞。在燃烧过程中,汞可随着烟尘排放进入大气中,最终可以通过干湿沉降重新回到地表,进入天然水中。

汞的毒效效应主要有两种:

1)破坏神经系统;

2)破坏染色体,可造成胎儿缺陷。

2.铅

由于人类活动及工业的发展,几乎在地球上每个角落都能检测出铅。矿山开采、金属冶炼、汽车废气、燃煤、油漆、涂料等都是环境中铅的主要来源。岩石风化及人类的生产活动,使铅不断由岩石向大气、水、土壤、生物转移,从而对人体的健康构成潜在威胁。

淡水中铅的含量为 $0.06 \sim 120 \ \mu g/L$,中值为 $3 \ \mu g/L$。天然水中的铅主要以 Pb^{2+} 状态存在,其含量和形态明显地受 CO_3^{2-}、SO_4^{2-}、OH^- 和 Cl^- 等含量的影响,铅以 $[Pb(OH)]^+$、$Pb(OH)_2$、$PbCl^+$、$PbCl_2$ 等多种形态存在。在中性和弱碱性的水中,铅的含量受 $Pb(OH)_2$ 限制。水中铅含量取决于 $Pb(OH)_2$ 的溶度积。在偏酸性天然水中,水中 Pb^{2+} 含量被 PbS 限制。

水体中悬浮颗粒物和沉积物对铅有强烈的吸附作用,因此铅化合物的溶解度和水中固体物质对铅的吸附作用是导致天然水中铅含量低、迁移能力小的重要因素。

3.镉

工业含镉废水的排放,大气镉尘的沉降和雨水对地面的冲刷,都可使镉进入水体。镉是水迁移性元素,除了硫化镉外,其他镉的化合物均能溶于水。在水体中镉主要以 Cd^{2+} 状态存在。进入水体的镉还可与无机和有机配体生成多种可溶性配合物如 $[Cd(OH)]^+$、$Cd(OH)_2$、$HCdO_2^-$、$CdCl_2$、$[CdCl_3]^-$、$[CdCl_4]^{2-}$、$[Cd(NH_3)_2]^{2+}$、$Cd(HCO_3)_2$、$[Cd(HCO_3)_3]^-$ 等。实际上天然水中镉的溶解度受碳酸根或羟基浓度所制约。

水体中悬浮物和沉积物对镉有较强的吸附能力。已有研究表明,悬浮物和沉积物中镉的含量占水体总镉量的 90% 以上。

水生生物对镉有很强的富集能力。据 Fassett 报道,对 32 种淡水植物的测定表明,所含镉的平均浓度可高出邻接水相 1000 多倍。因此,水生生物吸附、富集是水体中重金属迁移转化的一种形式,通过食物链的作用可对人类造成严重威胁。

4. 砷

岩石风化、土壤侵蚀、火山作用以及人类活动都能使砷进入天然水体中。天然水中砷可以 H_3AsO_3、$HAsO_3^-$、H_3AsO_4、$H_2AsO_4^-$、$HAsO_4^{2-}$、AsO_4^{3-} 等形态存在,在适中的氧化还原电位 (Eh) 值和 pH 值呈中性的水中,砷主要以 H_3AsO_3 为主。但在中性或弱酸性富氧水体环境中则以 $H_2AsO_4^-$、$H_2AsO_2^{2-}$ 为主。

砷可被颗粒物吸附、共沉淀而沉积到底部沉积物中。水生生物能很好富集水体中无机和有机砷化合物。水体无机砷化合物还可被环境中厌氧细菌还原而产生甲基化,形成有机砷化合物。但一般认为甲基胂酸及二甲基胂酸的毒性仅为砷酸钠的 1/200,因此,砷的生物有机化过程,亦可认为是自然界的解毒过程。

5. 铬

铬是广泛存在于环境中的元素。冶炼、电镀、制革、印染等工业将含铬废水排入水体,均会使水体受到污染。天然水中铬的含量在 $1 \sim 40 \ \mu g/L$,主要以 Cr^{3+}、CrO_2^-、CrO_4^{2-}、$Cr_2O_7^{2-}$ 四种离子形态存在,因此水体中铬主要以三价和六价铬的化合物为主。铬存在形态决定着其在水体的迁移能力,三价铬大多数被底泥吸附转入固相,少量溶于水,迁移能力弱。六价铬在碱性水体中较为稳定并以溶解状态存在,迁移能力强。因此,水体中若三价铬占优势,可在中性或弱碱性水体中水解,生成不溶的氢氧化铬和水解产物或被悬浮颗粒物强烈吸附,主要存在于沉积物。若六价铬占优势则多溶于水中。

水中六价铬可先被有机物还原成三价铬,然后被悬浮物强烈吸附而沉降至底部颗粒物中。这也是水中六价铬的主要净化机制之一。由于三价铬和六价铬能相互转化,所以近年来又倾向考虑以总铬量作为水质标准。

2.2.2 无机化合污染物

1. 氰化物

氰化物主要来自各种含氰化物的工业废水,如电镀废水、煤气废水、炼油废水、丙烯腈废水、有色金属冶炼厂废水等。据我国各地电镀车间废水的实际调查,含氰废水中氰的浓度一般为 $20 \sim 70 \ mg/L$。

氰化物是毒性很强的物质,其毒性来源于 HCN,可对细胞中氧化酶造成损害,中毒后呼吸困难,全身细胞缺氧,因而窒息死亡。

氰化物以各种形式存在于水中。重金属氰化物虽不溶于水,但 CN^- 可以和许多重金属离子形成络合物而溶于水,增高了水中重金属的浓度。各种金属离子的氰络合物,在水体中显示不同的性质,锌、镉的氰络离子在水中很不稳定,易于离解出游离的氰根离子,而铜、钴、铁等氰络离子在水中相当稳定,甚至在较强的酸性条件下仍不离解。虽然络合氰化物的毒性比简单的氰化物小,但由于它们能离解出氰离子,所以潜在的毒性仍然很大。

水体中的氰化物在自然环境条件下,会发生一系列化学的和生物化学的变化而迁移或转化为其它物质,这种迁移和转化强烈受水体条件的影响。主要影响因素是水体中的溶解氧和

CO_2 的含量,此外是水中含有的盐类、光照情况和温度,以及水体中的微生物等。氰化物在水体中最主要的迁移和转化行为是发生分解反应,在分解过程中,首先是氰化物与溶解于水中的 CO_2 作用生成 HCN 挥发:

$$CN^- + CO_2 + H_2O \cdots \Longrightarrow HCN + HCO_3^-$$

水体中的氰化物经这种过程会挥发到大气中去。此外,氰化物还能被溶解氧所氧化,反应如下:

$$2CN^- + O_2 \cdots \Longrightarrow 2CNO^-$$

$$CNO^- + 2H_2O \cdots \Longrightarrow NH_4^+ + CO_3^{2-}$$

总反应为

$$2CN^- + O_2 + H_2O = 2NH_4^+ + 2CO_3^{2-}$$

反应表明,当氰化物进入水体后,迅速被氧化生成 NH_4^+,NH_3 在水中会进一步氧化为亚硝酸盐,增加了另一种潜在危险。

氰化物在水体中的氧化过程除化学氧化外,还有生物化学氧化,氧化过程受光照、水温、水流速度等因素的影响。一般情况下,微生物分解氧化的速度并不快,但光照充足,水温较高,水流较快时,分解速度加快。

2.硫化物

在厌氧细菌的作用下,硫酸盐还原或含硫有机物的分解产生的硫化物通过地下水及生活污水进入水体,某些工矿企业,如焦化、造气、选矿、造纸、印染和造革等工业废水亦含有硫化物。水中硫化物包括溶解的 H_2S、HS^-、S^{2-},硫化物是水体污染的一项重要指标。

3.硫酸盐

硫酸盐在自然界分布广泛,地表水和地下水中硫酸盐来源于岩石土壤中矿物组分的风化和淋溶,金属硫化物氧化也会使硫酸盐含量增大。水中少量硫酸盐对人体健康无影响,但超过 250 mg/L 时有致泻作用。饮用水中硫酸盐的含量不应该超过 250 mg/L。

4.氯化物

氯化物是水和废水中一种常见的无机阴离子。几乎所有天然水中都有氯离子存在,它的含量范围变化很大。在河流、湖泊、沼泽地区,氯离子含量一般较低,而在海水、盐湖及某些地下水中,含量可高达每升数十克。

在人类的生存活动中,氯化物有很重要的生理作用及工业用途。在生活污水和工业废水中,均含有相当数量的氯离子。若饮水中氯离子含量达到 250 mg/L,相应的阳离子为钠时,会感觉到咸味;水中氯化物含量高时,会损害金属管道和构筑物,并妨碍植物生长。

5.氟化物

氟化物是人体必需元素之一,缺氟易患龋齿病,饮水中含氟的适宜浓度为 0.5～1.0 mg/L。当长期饮用含氟量高达 1～1.5 mg/L 的水时,则易患斑齿病;若水中含氟量高于 4 mg/L 时,则使人骨骼变形,可导致氟骨症和损害肾脏等。氟化物对许多生物都具有明显毒性。

6.碘化物

天然水中碘化物含量极低，一般每升仅含微克级的碘化物。成人每日生理需碘量在 $100 \sim 300~\mu g$ 之间，来源于饮水和食物。当水中含碘量小于 $10~\mu g/L$ 或平均每人每日碘摄入量小于 $40~\mu g$ 时，即会不同程度地患上地方性甲状腺肿。

2.2.3 有机污染物

1.农药

水中常见的农药概括起来，主要为有机氯农药和有机磷农药，此外还有氨基甲酸酯类农药。它们通过喷施农药、地表径流及农药工厂的废水排入水体中。

有机氯农药由于难以被化学降解和生物降解，因此，在环境中的滞留时间很长，由于其具有较低的水溶性和高的辛醇—水分配系数，故很大一部分被分配到沉积物有机质和生物脂肪中。在世界各地区土壤、沉积物和水生生物中都已发现这类污染物，并有相当高的含量。与沉积物和生物体中的含量相比，水中农药的含量是很低的。目前，有机氯农药如滴滴涕（DDT）由于它的持久性和通过食物链的累积性，已被许多国家禁用。一些污染较为严重的地区，淡水体系中有机氯农药的污染已经得到一定程度的遏制。

有机磷农药和氨基甲酸酯农药与有机氯农药相比，较易被生物降解，它们在环境中的滞留时间较短。在土壤和地表水中降解速率较快，杀虫力较高，常用于消灭那些不能被有机氯杀虫剂有效控制的害虫。对于大多数氨基甲酸酯类和有机磷杀虫剂来说，由于它们的溶解度较大，其沉积物吸附和生物累积过程是次要的，然而当它们在水中含量较高时，有机质含量高的沉积物和脂质含量高的水生生物也会吸收相当量的该类污染物。目前在地表水中能检出的不多，污染范围较小。

此外，近年来除草剂的使用量逐渐增加，可用来杀死杂草和水生植物。它们具有较高的水溶解度和低的蒸气压，通常不易发生生物富集、沉积物吸附和从溶液中挥发等反应。根据它们的结构性质，主要分为有机氯除草剂、氮取代物、脲基取代物和二硝基苯胺除草剂四个类型。这类化合物的残留物通常存在于地表水体中，除草剂及其中间产物是污染土壤、地下水以及周围环境的主要污染物。

2.水中的耗氧物质

氧是水中极其重要的物质，氧的存在对于水生生物的生存具有非常重要的意义。但水中存在的一些还原性物质可以消耗溶解氧，如有机物的微生物氧化。

含氮物类的生物氧化反应为：

$$NH_4^+ + 2O_2 \longrightarrow 2H^+ + NO_3^- + H_2O$$

其他还原态物类的化学和生物氧化反应为：

$$4Fe^{2+} + O_2 + 10H_2O \longrightarrow 4Fe(OH)_3(s) + 8H^+$$

以上所有过程都可造成水的缺氧。如果水体不能被及时地充氧的话，水中的溶解氧会被迅速地耗尽，使较高级的水生生物无法生存。

地面水中的污染物,在以微生物为媒介的氧化过程中要消耗水中的溶解氧,其所消耗的溶解氧量称作生化需氧量(或生物耗氧量,即 BOD)。BOD 通常是将水样在 20℃避光条件下培养微生物 5 天后测定溶解氧消耗量来确定的。在 BOD 试验中选择 5 天时间为标准,并没有什么特别重要的原因,只是因为该试验首创于英格兰,而在那里最大的河川径流只流五天就入海。所以任何污染物在 5 天内不分解,就将流入海洋。不过,尽管这种假定带有随意性,但 5天 BOD 试验,仍然是测量污染物短期需氧量的一个较好方法。

在一定的溶解氧范围内,BOD 虽能较真实地反映水质情况,但测定 BOD 既费时,又麻烦。而化学需氧量,即 COD,则是一个容易测定的参数。目前测定 COD 的方法有高锰酸钾法和重铬酸钾法。重铬酸钾法测定 COD 是在 50%的硫酸中利用重铬酸根离子对水中物质进行化学氧化:

$$3(CH_2O) + 16H^+ + 2Cr_2O_7^{2-} \longrightarrow 4Cr^{3+} + 3CO_2 + 11H_2O$$

水中可氧化物质被氧化后,再用标准还原剂滴定,确定未反应的重铬酸根的量。若水中存在难于生物降解、但可被重铬酸根氧化的物质,将导致 COD 较 BOD 为高。虽然 COD 与 BOD 之间并非总是符合,但由于 COD 测试简便迅速,故常用以代替 BOD 试验。

另一参数是总有机碳(即 TOC),可通过测量水中碳的催化氧化产生的 CO_2 来确定。由于 TOC 很容易用仪器法测量,所以应用越来越普及。

3.植物营养物质

植物生长所需要的营养元素主要包括 C、H、O、N、P、K、S、Mg、Ca 以及一些微量元素。其中,氢和氧来自水本身,C 由大气或植物腐烂分解产生的 CO_2 提供。硫酸根、Ca 和 Mg 来自于与水接触的矿物层。P 和 K 来自矿物层,N 可被蓝藻、细菌等所固定,闪电时也会产生氮化物。

在一般的水体中,大多数营养元素的含量都足以维持植物的正常生长。当水中植物营养素的含量过高时,会引起藻类过量生长,产生大量的植物生物量,并伴生少量的动物生物量。死生物量积累在水体底部并局部腐败,使营养物二氧化碳、磷、氮和钾再进入循环,从而加速了水体中固体物质的积累,最终导致水体严重变质,甚至会形成沼泽,这就是水体富营养化的形成过程。造成水体富营养化的物质主要是 N、P 和 K,它们在污水和工业废水中大量存在。特别是元素磷通常被认为是造成水体富营养化的最主要的原因。由于家用洗涤剂是废水中磷酸根的主要来源,所以控制水体富营养化,主要是去除洗涤剂中的磷。通过在废水处理厂中去除废水中的磷酸根,可以阻止含磷的污水进入水体。

2.3　典型污染物在水体中的迁移转化

2.3.1　迁移转化过程

与无机物在水环境中的行为不同,水中有机物,特别是一些憎水有机物由于其本身的性质以及水体提供的环境条件,可通过分配作用、挥发作用、水解作用和生物作用等方式在水中发生迁移转化。迁移转化过程主要包括以下三个过程:

（1）迁移过程

迁移过程是指污染物质通过稀释扩散和生物活动等途径所起的空间位置的移动过程。水体的水文条件是影响该过程的主要因素。目前多采用模拟实验和统计学等数学方法来探索各种变量综合作用的规律。

（2）富集过程

富集过程包括化学富集和生物富集两个方面。化学富集主要是指污染物分子通过吸附作用进入水体颗粒物中并最终通过凝聚和沉降过程进入水体底质中。生物富集是指污染物分子被水体中的鱼类、浮游植物和藻类所吸收并通过食物链在生物体内被不断积累的过程。这两种富集方式最终都会降低污染物在水中的浓度，但同时也会不同程度地对生物体产生毒害作用，并将增加水体底质中污染物的含量。一旦条件具备，底质中的污染物会重新释放进入水体，造成水体的二次污染。

（3）转化过程

转化过程包括化学转化、光化学转化和生物化学转化。通过转化过程，污染物的浓度，特别是形态会发生改变，从而影响到污染物在水体中的分布、迁移、停留、富集以及毒性。

图 2-3 显示了有机污染物在水中的迁移转化过程。

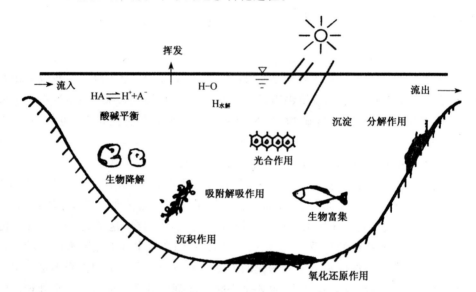

图 2-3　有机污染物在水环境中的迁移转化过程

2.3.2　吸附沉降作用

颗粒物从水中吸附憎水有机物并沉积于水体底泥之中，这会使有机污染物的迁移能力大大下降。

水体中有机物被沉积物或土壤表面的吸着过程的量与颗粒物中的有机质含量密切相关。实验证明，在土壤—水体系中，分配系数 K_p 与土壤中有机质的含量成正比；在沉积物-水体系中，分配系数 K_p 也与沉积物中有机质含量成正比。由此可见，颗粒物中有机质对吸附憎水有机物起着主要作用。

实际上,有机物在土壤中的吸着存在两种主要机制:一种是分配作用,即在水溶液中,土壤有机质对有机物的溶解作用,而且在整个溶解范围内,与表面吸附位无关,只与有机物的溶解度相关。另一种机理是吸附作用,即土壤矿物质靠范德瓦尔斯力对有机物的表面吸附,或土壤矿物质靠氢键、离子偶极键、配合键及 π 键等作用对有机物的表面吸附。

在一定温度下,溶质以相同的分子量在不相混溶的两相中溶解,即进行分配,当分配作用达到平衡时,该溶质在两相中的浓度的比值是一个常数,这一定量规律被称为分配定律。

分配定律在数学上表述为分配系数,用 K_P 表示:

$$K_P = C_s / C_w$$

式中,K_P——有机化合物的分配系数;C_s、C_w——分别为有机化合物在沉积物中和水中的平衡浓度。

在水中,有机化合物是溶解在水相和固相两个相中,要计算有机化合物在水体中的含量,须考虑固相在水中的浓度。对于有机化合物,其在水中和颗粒物之间总浓度为:

$$C_T = C_s \times C_P \times C_w$$

式中,C_T——单位溶液体积内有机化合物浓度总和,$\mu g/L$;C_s——有机化合物在颗粒物上的平衡浓度,$\mu g/kg$;C_P——单位溶液体积中颗粒物的浓度,kg/L;C_w——有机化合物在水中的平衡浓度,$\mu g/L$。

根据分配系数的物理意义:

$$C_w = C_T - C_s \times C_P = C_T - K_P \times C_w \times C_P$$

于是有

$$C_w = \frac{C_T}{1 + K_P \times C_P}$$

由此可以看出,此式就把有机化合物在水中的溶解度与其在颗粒物中的分配特性连系起来了。

在水体中,有机化合物在颗粒物中的分配与颗粒物中的有机质含量有密切关系。研究表明,有机化合物在颗粒物—水中的分配系数与颗粒物中的有机碳成正相关,也就是说,各类颗粒物本身的矿物组成等特性与其所含有机质的多少相比,在其溶解有机化合物过程中起的作用甚微。为了消除各类沉积物中有机质含量对有机化合物溶解的影响,更准确地反映该类固相有机物对有机化合物的分配特征,特引进了标化分配系数 K_{OC},亦称有机碳分配系数:

$$K_{OC} = \frac{K_P}{X_{OC}}$$

式中,K_{OC}——以固相有机碳为基础的分配系数,即标化分配系数;X_{OC}——固相有机碳的质量分数。

这样,对于每一种有机化合物,可得到一个与沉积物中有机碳含量无关的标化分配系数 K_{OC}。

2.3.3 挥发作用

挥发作用是有机物质从水中转入气相的迁移过程,有机污染物在水体中的挥发性对其的迁移转化具有很现实的意义。如果有机污染物具有高挥发性,那么在其的迁移转化过程中,其挥发速度将是一个重要参数。有机污染物是低挥发性的,其挥发作用对其的迁移转化的影响可以忽略。

1. 挥发速率

对于有机化合物,其在水面上的挥发速率可以用下式表示:

$$R_V = \frac{K_V(C-C_0)}{Z} = \frac{K_V\left(C - \dfrac{p}{K_H}\right)}{Z}$$

式中, R_V ——挥发速率; K_V ——挥发速率常数; C ——水中有机化合物的浓度; C_0 ——水中有机化合物达到挥发平衡时的浓度; p ——在研究的水面上有机化合物在大气中的分压; K_H ——亨利常数; Z ——水体的混合高度。

这里用到了亨利定律:

$$p = K_H C_0$$

在大气中的分压不变情况下,水面上有机化合物的挥发速率为一级动力学过程。

2. 挥发作用的双膜理论

这一理论通常用来解释气液传质过程。该理论假设,化学物质由液相向气相挥发过程中要通过气液界面上的一个薄的"液膜"和一个薄的"气膜"组成的界面,而化学物质在此界面上的变化是达到气液平衡的,这一平衡遵循亨利定律。根据这一假设,可以推导出有机化合物在气液两相发生转移时的挥发速率常数与膜传质系数之间的关系:

$$\frac{1}{K_V} = \frac{1}{K_L} + \frac{RT}{K_G K_H} = \frac{1}{K_L} + \frac{1}{K_G K'_H}$$

式中, K_V ——有机物质的挥发速率; K_L ——有机物质的液相传质系数; K_G ——有机物质的气相传质系数; K_H ——亨利常数; K'_H ——亨利常数的转化形式, $K'_H = \dfrac{K_H}{RT}$; T ——水的绝对温度,K; R ——气体常数。

由此可见,有机化合物在水中的挥发速率常数依赖于 K_L 、 K_G 和 K_H 或 K'_H 。当 $K_H \geqslant$ 100 Pa · m³/mol 时,挥发速率主要受液膜控制,这时 $K_V \approx K_L$;当 $K_H \leqslant 1$ Pa · m³/mol 时,挥发速率主要受气膜控制,这时 $K_V \approx K'_H \cdot K_G$;当 K_H 介于 1～100 Pa · m³/mol 之间时,传质系数关系式就不能简化。

2.3.4 水解作用

水解过程指的是有机毒物与水的反应,也是水中有机毒物最重要的转化过程之一。

$$RX + H_2O \longrightarrow ROH + HX$$

水解作用可以改变反应分子的形态,有部分水解后变成了低毒产物,如: α—甲胺代甲酰基萘水解生成 α—萘酚和甲胺,有机物毒性降低。但不是所有的有机毒物的水解产物的毒性降低,有一部分有机污染物通过水解毒性反而加强:

$$2,4-D 酯(毒性较小) + H_2O \longrightarrow 2,4-D 酸(毒性更大)$$

因此,不能将有机毒物降解与其解毒直接相联系。

另外,水解产物可能比原来的化合物更易或更难挥发,但水解产物一般比原来的化合物更易被生物降解。

实验表明,有机化合物水解反应与水体 pH 有关。水中 H^+ 或 OH^- 离子对有机物的水解反应具有催化作用,反映在水解速率上有:

$$R_H = \{K_A[H^+] + K_N + K_B[OH^-]\}C$$

式中,R_H——水解速率;C——水中有机化合物浓度;K_A——有机化合物酸性催化水解速率常数;K_B——有机化合物碱性催化水解速率常数;K_N——有机化合物中性水解速率常数。

在水体 pH 发生变化时,有机污染物的水解过程是一个二级反应。但在天然水体中 pH 基本保持不变,也就是说,$K_A[H^+]$、K_N 和 $K_B[OH^-]$ 都是一个定值,这时可将有机污染物的水解反应当成一级反应来处理,这种条件下的一级反应称为准一级反应或假一级反应:

$$R_H = K_h C$$

其中

$$K_h = K_A[H^+] + K_N + K_B[OH^-]$$

式中,K_h——准一级水解反应速率常数,1/s。

根据反应动力学原理,准一级水解反应的半衰期为

$$t_{\frac{1}{2}} = \frac{0.693}{K_h}$$

2.3.5　光解作用

水体中的有机化合物通过吸收光而导致有机化合物的分解,这就是有机污染物的光化学分解作用,也称光解作用。阳光供给水环境大量能量,吸收光的物质将其辐射能转换为热能或化学能。水体中的光解作用对水体中某些污染物的迁移转化和归宿有十分明显的影响。

光解作用使得污染物发生分解,它不可逆地改变了反应物分子。一个有毒化合物的光解产物可能还是有毒的,例如辐射 DDT 反应产生的二氯联苯,它在环境中滞留时间比 DDT 还长。而且危害性远远大于 DDT。因此,有机污染物的光解作用并不意味着是环境的去毒作用。

有机污染物的光解作用依赖于许多化学因素和环境因素。光的吸收性质、化合物的反应特性、天然水的光迁移特征以及阳光辐射强度等均是影响光解作用的重要因素。一般可把光解过程分为三类:直接光解、敏化光解(间接光解)和光氧化反应。

直接光解是水体中有机污染物分子吸收太阳光辐射并跃迁到某激发态后,随即发生离解或通过进一步次级反应而分解的过程。通过光敏物质吸收光量子而引发的反应叫做光敏化反应或间接分解反应。如光敏物质能再生,那么它就起到了光催化作用。

很多环境科技工作者致力于非均相的间接光分解反应的研究。例如悬浮在水中的固体半导体物质微粒能在光照条件下使卤代烃得以彻底催化光分解为 CO_2 和 HX,或能使水中存在的 CN^- 发生氧化。这类发现有实用意义,有希望形成一种光催化处理水体污染物的技术。

光氧化反应是指有机污染物在天然水体中与因光解而产生的氧化剂发生的反应。在天然水体中就存在着一些浓度很低的光解强氧化剂,它们本来就是直接光分解反应的产物通过它们与水中其他还原性物质之间发生的反应也可认为是一种间接的光解反应。

2.3.6 生物降解

生物降解是指通过自然界原有的或者人工培育驯化的微生物,分解和吸收水中污染物质,使之再循环到自然中的过程。相对于处理污染物时所用的物理化学方法而言,生物降解管理简便,成本低廉,是真正绿色环保的处理技术。

各种有机生命体拥有巨大的降解或转化物质的能力,其中微生物的大量存在,加之大量存在于自然界,种类繁多、代谢速率高、适应性强,在某些场合是物理化学方法所不能替代的。对存在于水体和土壤中的有机化合物来说,生物降解作用往往是决定该化合物最终归宿的重要过程。

水中的溶解性有机物,依据其被微生物可降解的程度分为生物可降解有机物(BDOC)、生物难降解有机物(NBDOC)。BDOC 中易被细菌利用合成细胞体的有机物称为生物可同化有机物(AOC)。

BOD_5/COD 的比值,简写为 B/C,可粗略表示水中有机物的可生化降解程度。一般认为 B/C>0.3 时污水视为可生化,B/C 在 0.2~0.3 之间时难生化,B/C<0.2 时不可生化。但对于具体特殊水样,还要综合考虑其他因素,并非一概而论。

影响可生化降解性的因素主要有有机污染物的特性、微生物的特性、介质性质。其中,有机物的组成结构是最主要的。一般的规律是:对烃类化合物,链状烃比环状烃容易降解,直链烃比支链烃容易降解,不饱和烃比饱和烃容易降解。有机物分子主链上的碳原子被其他元素原子代替后,可生化降解性降低,其中由氧原子代替的影响最显著,其次是由硫原子代替或由氮原子代替。有机物碳原子上的氢被烷基或芳基取代的个数越多,取代物的可生化降解性越差,官能团的性质及数量的多少对有机物可生物降解性的影响很大。

根据生化反应阶段与化学状态的不同,可将有机物的生物降解作用分为水解反应和氧化反应两大类。对于有机农药污染物,其生物降解过程还包括脱氯反应、脱烷基反应、还原反应等。根据碳源利用方式的不同,可分为"生长代谢"、"共代谢"。

在微生物代谢过程中有机物质能起两个作用:

①为代谢过程提供碳源;

②为代谢过程提供能源。

代谢速率可表示为一级动力学方程:

$$R_b = K_b C$$

式中,R_b——一级生物降解速率;K_b——一级生物降解速率常数;C——有机污染物浓度。

某些有机物质本身不能作为微生物代谢过程的唯一碳源,不能单独被分解,而必须在有其它的有机物质提供碳源或能源时,这些有机物质才能被降解,这种微生物的代谢现象称为共代谢。共代谢过程对那些难降解化合物的分解是很有意义的。共代谢不像生长物质代谢那样快,但也没有滞后期的概念。

共代谢并不提供微生物体任何能量,不影响其种群的多少。然而,共代谢速率直接与微生物种群的多少成正比。由于微生物种群不依赖于共代谢速率,因而与共代谢有关的生物降解速率也可简化为一级动力学方程。

2.4　水体的自净

自然环境包括水环境对污染物质具有一定的承受能力,即所谓环境容量。水体能够在其环境容量范围以内,经过水体的物理、化学和生物作用,使排入污染物质的浓度和毒性随时间的推移在向下游流动的过程中自然降低,称为水体的自净作用。

2.4.1　水体自净作用的方式

水体的自净包括稀释、扩散、沉降等物理过程,沉淀、氧化还原、分解化合、吸附凝聚等化学和物理化学过程以及生物吸收、降解等生物化学过程。各种过程在水体中同时发生,相互影响。各自所起作用的大小随水文和环境条件不同而不同。一般来说,物理和生物化学过程在水体自净中占主要地位。因此,水体的自净作用按其发生机理可分为物理自净、化学自净和生物自净三类。

1. 物理自净

物理自净是指污染物进入水体后,通过稀释、扩散、淋洗、挥发、沉降等作用降低浓度而减轻危害程度,使水体得到一定的净化。其中稀释作用是一项重要的物理净化过程。污水或污染物排入水体后,可沉降性固体逐渐沉至水底形成污泥。悬浮体、胶体和溶解性污染物因混合稀释而逐渐降低浓度。污水稀释的程度用稀释比表示,对河流来说,即参与混合的河水流量与污水流量之比。污水排入河流须经相当长的距离才能达到完全混合,因此这一比值是变化的。

达到完全混合的时间受许多因素的影响,主要有:稀释比、河流水文条件和污水排放口的位置和形式,以及污染物自身的物理性质如密度、形态、粒度等。在湖泊、水库、海洋中影响污水稀释的因素还要加上水流方向、风向和风力、水温和潮汐。物理自净对海洋和容量大的河段等水体的自净起着重要的作用。

2. 化学自净

化学自净是指污染物在水体中通过氧化和还原、化合和分解、酸碱中和、吸附和凝聚、交换、配位等化学反应,转化为无害或使危害程度减轻。化学净化过程中化学反应的产生和进行取决于污水和水体的具体情况。

水环境化学净化的环境影响因素主要有温度、酸碱度、氧化还原电位等。温度升高可加速化学反应,所以温热环境的自净能力比寒冷环境强。酸性水环境中有害的金属离子活性强,利于迁移,对人体和生物界危害大;碱性水环境中金属离子易于形成氢氧化物沉淀而利于净化。另外,污染物自身的形态和化学性质对化学自净也有很大影响。

3. 生物自净

生物自净是指通过生物的吸收、降解作用使环境中有害物质降低和消失。生物净化能力的大小除取决于生物的种类外,还与环境的水热条件和供氧状况有关。在温暖、湿润、养料充足、供氧良好的环境中,植物吸收净化能力和好氧微生物的降解净化能力强。

水体污染恶化过程和水体自净过程是同时发生和存在的。但在某一水体的部分区域或一定的时间内，这两种过程总有一种过程是相对主要的过程。它决定着水体污染的总特征。这两种过程的主次地位在一定的条件下可相互转化。如距污水排放口近的水域，往往总是表现为污染恶化过程，形成严重污染区。在下游水域，则以污染净化为主，形成轻度污染区，再向下游最后恢复到原来水体质量状态。所以，当污染物排入清洁水体之后，水体一般呈现出三个不同水质区，即水质恶化区、水质恢复区和水质清洁区。

2.4.2　水体自净过程的特征

水体自净过程的主要特征如下：

1）污染物浓度逐渐下降。

2）一些有毒污染物可经各种物理、化学和生物作用，转变为低毒或无毒物质。

3）重金属污染物以溶解态被吸附或转变为不溶性化合物，沉淀后进入底泥。

4）部分复杂有机物被微生物利用和分解，变成 CO_2 和水。

5）不稳定污染物转变成稳定的化合物。

6）自净过程初期，水中溶解氧含量急剧下降，到达最低点后又缓慢上升，逐渐恢复至正常水平。

7）随着自净过程及有毒物质浓度或数量的下降，生物种类和个体数量逐渐随之回升，最终趋于正常的生物分布。

2.4.3　水体自净作用的场所

水体的自净作用按其发生场所可分为以下四类。

（1）水中的自净作用

污染物质在天然水中的稀释、扩散、氧化还原或生物化学分解等。

（2）与大气间的自净作用

天然水体中某些有害气体的挥发释放和氧气的溶入等。

（3）与底质间的自净作用

天然水中悬浮物质的沉淀和污染物被底质所吸附。

（4）底质中的自净作用

底质中微生物的作用使底质中有机污染物发生分解等。

总之，天然水体的自净作用包含十分广泛的内容，它们同时存在、同时发生并相互影响。

2.5　污水的处理

研究水环境化学的目的就是要保证水环境的质量。在水的循环和使用中应注意：①从天然水体中获取的生活、生产用水等须进行用水前的处理；②为防止生活污水、生产废水等引起环境水体污染而必须进行废水处理。实际上多数天然水体在作为用水水源的同时兼作废水受纳对象，所以很多基本水处理技术在用水处理和废水处理中是相同的。

生产、生活废水处理往往需要将几种单元处理操作联合成一个有机整体，并合理配置其主次关系和前后次序，才能最经济最有效地完成任务。这种由单元处理设备合理配置的整体称为废水处理系统。一般而言,城市生活污水的水质比较均一,已形成了一套行之有效的典型处理流程。根据处理任务的不同,可将废水处理系统归纳为三级处理:

(1)一级处理

处理对象是较大的悬浮物,采用的处理设备有渣水分离的格栅、沉砂池和沉淀池。在条件许可时,出水可排放于水体或用于污水灌溉。一级处理也称为机械处理。

(2)二级处理

出水水质要求较高时,在一级处理的基础上,可再进行生物化学处理,这一处理称为二级处理,也叫水的生化处理或生物处理。二级处理的对象是废水中的胶体物质和溶解态有机物,采用的典型设备有曝气池和二级沉淀池。产生的污泥经浓缩后进行厌氧消化或作其它处理,出水可排放或用于灌溉。

(3)三级处理

出水水质要求更高时,在二级处理的基础上,还可进行三级处理。三级处理的对象是废水中残留的污染物、氮磷等营养物质和其它溶解物质。

根据水处理的原理,可将水处理技术分为物理法、化学法和生物法。根据被处理对象物质的物态和种类不同又可分为:悬浮物去除技术、溶解性无机物、有机物去除技术和杀菌、杀藻技术等。许多方法和技术,都是以化学反应为核心而展开的。

2.5.1　酸碱废水的中和处理

很多工业废水往往含有酸或碱。酸性废水主要来自钢铁厂、化工厂、矿山等。酸性废水中可能含有无机酸或有机酸。pH=1~4,腐蚀性强,酸性废水若直接排放,将会腐蚀管道,损坏农作物,伤害鱼类等水生物,危害人体健康。因此,酸性废水必须处理达到排放标准后才能排放,或回收利用。碱性废水来自印染厂、造纸厂、炼油厂。碱性废水中有苛性钠、碳酸钠、硫化钠和胺类等。其 pH=10~14,腐蚀危害小于酸性水,影响水生植物。

酸碱废水在浓度高达 3%~5% 以上时,应考虑回收和综合利用,制造硫酸亚铁、硫酸铁;在浓度不高,如小于 3% 时,才可考虑采用中和处理的方法。

1. 酸性废水处理

(1)利用天然水体及土壤碱度中和法

天然水体及土壤中的重碳酸盐可用来中和酸性废水:

$$Ca(HCO_3)_2 + H_2SO_4 = CaSO_4 + 2H_2O + 2CO_2$$

利用土壤和天然水体中和酸性废水必须持慎重态度,应对其长远影响进行观察。允许排入水体的酸性废水量应根据水体或土体的中和能力来确定。

若要求天然水体与酸性废水混合后 pH 值不低于 6.5,则根据碳酸的离解平衡,可确定水体的中和能力。在天然水体 pH 值为 7 左右时 CO_3^{2-} 的量可忽略,只考虑碳酸的一级离解平衡,据此,水体 pH 与有关物质的关系为:

$$pH = pK_{a1} - \lg \frac{[H_2CO_3]}{[HCO_3^-]}$$

将 pH=6.5 和 $pK_{a1}=6.52(5℃)$ 带入上式有:

$$[H_2CO_3] = 1.047[HCO_3^-]$$

若已知天然水体中的$[HCO_3^-]$，并换算成相当的CO_2量A；游离CO_2含量为B。设允许水中重碳酸盐用于中和酸性废水释放的CO_2极限量为x，则：

$$(B + x) = 1.047(A - x)$$

即

$$x = 0.51A - 0.49B$$

利用此式就可进一步算出允许排入水体中的酸性废水量。值得注意的是，该计算式适用于较低温度的情况。

（2）药剂中和法

投药中和是应用广泛的一种中和方法。最常采用的碱性药剂是石灰，它能够处理任何浓度的酸性废水。

用碱性、酸性物质为中和剂处理，常采用石灰处理酸性废水，也就是将石灰消解成石灰乳后投加，其主要成分是$Ca(OH)_2$。$Ca(OH)_2$还是混凝剂，对废水中的杂质具有凝聚作用，因此适用于含杂质多的酸性废水。有时采用苛性钠、石灰石或白云石等。

当废水中含有重金属离子时，加入石灰，碱性增大，使水中重金属离子积大于溶度积产生沉淀。

$$Fe^{2+} + Ca(OH)_2 \longrightarrow Fe(OH)_2 + Ca^{2+}$$
$$Pb^{2+} + Ca(OH)_2 \longrightarrow Pb(OH)_2 + Ca^{2+}$$

药剂中和法的工艺过程主要包括中和药剂的制备与投配、混合与反应、中和产物的分离、泥渣的处理与利用。酸性废水投药中和流程为：药剂中和在混合池中进行，其后需设沉淀池和污泥干化，污水在混合反应池停留时间为5 min（给水反应池的停留时间是8~10 min），在沉淀池停留时间为1~2 h，污泥是污水体积的2%~5%，污泥需脱水干化。

投加石灰有干投法和湿投法。干投法是首先用机械将生石灰或石灰石粉碎，使其达到技术上要求的粒径（<0.5 mm），然后直接投入水中。干投法的优点是设备简单，缺点是反应不彻底，反应速率慢，投药量大，为理论值的1.4~1.5倍，石灰破碎、筛分等劳动强度大。湿投法是将药剂溶解成液体，用计量设备控制投加量，一般采用机械搅拌。与干投法相比，湿投法的设备多，但湿投法反应迅速、彻底，投药量少，仅为理论值的1.05~1.10倍。

（3）过滤中和法

过滤中和法适合处理含酸浓度低的酸性废水，多用于原料所在地。但对含有大量悬浮物、油、重金属盐类和其他有毒物质的酸性废水，不宜采用。

过滤中和是指使废水流经具有中和能力的滤料进行中和反应，产生中和作用。一般最常用的是石灰石。采用石灰石作滤料时，其反应如下：

$$2HCl + CaCO_3 \longrightarrow CaCl_2 + H_2O + CO_2 \uparrow$$
$$H_2SO_4 + CaCO_3 \longrightarrow CaSO_4 + H_2O + CO_2 \uparrow$$

对含硫酸废水，采用白云石作滤料，其反应如下：

$$2H_2SO_4 + CaCO_3 \cdot MgCO_3 \longrightarrow CaSO_4 \downarrow + MgSO_4 + 2H_2O + 2CO_2 \uparrow$$

白云石中含有$MgCO_3$，可生成溶解度较大的$MgSO_4$，不会造成反应中滤池的堵塞，产生的$CaSO_4$是石灰石中和产生的50%，影响小一些，可以适当提高进水硫酸浓度。但白云石的反应速率较石灰石慢。

过滤中和均产生 CO_2，其溶于水即为碳酸，使出水 pH 值在 5 左右，需用曝气等方法脱掉 CO_2，从而提高 pH 值。

过滤中和所使用的设备为中和滤池，分为普通中和滤池和升流式膨胀滤池两种类型。滤池在运行中滤料有所消耗，应定期补充，运行中应防止高浓度硫酸废水进入滤池，否则会使滤料表面结垢而失去作用，滤池运行一定时间后，由于沉淀物积累过多导致中和效果下降，应进行倒床，更换新滤料。

2.碱性废水的中和处理

中和处理碱性废水的方法主要有两种：①投酸中和法；②利用酸性废水及废气中和法。

投酸中和法处理碱性废水时，常用的酸性中和药剂有硫酸、盐酸及压缩二氧化碳。采用无机酸中和碱性废水的工艺流程、设备和投药方式与酸性废水中和法基本相同。用 CO_2 气体中和碱性废水时，为使气液充分接触反应，常采用逆流接触的反应塔。由于使用 CO_2 做中和剂时的 pH 值不会低于 6，因而不需要 pH 值控制装置。

烟道气中含有高达 24% 的 CO_2，有时还含有少量 SO_2 及 H_2S，故可用来中和碱性废水，其中和产物 Na_2CO_3、Na_2SO_3、Na_2S 均为弱酸强碱盐，具有一定的碱性，因此烟道气必须超量供应。用烟道气中和碱性废水的优点是可以把废水处理与烟道气除尘结合起来，缺点是处理后的废水中，硫化物、色度和耗氧量均有显著增加。

污泥消化时获得的沼气中含有 25%～35% 的 CO_2 气体，如经水洗，可部分溶入水中，再用于中和碱性废水，也能获得一定效果。

2.5.2　化学沉淀法

向废水中投加某种化学物质，使它和水中某些溶解物质产生反应，生成难溶于水的盐类沉淀下来，从而降低水中这些溶解物质的含量。这种方法称为水处理中的化学沉淀法。

各种物质在水中的溶解度是不同的，利用这一性质，对废水中一些溶解性污染物进行化学沉淀分离处理。化学沉淀法经常用于处理含汞、铅、铜、锌、六价铬、硫、氰、氟、砷等有毒化合物的废水。如废水中的铝、砷、铅、锌金属离子，与石灰作用后能形成不溶或微溶于水的沉淀物。

根据使用的沉淀剂的不同，通常使用的化学沉淀法主要有氢氧化物沉淀法、硫化物沉淀法、碳酸盐沉淀法和钡盐沉淀法。

1.氢氧化物沉淀法

由于许多重金属氢氧化物具有两性，在酸度和碱度过高时其氢氧化物会发生溶解，因此，在用氢氧化物法处理重金属废水时，一定要注意对 pH 的控制。图 2-4 列举了一些金属离子开始沉淀至沉淀完全的酸度范围和沉淀溶解的 pH 范围。以 Cd 的去除为例，由图 2-4 可以看出，pH＝10～13 时，$Cd(OH)_2(s)$ 的溶解度最小，约等于 6.3×10^{-6} mol/L。因此，用氢氧化物沉淀法去除废水中的 Cd(Ⅱ) 时，pH 值常控制在 10.5～12.5 范围内。

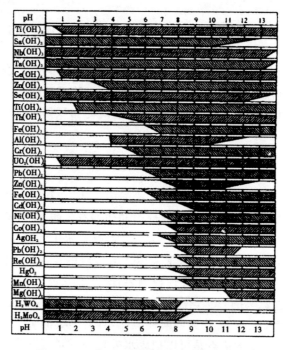

图 2-4 氢氧化物沉淀和溶解时的值

当废水中存在 CN^-、NH_3 及 Cl^-、S^{2-} 等配位体时,能与重金属离子结合成可溶性配合物,增大金属氢氧化物的溶解度,对沉淀法去除重金属不利,因此要通过预处理将这些配位体除去。

采用氢氧化物沉淀法处理重金属废水最常用的沉淀剂是石灰。石灰沉淀法的优点是:去除污染物范围广、药剂来源广、价格低、操作简便、处理可靠且不产生二次污染。主要缺点是劳动卫生条件差、管道易结垢堵塞、泥渣体积庞大、脱水困难。

图 2-5 为冶炼厂酸性含锌废水石灰沉淀法的处理流程。处理量约 800 m^3/h,废水中主要污染物为 Zn^{2+}、H_2SO_4、Cu^{2+}、Pb^{2+} 等。处理后的出水外排,而干渣返回冶炼炉消化。

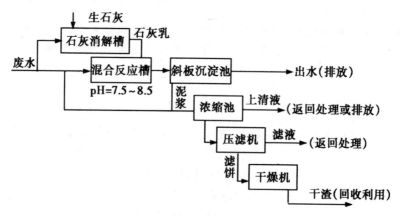

图 2-5 石灰沉淀处理含锌废水流程

2.碳酸盐沉淀法

金属离子的碳酸盐的溶度积很小,对于高浓度的重金属废水,可以用投加碳酸钠的方法加以回收。

(1)含锌废水处理

某些化工厂排出的废水中含锌离子,若不进行处理将污染环境。用碳酸钠与之反应,生成碳酸锌沉淀。沉渣用清水漂洗后,再经真空抽滤筒抽干,可以回收或回用生产。其化学反应如下:

$$ZnSO_4 + Na_2CO_3 \longrightarrow ZnCO_3 \downarrow + Na_2SO_4$$

(2)含铜废水处理

某些含铜工业废水也可以采用碳酸盐沉淀法回收,对于其沉淀下来的铜,一般还应进一步回收利用。其反应式为:

$$2Cu^{2+} + CO_3^{2-} + 2OH^- \longrightarrow Cu_2(OH)_2CO_3 \downarrow$$

(3)含铅废水处理

对于某些含铅工业废水利用碳酸盐沉淀法处理,对于其沉淀下来的废渣,应该送固体废物处理中心或在本单位进行无害化处理,以保证不对环境造成二次污染。其反应式为

$$Pb^{2+} + CO_3^{2-} \longrightarrow PbCO_3 \downarrow$$

3.硫化物沉淀法

硫化物沉淀法常采用的沉淀剂有 H_2S、Na_2S、$NaHS$、CaS_x、$(NH_4)_2S$ 等,根据沉淀转化原理,难溶硫化物 MnS、FeS 等亦可作为沉淀剂。金属硫化物沉淀时,其溶解度悬殊很大,溶液中的 S^{2-} 离子浓度又受 H^+ 离子浓度的制约,所以可通过控制酸度,用硫化物沉淀法把溶液中不同金属离子分步沉淀而分离回收。

S^{2-} 离子和 OH^- 离子一样,也能够与许多金属离子形成配离子,从而使金属硫化物的溶解度增大,不利于重金属的沉淀去除。因此,必须控制沉淀剂 S^{2-} 离子的浓度不要过量太多。

硫化物沉淀法去除重金属的实例之一,是无机汞的去除。提高 S^{2-} 离子浓度有利于硫化汞的沉淀析出。但是,过量的 S^{2-} 离子不仅会造成水体贫氧,还能与硫化汞生成 HgS_2^{2-} 离子,降低汞的去除率。因此,在反应中要补投 $FeSO_4$ 溶液,以除去过量的 S^{2-} 离子。添加 $FeSO_4$,不仅有利于汞的去除,而且有利于沉淀的分离。因为浓度较低的含汞废水沉淀时,往往形成 HgS 的微细颗粒,悬浮于水中很难沉降。而 FeS 沉淀可作为 HgS 的共沉淀载体促进其沉降。同时,补投的一部分 Fe^{2+} 离子在水中可生成 $Fe(OH)_2$ 和 $Fe(OH)_3$,对 HgS 悬浮微粒起凝聚共沉淀作用。

4.钡盐沉淀法

钡盐沉淀法主要用于处理含六价铬的废水。沉淀剂主要为碳酸钡、氯化钡、硝酸钡、氢氧化钡等。

以碳酸钡为例:

$$BaCO_3 + CrO_4^{2-} \longrightarrow BaCrO \downarrow + CO_3^{2-}$$

为了提高除铬效果,应投加过量的碳酸钡,反应时间应保持 25~30 min。投加过量的碳酸钡会使出水中含有一定数量的残钡。在回用前可用石膏法去除:

$$CaSO_4 + Ba^{2+} \longrightarrow BaSO_4 \downarrow + Ca^{2+}$$

2.5.3 氧化还原法

氧化还原法是利用溶解于废水中的有毒物质,在氧化还原反应中能被氧化或还原的性质,把它转化为无毒无害或毒性小的新物质的方法。

在废水处理中,若有毒污染物处于氧化型,用还原剂将其转化为还原型,称其为还原处理法;若污染物处于还原型,用氧化剂将其转变为无毒的氧化型,称为氧化处理法。

1.化学氧化法

化学氧化是最终去除废水中污染物质的有效方法之一。化学氧化法常用的氧化剂有空气中的氧、纯氧、臭氧、氯气、漂白粉、次氯酸钠、三氯化铁等。化学氧化法主要用于去除废水中的氰化物、硫化物、酸、醇、油类污染物及脱色、脱嗅、杀菌等。

通过化学氧化,可以使废水中的有机物和无机物氧化分解,从而降低废水的 BOD 和 COD 值,或使废水中有毒物质无害化。例如,在含氰废水中,氰化钠、氰化钾易析出剧毒性 CN^-,加入氧化剂后转化为配合物,不易析出 CN^-。

以空气中的氧为氧化剂来氧化水中的硫化氢,硫化氢最终氧化成无毒的硫酸根,反应温度为 $80℃\sim90℃$,接触时间为 1.5 h,投入氯化铜作催化剂,可使反应进行完全。

2.臭氧氧化

臭氧(O_3)是氧气的同素异构体,它由三个氧原子组成是一种具有特殊气味的淡紫色有毒气体。臭氧在水中的分解速率很快,能与废水中大多数有机物及微生物迅速作用,可用于除臭、脱色、杀菌、除铁、除锰、除有机物等,而且具有显著效果。剩余的臭氧很容易分解为氧,一般来说不产生二次污染。臭氧氧化适于废水的三级处理。

其性质如下:

1)易溶于水。

2)臭氧具有强腐蚀性,除金和铂之外对所有金属都有腐蚀性。因此,与之接触的设备,管路采用耐腐蚀材料或防腐处理。但不含碳的铬铁合金不受腐蚀,可用来制造设备。

3)为强氧化剂,仅次于氟,比氧、氯都高,能与水和废水中存在的大多数有机化合物和微生物以及无机物迅速发生反应。

4)分解氧化速率与 pH 值和水温有关,在空气中自行分解。

5)臭氧是有毒气体,生产和使用场合的空气中最高容许浓度为 0.1 mg/L。

6)臭氧的半衰期为 $20\sim30$ min。

臭氧制造方法有化学法、电解法、无声放电法、放射法、紫外线辐射法、等离子射流法。

影响臭氧氧化的因素有污水中杂质性质、浓度、pH 值、温度、臭氧的浓度、用量、投入方式、停留时间等。

臭氧在水处理中的应用发展很快,近年来,随着一般公共用水污染日益严重,要求进行深度处理,国际上再次出现了以臭氧作为氧化剂的趋势。臭氧净化废水之所以如此引人注意,在于它有着自身特性,如处理后不存在二次污染问题,它是利用电能以空气中的氧为原料制取,空气资源可以取之不尽。

3.次氯酸氧化法

次氯酸钠在水中呈碱性反应,在还原时生成氯化物和羟基离子。次氯酸钙有两种商品,一是含有效氯量为 $25\%\sim35\%$ 的漂白粉,一是含有效氯量为 $70\%\sim80\%$ 的漂粉精。次氯酸钙加入水中,生成次氯酸。次氯酸及次氯酸盐是很强的氧化剂。氯气具有漂白性就是由于它与水作用而生成次氯酸的缘故,所以完全干燥的氯气没有漂白的作用。次氯酸作氧化剂时,本身被还原为 Cl^-。

漂白粉是用氯气与消石灰作用而制得的,是次氯酸钙、氯化钙和氢氧化钙的混合物。制备漂白粉的主要反应也是氯的歧化反应。次氯酸的漂白氧化作用主要是基于次氯酸的氧化性。

废水处理中选择何种次氯酸盐为好,主要取决于有效氯量的价格、稳定性、反应产生的溶解性、操作条件、来源等,如 $Ca(OCl)_2$ 可生成大量 $Ca(OH)_2$ 和 $CaCO_3$ 污泥,而 $NaOCl$ 则不会。

4.光催化氧化法

光化学氧化是指可见光或紫外光作用下的所有氧化过程,利用光化学氧化法可以对某些有机污染物,包括剧毒的污染物进行有效地处理。光催化氧化可分为直接光化学氧化和光催化氧化两部分。直接光化学氧化为反应物分子吸收光能呈激发态与周围物质发生氧化还原反应;光催化氧化是利用易于吸收光子能量的中间产物首先形成激发态,然后再诱导引发反应物分子的氧化过程。在大多数情况下,光子的能量不一定刚好与分子基态和激发态之间的能量差值相匹配,在这种情况下,反应物分子不能直接受光激发,因此在某种程度上光催化氧化法是一种具有广泛发展前景的新方法,对它的研究具有深远的意义。

不同半导体的光催化活性不同,对具体有机物的降解效果也有明显差别,目前采用的半导体材料主要是 TiO_2、ZnO、CdO、WO_3、SnO_2 等。TiO_2 因其具有化学稳定性高、耐腐蚀、对人体无害、廉价、价带能级较深等特点,特别是其光致空穴的氧化性极高,还原电位可达 $+2.53$ V,还可在水中形成还原电位比臭氧还高的羟基自由基,同时光生电子也有很强的还原性,可以把氧分子还原成超氧负离子,把水分子歧化为 H_2O_2。所以 TiO_2 成为半导体光催化研究领域中最活跃的一种物质,非常适合于环境催化应用研究。

多相光催化反应在环境保护中的应用日益得到人们的重视,它具有能耗低、操作简便、反应条件温和、可减少二次污染等突出优点,能有效地将有机污染物转化为 H_2O、CO_2、PO_4^{3-}、SO_4^{2-}、NO_3^-、卤素离子等无机小分子,达到完全无机化的目的。许多难降解或其他方法难以去除的物质如氯仿、多氯联苯、有机磷化合物和多环芳烃等有机污染物也可以用此法去除。

第3章 大气环境化学

3.1 大气的组成和结构

大气是指包围在地球表面并随地球旋转的空气层。人类生活一刻也离不开大气,它为地球生命的繁衍和人类的发展提供了理想的环境。大气的状态和变化,时时处处影响着人类的活动与生存。

大气的总质量约为 3.9×10 Mt,约占地球总质量的百万分之一。大气质量在垂直方向的分布是不均匀的,由于受地心引力的作用,大气的主要质量集中在下部,其质量的 50% 集中在离地面 5.5 km 以下,75% 集中在 10 km 以下,90% 集中在 30 km 以下。

大气为植物的光合作用提供 CO_2,为呼吸作用提供 O_2;约占大气体积 4/5 的氮气可以通过豆科植物的根瘤菌固定到土壤中,成为植物体内不可缺少的养料;大气参与自然界的水循环过程,把水从海洋输送到陆地;在 $20 \sim 30$ km 高度的大气层中存在着能大量吸收太阳紫外线的臭氧层,使到达地表对生物有杀伤力的短波辐射大大降低,保护着地表生物和人类。

3.1.1 大气的组成

大气是一种气体混合物,其组分可分为恒定、可变和不定三种。

1.恒定组分

大气中的恒定组分主要包括氮、氧和氩,还有微量的氖、氦和氪等稀有气体,其相对含量基本保持恒定;其中氮约占 78.09%,氧约占 20.95%,氩约占 0.93%,这三部分共计约占空气总量的 99.97%。

2.可变组分

大气中的可变组分主要是指 CO_2 和水蒸气,其中 CO_2 的含量为 0.02%~0.04%,水蒸气的含量为 4% 以下。季节和气象的变化以及人类生活和生产活动都会对大气可变组分含量产生影响。近年来,CO_2 作为"温室气体"的重要组成成分,减少碳排放已成为全球环境领域的热点问题。水汽含量随着空间位置和季节变化而改变,在热带有时可达 4%,而南北极则不到 0.1%。

只有含有恒定组分和可变组分的空气,才可认为是纯净的空气。

3.不定组分

大气中不定组分是指尘埃、硫氧化物、氮氧化物和花粉等,它们主要是由于火山爆发、岩石风化、森林火灾、海啸、地震、植物花粉等自然现象所产生的。水汽凝结物(云、雾滴、冰晶)和电离过程中产生的少量带电离子也是大气不定组分之一。

不定组分是造成大气污染的主要因素。

3.1.2　大气层结构

大气的物理性质在垂直方向和水平方向都是不均匀的,不同高度范围内的大气层和不同区域的空气具有不同的特征。根据大气本身的物理或化学性质,可将大气分为若干层,其中应用最为广泛的是按大气的温度结构分层,即根据大气温度随高度垂直变化的特征,将大气分为对流层、平流层、中间层和热层,如图 3-1 所示。

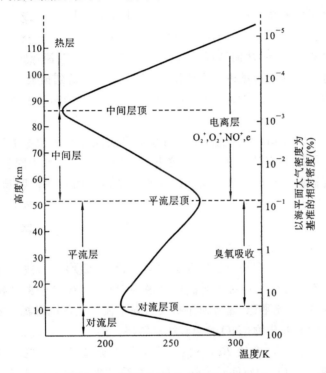

图 3-1　大气主要成分及温度分布

1. 对流层

对流层是大气的最低层,其厚度随纬度和季节而变化,在赤道附近为 16~18 km,在中纬度地区为 10~12 km,两极附近为 8~9 km,原因在于热带的对流程度比寒带要强烈。对流层夏季较厚,冬季较薄。

对流层最显著的特点就是气温随着海拔高度的增加而降低,大约每上升 100 m,温度降低 0.6℃。这是由于地球表面从太阳吸收了能量,然后又以红外长波辐射的形式向大气散发热量,因此使地球表面附近的空气温度升高。贴近地面的空气吸收热量后会发生膨胀而上升,上面的冷空气则会下降,故在垂直方向上形成强烈的对流,对流层也正是因此而得名。对流层空气对流运动的强弱主要随着地理位置和季节发生变化,一般低纬度较强,高纬度较弱,夏季较强,冬季较弱。

对流层的另 个特点是密度大,大气总质量的 3/4 以上集中在对流层。

在对流层中,根据受地表各种活动的影响程度的大小,还可以将对流层分为两层。海拔高度低于 1～2 km 的大气称为摩擦层或边界层,也称低层大气。这一层受地表的机械作用和热力作用影响强烈,一般排放进入大气的污染物绝大部分会停留在这一层。海拔高度在 1～2 km 以上的对流层大气,受地表活动影响较小,称作自由大气层。自然界主要的天气过程如雨、雪、雹等的形成均出现在此层。

在对流层的顶部还有一层称为对流层顶层的气体。由于这一层气体的温度特别低,水分子到达这一层后会迅速地被转化形成冰,从而阻止了水分子进入到平流层。否则,水分子一旦进入平流层,在平流层紫外线的作用下,水分子会发生光解,即

$$H_2O \longrightarrow H \cdot + HO \cdot$$

形成的 H 会脱离大气层,从而造成大气氢的损失。因此,对流层顶层起到一个屏障的作用,阻挡了水分子进一步向上移动进入平流层,避免了大气氢遭到损失。

2. 平流层

从对流层顶到大约 50 km 高度之间的大气层为平流层。在平流层下层,即从对流层顶到 30～35 km 高度,这一层温度随高度的变化较小,气温趋于稳定,称为同温层。从 30～35 km 往上至平流层顶,气温随高度的增加而增加。其原因是地表的长波辐射基本上被对流层气体吸收而不能到达平流层,平流层的热量主要来自于太阳紫外线的能量,越往上,吸收紫外线能量越多,温度越高。平流层大气温度处于 $-83℃ \sim -3℃$ 之间,由于气温上热下冷,空气基本上没有上下对流运动,以水平运动即平流为主。

污染物一旦进入平流层,在平流层的停留时间会较长,会形成一薄层,随平流层气体输送至全球范围。在平流层内空气相对于对流层来说稀薄得多,很少有水汽和尘埃,因此透明度高,基本没有天气现象,气流平稳,超音速飞机飞行在平流层底部既平稳又安全,是理想的飞行区域,但飞机尾气中的氮氧化物(NO_x)会破坏臭氧层。

在高 15～35 km 范围内,有约 20 km 的一层大气中臭氧(O_3)浓度较高,集中了大气中约 70% 的 O_3,称为臭氧层。O_3 的空间动力学分布主要受其生成和消除过程控制:

$$O_2 + h\nu \longrightarrow 2O \cdot$$
$$O \cdot + O_2 \longrightarrow O_3$$
$$O_3 + h\nu \longrightarrow O \cdot + O_2$$
$$O \cdot + O_3 \longrightarrow 2O_2$$

在不受外界因素(主要是人为因素)影响的情况下以上四个反应在平流层达到动态平衡,维持一定的 O_3 浓度。第四个反应式是 O_3 分解反应,在平流层中这一过程吸收大量来自太阳的紫外线(UV－B、UV－C),使地球生命免遭过量紫外线的伤害,可以说臭氧层是地球生命的保护伞。

3. 中间层

中间层是指平流层顶到高度 85 km 左右的大气层。因为这一层中几乎没有臭氧,而氮和氧等气体所能直接吸收的那些较短波长的太阳辐射已大部分被上层大气吸收了,所以中间层

内气温随高度增加而迅速下降,其顶部气温降到$-113℃ \sim -83℃$。由于中间层中垂直温度梯度较大,因此该层具有相当强烈的垂直对流运动。

4.热层

热层是指从 80 km 到约 500 km 的大气层。由于这一层的空气处于高度电离的状态,故该层又称电离层。热层空气更加稀薄,大气质量仅占大气总质量的 0.5%。同时,由于太阳所发出的紫外线绝大部分都被这一层的物质所吸收,使得大气温度随海拔高度的增加而迅速增加。

热层以上的大气层称为逃逸层。这层空气在太阳紫外线和宇宙射线的作用下,大部分分子发生电离,使质子的含量大大超过中性氢原子的含量。逃逸层空气极为稀薄,其密度几乎与太空密度相同,故又常称为外大气层。此层空气受地心引力极小,气体及微粒可以从这层飞出地球重力场进入太空。逃逸层是地球大气的最外层,该层的上界在哪里还没有一致的看法。实际上地球大气与星际空间并没有截然的界限。逃逸层的温度随高度增加而略有增加。

大气层的温度随海拔高度的变化情况如图 3-2 所示。

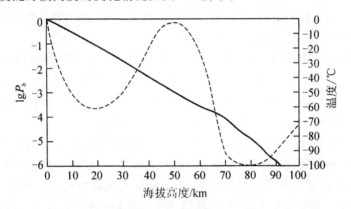

图 3-2　气压(实线)和温度(虚线)随海拔高度增加而变化

与大气温度不同,大气的压力总是随着海拔高度的增加而减小。大气的压力随海拔高度的变化可用下面的公式描述,即

$$P_h = P_0 e^{\frac{-Mgh}{RT}}$$

式中,P_h——高度为 h 时的大气压力;P_0——地面大气压力;M——空气的平均摩尔质量(28.97 g/mol);g——重力加速度(981 cm/s^2);h——海拔高度(cm);R——气体常数[8.314 $\times 10^7$ erg/(mol·k)];T——海平面绝对温度(K)。

上述方程两边取对数,取地面大气压力 $P_0 = 1$,整理后得:

$$\lg P_h = -\frac{Mgh}{2.303RT}$$

由此可知,大气压力与海拔高度成反比。以 $\lg P_h$ 对高度 h 作图,可以得到一条直线(见图 3-2)。但实际上,由于温差和空气团运动的影响,并不会得到一条标准的直线。

3.2 大气污染物

排入大气的污染物种类很多,据不完全统计,目前被人们注意到或已经对环境和人类产生危害的大气污染物大约有 100 种左右。其中影响范围广、对人类环境威胁较大、具有普遍性的污染物有二氧化硫、氮氧化物、一氧化碳、碳氢化合物、卤代烃、光化学氧化剂和颗粒物等。下面介绍这些重要污染物。

3.2.1 含硫化合物

1. SO_2

SO_2 是无色、有刺激性气味的气体。大气中的 SO_2 对人体的呼吸道危害很大,能刺激呼吸道并增加呼吸阻力,造成呼吸困难。高浓度的 SO_2 会损伤植物叶组织,严重损伤叶边缘和叶脉之间的叶面,植物长期与 SO_2 接触会造成缺绿病或黄萎。SO_2 对植物的损伤随湿度的增加而增加。当植物的气孔打开时,SO_2 最易给植物造成损伤,由于大多数植物都是在白天张开气孔,所以 SO_2 对植物的损伤在白天比较严重。

SO_2 是酸雨的主要前体物。大气中 SO_2 主要来源于人为活动排放的含硫燃料的燃烧过程和硫化物矿石的焙烧、冶炼过程。火力发电厂、有色金属冶炼厂、硫酸厂、炼油厂和所有烧煤或油的工业锅炉、炉灶等都排放 SO_2 烟气。每年人类活动排放的二氧化硫约为 1.5×10^8 t。在各种污染物中,其排放总量仅次于一氧化碳,排在第二位。

SO_3 为无色、有刺激性气味的气体,它能刺激人的眼睛、损伤呼吸器官、损伤和抑制植物生长。SO_2 在大气中不稳定,最多只能存在 $1 \sim 2$ 天。在大气中,特别是在污染大气中易通过光化学氧化、均相氧化及多相催化氧化等生成 SO_3,进而生成毒性比二氧化硫大 10 倍的硫酸或硫酸盐。硫酸在大气中可存留 1 周以上,能飘移至 100 km 以外或被雨水冲刷,造成远离污染源以外的区域性污染;通过干(湿)沉降的形式降落到地面,造成土壤、水体酸化,影响植物、水生生物的生长,给人类生产和生活造成危害。SO_2 是形成酸雨的主要因素。

2. H_2S

大气中 H_2S 主要来自天然源。如动植物机体的腐烂、火山活动等。火山喷发的含硫化合物大部分以 SO_2 的形式存在,少量会以 H_2S 和 $(CH_3)_2S$ 的形式存在。海浪带出的含硫化合物主要是硫酸盐,而生物活动产生的含硫化合物主要以 H_2S、$(CH_3)_2S$ 的形式存在,少量以 CS_2、CH_3SSCH_3(二甲基二硫)及 CH_3SH 形式存在。天然源排放的硫主要是以低价态存在,主要包括 H_2S、$(CH_3)_2S$、COS 和 CS_2,而 CH_3SSCH_3 和 CH_3SH 次之。

大气中 H_2S 的人为排放量不大,全球工业排放的 H_2S 仅为 SO_2 排放量的 2% 左右。至今尚不完全清楚 H_2S 的总排放量。

除火山活动外,H_2S 主要来自动植物机体的腐烂,即主要由植物机体中的硫酸盐经微生物的厌氧活动还原产生。当厌氧活动区域接近大气时,H_2S 就进入大气。此外,H_2S 还可以由 COS、CS_2 与自由基 OH· 的反应而产生,反应式为

$$OH \cdot +COS \longrightarrow SH \cdot +CO_2$$
$$HO \cdot +CS_2 \longrightarrow COS+SH \cdot$$
$$SH \cdot +HO_2 \cdot \longrightarrow H_2S+O_2$$
$$SH \cdot +CH_2O \longrightarrow H_2S+HCO \cdot$$
$$SH \cdot +H_2O_2 \longrightarrow H_2S+HO_2$$
$$SH \cdot +SH \cdot \longrightarrow H_2S+S$$

H_2S 在大气中很容易被氧化,其主要的去除反应为:
$$HO \cdot +H_2S \longrightarrow H_2O+ \cdot SH$$

大气中含硫化合物主要通过下述途径去除:

(1)降雨和水的冲刷;

(2)土壤与植物的扩散吸收;

(3)固体颗粒的沉降。

Beilk 等估计降雨和水的冲刷对大气中硫酸盐去除的贡献率分别为 20% 和 70%,估计硫酸盐的年沉降量约为 2.4×10^8 t。

3.2.2　含氮化合物

大气中重要的含氮化合物主要有 N_2O、NO、NO_2、NH_3、HNO_2、HNO_3 和铵盐等,其中 NO 和 NO_2 合称为氮氧化物(NO_x),是大气中最重要的污染物之一,它可参与酸雨及光化学烟雾的形成。而 N_2O 属于温室气体,且化学性质较为稳定,寿命 120 年,故对平流层存在潜在危害。

1. NO_x 和 NH_3 的来源

N_2O 主要来自天然源,即土壤中硝酸盐在微生物作用下的还原过程:
$$2NO_3^- +4H_2+2H^+ \longrightarrow N_2O+5H_2O$$

N_2O 的人为来源主要是燃料燃烧及含氮化肥的施用。N_2O 的化学活性较差,在低层大气中一般难以被氧化,但它能吸收地面辐射,是地球大气主要的温室气体之一。N_2O 难溶于水,故可通过气流交换而进入平流层,在平流层中发生光化学反应:
$$N_2O+h\nu \longrightarrow N_2+O$$
$$N_2O+O \longrightarrow N_2+O_2$$
$$N_2O+O \longrightarrow 2NO$$

此反应生成的 NO 是平流层中 NO 的天然来源,其对臭氧层有破坏作用。

大气中的氨(NH_3)的天然来源主要来自动物废弃物的分解、土壤腐殖质及土壤中氮的转化。人为来源则主要为氨基氮肥的损失及工业排放,燃煤也是 NH_3 的重要人为来源。对流层中氨主要用于形成铵盐颗粒物;此外,NH_3 也可被氧化成硝酸盐。铵盐和硝酸盐均可经湿沉降和干沉降而去除。

NO_x 的人为源主要来自燃料的燃烧或化工生产过程,其中以工业炉窑、氮肥生产和汽车排放的 NO_x 量最多。城市大气中约 2/3 的 NO_x 来自汽车尾气的排放,汽车尾气中 NO 的生成量主要与燃烧温度有关。

NO_2 是对流层大气中最重要的吸光物质,也是光化学烟雾的重要引发物。大气中的 NO_x 最终被氧化转化为硝酸和硝酸盐颗粒,并通过湿沉降和干沉降过程从大气中去除。

2. 燃料燃烧过程中 NO_x 的形成机理

燃料中的含氮化合物在燃烧过程中氧化生成 NO_x,即

$$含氮化合物 + O_2 \xrightarrow{燃烧} NO_x$$

燃烧过程中,空气中的 N_2 在高温条件下氧化生成 NO_x。其机理为链反应机制,即

$$O_2 \longrightarrow 2O \cdot \qquad (极快)$$
$$O \cdot + N_2 \longrightarrow NO + N \cdot \qquad (极快)$$
$$N \cdot + O_2 \longrightarrow NO + O \cdot \qquad (极快)$$
$$N \cdot + OH \longrightarrow NO + H \cdot \qquad (极快)$$
$$NO + \frac{1}{2}O_2 \longrightarrow NO_2 \qquad (慢)$$

即燃烧过程产生的高温使氧分子热解为原子,氧原子和空气中的氮分子反应生成 NO 和氮原子,氮原子又和氧分子反应生成 NO 和氧原子。

3.2.3 含碳化合物

1. CO

CO 则是大气中很普遍的排放量极大的污染物。全世界 CO 每年排放量约为 2.10×10^8 t,排放量为大气污染物之首。

(1)CO 的来源

CO 主要来自天然源,其排放量远大于人为源。CO 的天然源主要有:

1)甲烷的氧化转化,有机体分解产生的 CH_4 可被 HO· 自由基所氧化形成 CO;

2)海水中 CO 的挥发,其量约为 1.0×10^8 t/a;

3)植物排放的烃类(主要为萜烯)经 HO· 自由基而氧化形成 CO;

4)植物叶绿素的光解,其量约为 $(5 \sim 10) \times 10^7$ t/a;

5)森林火灾等,其量约为 60×10^6 t/a。

CO 的人为源主要是燃料的燃烧和加工、汽车排气。其中约 80% 是来自汽车尾气的排放。CO 是在燃烧不完全时产生的,当氧气供应不足时:

$$2C + O_2 \longrightarrow 2CO$$
$$C + CO_2 \longrightarrow 2CO$$

CO 的生成量与空燃比有关。当空燃比超过 15 时,则汽油燃烧完全,汽车尾气中就没有 CO 生成。

CO 是无色、无味、无嗅的有毒气体。CO 化学性质稳定,在大气中不易与其它物质发生化学反应,可以在大气中停留较长时间。大气中的 CO 虽然可转化为 CO_2,但速度很慢,而几个世纪以来大气中的 CO 平均浓度变化不大,这说明自然界肯定有强大的消除机制。

（2）CO 的去除

大气中的 CO 可由以下两种途径去除。

1）土壤吸收

地球表层的土壤能有效地吸收大气中的 CO。含有 120 mg/L CO 的空气,用 2.8 kg 土壤处理 3 h 后,其中的 CO 可被全部去除。这是由于土壤中生活的细菌能将 CO 代谢为 CO_2 和 CH_4,反应式为

$$CO + \frac{1}{2}O_2 \longrightarrow CO_2$$

$$CO + 3H_2 \longrightarrow CH_4 + H_2O$$

在上述实验中,已从土壤中分离出能除去 CO 的 16 种真菌。不同类型的土壤对 CO 的吸收量是有一定差别的。通过全球各种土壤的吸收而被去除的 CO 数量约为其总量的一半。

2）与自由基 $HO\cdot$ 的反应

与自由基 $HO\cdot$ 的反应是大气中 CO 的主要消除途径。CO 可与自由基 HO 反应氧化为 CO_2,反应式为

$$CO + HO\cdot \longrightarrow CO_2 + H\cdot$$

$$H\cdot + O_2 + M \longrightarrow HO_2\cdot M$$

$$CO + HO_2\cdot \longrightarrow CO_2 + OH\cdot$$

以上过程为链反应,其速率取决于大气中自由基 $HO\cdot$ 的含量。该途径可去除大气中约 50% 的 CO。

（3）CO 的危害

CO 对人体的危害主要是阻碍体内氧气输送,使人体缺氧窒息。但 CO 排入空气后,由于扩散和氧化,一般在大气中不会达到引起窒息的含量。

作为大气污染物的 CO 的主要危害在于能参与光化学烟雾的形成。在光化学烟雾的形成过程中,如果存在 CO,则可以发生下面的反应,即

$$CO + HO\cdot \longrightarrow CO_2 + H\cdot$$

$$H\cdot + O_2 + M \longrightarrow HO_2\cdot M$$

$$NO + HO_2\cdot \longrightarrow NO_2 + OH\cdot$$

因此,少量 CO 的存在促进了 NO 向 NO_2 的转化,从而促进了臭氧的积累。

此外,CO 本身也是一种温室气体,可以导致温室效应。由 CO 的去除途径可知,与自由基 $HO\cdot$ 的反应是 CO 的重要去除途径。因此,大气中 CO 的增加,将导致大气中自由基 $HO\cdot$ 的减少,这使得可与自由基 $HO\cdot$ 反应的物种如甲烷得以积聚。甲烷是一种温室气体,可吸收太阳光谱的红外部分。因此,CO 还可以通过消耗自由基 $HO\cdot$ 使甲烷积累而间接地导致温室效应的发生。

2. CO_2

CO_2 是大气中的正常组成成分,是一种无毒气体,对人体无显著危害作用。CO_2 是一种重要的温室气体,对全球性生态环境问题影响巨大,令人关注。

CO_2 人为来源主要是矿物燃料的燃烧。CO_2 的天然来源主要有:

(1)海洋排气,全球约有千亿吨的 CO_2 在海洋和大气圈之间进行着交换;

(2)甲烷的氧化转化;

(3)动植物呼吸、腐败作用以及生物物质的燃烧;

(4)来自地球内部的释放。

目前,由于人类活动的影响,全球大气 CO_2 浓度正在逐渐上升,从而引起全球气候变化。CO_2 对 $12\sim18\ \mu m$ 的红外线有强烈的吸收作用。因此,低层大气中的 CO_2 能有效地吸收地面发射的长波辐射,而使地球近地面大气变暖。近百年来,全球地面平均气温增加了 $0.3\sim0.6℃$。气候的变暖引起了海平面的上升。当前,世界大洋温度正以每年 $0.1℃$ 的速度上升,全球海平面在过去的百年里平均上升了 $14.4\ cm$。

3.碳氢化合物

碳氢化合物包括烷烃、烯烃和芳烃等复杂多样的含碳和氢的化合物,一般用 HC 表示。大气中碳氢化合物主要是甲烷,约占 70% 左右。大部分的碳氢化合物来源于植物的分解,人类排放的量虽然小,却很重要。碳氢化合物的人为来源主要是石油燃料的不充分燃烧过程和蒸发过程,其中汽车排放量占有相当的比重。碳氢化合物本身毒性并不明显,但它们可被大气中的 $HO\cdot$ 等自由基或氧化剂所氧化,生成二次污染物,并参与光化学烟雾的形成。大气污染研究中通常把 HC 分为甲烷和非甲烷烃(NMHC)两类。

(1)甲烷

甲烷是无色气体,性质稳定,其含量仅次于 CO_2。大气中的 HC 有绝大部分是甲烷,它主要来自沼泽、泥塘、水稻田、牲畜反刍等厌氧发酵过程。水稻田是大气甲烷的重要排放源之一,它是在淹水厌氧条件下,通过微生物代谢作用,有机质矿化过程所产生的。

无论是天然来源,还是人为来源,除了燃烧过程和原油、煤气的泄漏之外,实际上产生 CH_4 的机制都是厌氧细菌的发酵过程,这时有机物发生了厌氧分解,即

$$\{2CH_2O\}\xrightarrow{\text{厌氧细菌}}CO_2+CH_4$$

由于全球水稻田大多分布在亚洲,而中国水稻种植面积又占亚洲水稻面积的 30%,因此,水稻田甲烷的排放对我国乃至世界甲烷源的贡献都非常重要。

排放到大气中的 CH_4 大部分被 $HO\cdot$ 所氧化,每年留在大气中的 CH_4 约为 $0.5\times10^8\ t$,导致大气中 CH_4 浓度上升。大气中 CH_4 的主要去除过程为:

$$CH_4+HO\cdot\longrightarrow CH_3\cdot+H_2O$$

少量的 $CH_4(\leqslant15\%)$ 会扩散进入平流层,在平流层中与氯原子发生反应为:

$$CH_4+Cl\cdot\longrightarrow CH_3\cdot+HCl$$

从而减少氯原子对 O_3 的损耗,形成的 HCl 可扩散到对流层而被雨除,故 CH_4 可看成是平流层氯原子的一个汇。

大气中 CH_4 也是重要的温室气体,其温室效应比 CO_2 大 20 倍。近 100 年来大气中甲烷浓度上升了一倍多,目前全球甲烷浓度已达到 $1.75\ ml/m^3$,其年增长速度为 $0.8\%\sim1.0\%$。若按目前甲烷产生的速度,几十年后,甲烷将在温室效应中起主要作用。目前,CO_2 和 CH_4 的温室效应贡献率分别是 56% 和 11%。

（2）非甲烷烃

非甲烷烃的种类很多，因来源而异，如植物排放的非甲烷有机物达367种。大部分非甲烷烃来自天然源，其中排放量最大的是植物释放的萜烯类化合物，如α-蒎烯、香叶烯、异戊二烯等。非甲烷烃的人为来源主要包括石化燃料燃烧、废弃物燃烧、溶剂使用、石油存储和运输以及工业过程。其中，交通运输是全球大气中非甲烷烃的最主要的人为排放源。

非甲烷烃的人为源主要包括：

1）汽油燃烧，排放量约占人为源总量的38.5%；

2）焚烧，排放量约占人为源总量的28.3%；

3）溶剂蒸发，排放量约占人为源总量的11.3%；

4）石油蒸发和运输损耗，约占人为源总量的8.8%；

5）废物提纯，约占人为源总量的7.1%。

最主要的天然排放物是异戊二烯和单萜烯。下面是α-蒎烯和异戊二烯的结构式。

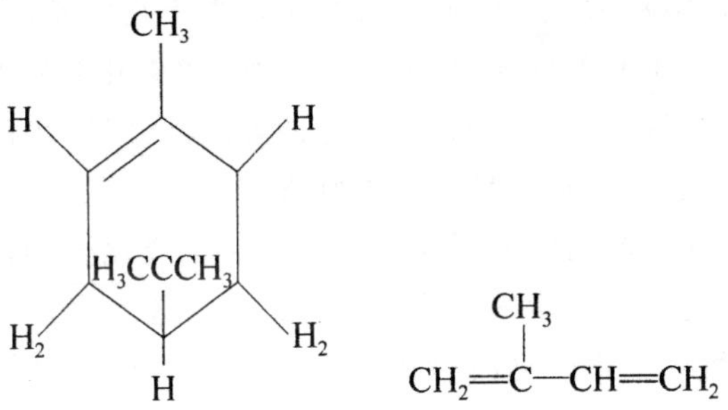

α-蒎烯　　　　　　　异戊二烯

异戊二烯（2－甲基－1,3－丁二烯）是一种半萜烯化合物，已在黑杨类、桉树、栎树、枫香及白云杉的散发物中检出。已知树木散发的其他萜烯还有伊蒎烯、月桂烯、罗勒烯及β－萜品烯。

从以上结构可以看出，每个萜烯分子通常含有两个或两个以上双键，由于这一特点加上其他的结构特征，使萜烯成了大气中最活泼的化合物之一。萜烯与氢氧自由基的反应非常迅速，也易与大气中其他氧化剂，特别是臭氧起反应。松节油是一种常见的萜烯混合物，由于萜烯能与大气氧反应生成过氧化物，然后形成坚硬的树脂，所以在油漆工业中有着广泛的用途。α-蒎烯和异戊二烯类化合物在大气中也很可能发生了类似的反应，最终生成粒径小于$0.1~\mu m$的悬浮颗粒。正是由于这样的原因，在某些植物大量生长的地区上空常常会形成蓝色的"烟雾"。

当使用紫外线照射α-蒎烯和NO_x（O加NO_2）的混合物时，发现有蒎酮酸生成。经研究，蒎酮酸常以气溶胶颗粒的形式出现在森林中；因此，几乎可以肯定，大气中的蒎酮酸是通过α-蒎烯的光化学反应生成的。

由于萜烯类化合物主要是通过天然来源产生的，因此，萜烯类化合物的排放量往往与自然条件有关，例如异戊二烯的排放量随温度和光强度增大而增强，而α-蒎烯则当相对湿度增加时排放量增加。

大气中的非甲烷烃可通过化学反应或转化生成有机气溶胶而去除，最主要的大气化学反应是与自由基 HO· 的反应。

3.2.4 含卤素化合物

大气中的含卤素的化合物主要是指有机的卤代烃和无机的氯化物和氟化物。其中以有机的卤代烃对环境影响最为严重。大气中的卤代烃包括卤代脂肪烃和卤代芳香烃。其中高级的卤代烃如有机氯农药 DDT、六六六和多氯联苯（PCB）等，主要以气溶胶形式存在，含两个或两个以下碳原子的卤代烃主要以气态形式存在。其中，氟氯烃类化合物对环境的影响最为严重。

氟氯烃类化合物是指同时含有元素氯和氟的烃类化合物。其中比较重要的是一氟三氯甲烷（CCl_3F）和二氟二氯甲烷（CCl_2F_2）。它们可以用做制冷剂、气溶胶喷雾剂、电子工业的溶剂、制造塑料的泡沫发生剂和消防灭火剂等。大气中的氟氯烃类主要是通过它们的生产和使用过程进入大气的。由于氟氯烃类化合物的生产量逐年递增，近年来，它们在大气中的含量每年要大幅增加。

氟氯烃类化合物在对流层大气中性质非常稳定。由于它们能透过波长大于 290 nm 的辐射，故在对流层大气中不发生光解反应；同时，由于氟氯烃类化合物与自由基 HO· 的反应为强吸热反应，故在对流层大气中，氟氯烃类化合物很难被自由基 HO· 氧化；此外，由于氟氯烃类化合物不溶于水，因此，它们也不容易被降水所清除。

可以断定，由人类活动排放到对流层大气中的氟氯烃类化合物，不易在对流层被去除，在对流层的停留时间较长，它们最可能的去除途径就是扩散进入平流层。

进入到平流层的氟氯烃类化合物，在平流层强烈的紫外线作用下，会发生下面的反应，即

$$CCl_3F \xrightarrow[175\,nm \leqslant \lambda \leqslant 220\,nm]{h\nu} CCl_2F + Cl·$$

$$Cl· + O_3 \longrightarrow ClO· + O_2$$

$$ClO· + O \longrightarrow O_2 + Cl·$$

从上述反应方程式可以看出，一个 CCl_3F 分子的光解可释放出一个氯原子，使一个 O_3 分子被破坏，通过 ClO· 基团的链传递作用，可以使与 O· 结合的 Cl· 又被释放出，如此循环往复，每放出一个氯原子就可以和 10^5 个臭氧分子发生反应。因此，目前人们普遍认为，人类排放到大气中的氟氯烃类化合物可以使 O_3 层遭到破坏。

由于各种氟氯烃类化合物都能释放出 Cl·，因此，它们都可以导致臭氧层的破坏。一般来说，在大气中寿命越长的氟氯烃类化合物，危害性也越大。凡是被卤素全取代的氟氯烃类化合物，都具有很长的大气寿命，而在烷烃分子中尚有 H 未被取代的氟氯烃类化合物，寿命要短得多。这是因为含 H 的卤代烃在对流层大气中能与自由基 HO· 发生反应，即

$$CHCl_2F + HO· \longrightarrow CCl_2F + H_2O$$

目前，国际上正在致力于研究用寿命较短的含氢卤代烃替代寿命较长的氟氯烃类化合物，或用其他物质如氦（He）来代替氟氯烃类化合物。

氟氯烃类化合物也是温室气体，特别是 CCl_3F 和 CCl_2F_2，它们吸收红外线的能力比 CO_2 要强得多。大气中每增加一个氟氯烃类化合物的分子，就相当于增加了 10^4 个 CO_2 分子。

因此，氟氯烃类化合物既可以破坏臭氧层，也可以导致温室效应。

3.3 污染物在大气中的迁移

污染物的迁移转化是大气环境具有自净能力的一种表现。由污染源排放到大气中的污染物在迁移过程中要受到各种因素的影响,主要有空气的机械运动,如风力和气流,由于天气形势和地理地势造成的逆温现象以及污染物本身的特性等。迁移可发生在本圈层内,也可通过圈层间迁移转入地表。

3.3.1 逆温现象

在对流层中,气温一般是随高度增加而降低的。但在一定条件下会出现反常现象,即气温随高度增加而增加。这种逆温现象常发生在较低气层中,这时气层稳定性特强,对于大气中垂直运动的发展起着阻碍作用。根据逆温形成的过程,可分为近地面层的逆温和自由大气的逆温两种。近地面层的逆温有辐射逆温、平流逆温、海岸逆温和地形逆温等;自由大气的逆温有乱流逆温、下沉逆温和锋面逆温等。

近地面层的逆温多由于热力条件而形成,以辐射逆温为主。辐射逆温是地面因强烈辐射而冷却降温所形成。当白天地面受日照而升温时,近地面空气的温度随之而升高。夜晚地面由于向外辐射而冷却,这便使近地面空气的温度自下而上逐渐降低。由于上面的空气比下面的冷却慢,结果就形成逆温现象,如图 3-3 所示。

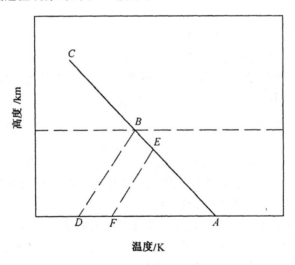

图 3-3 辐射逆温

图中白天大气温度在垂直方向上的分布曲线为 ABC,夜晚近地面空气冷却较快,温度分布曲线变为 FEC,其中 FE 段为逆温层。以后随着地面的降温,逆温层也越来越厚,到清晨达到最厚,如图中 DB 段。于是,这时温度分布曲线就变为 DBC。日出后地面温度上升,逆温层近地面处首先被破坏,自下而上逐渐变薄,最后完全消失。辐射逆温多发生在距地面 100～150 m 的高度内。最有利于辐射逆温形成的条件是平静而晴朗的夜晚,有云和有风都能减弱逆温。

局部地区的扩散条件受大型的天气形势的影响。不利的天气形势和地形特征结合在一起常常可使某一地区的污染程度大大加重。例如,当大气压分布不均,在高压区里存在着下沉气流,该气流受压而变热,使气温高于下层的空气而形成上热下冷的下沉逆温。其持续时间很长,范围分布很广,厚度也较厚。这样就会使从污染源排放出来的污染物长时间地积累在逆温层中而不能扩散。

不同的地形地面会引起热状况在水平方向上的分布不均匀。这种热力差异在弱的天气系统条件下就有可能产生局部地区的环流,诸如海陆风、城郊风和山谷风等,从而形成海岸逆温、地形逆温等。

3.3.2 扩散

污染物在大气中的扩散取决于风、湍流、浓度梯度等因素:风可使污染物向下风向扩散,湍流可使污染物向各方向扩散,浓度梯度可使污染物发生质量扩散,其中风和湍流起主导作用。气块做有规律运动时,其速度在水平方向的分量称为风,垂直方向上的分量中具有小尺度规则运动中的铅直速度可达每秒几米以上,就称为对流。污染物可做水平运动,自排放源向下风向迁移,从而得到稀释。也可随空气的垂直对流运动升到高空而扩散。

1. 风力扩散

在各种气象因子影响下,进入大气的污染物具有自然的扩散稀释和浓度趋于均一的倾向。风力即是此类气象因子之一。

风力是以下四种水平方向力的合力:

1)水平气压梯度力,其方向由高气压到低气压;

2)摩擦力,包括运动空气层与地面之间的外摩擦力及运动空气层与流向或速度不同的邻近空气层之间的内摩擦力;

3)由地球自转产生的偏向力;

4)空气的惯性离心力。

这四种水平方向的力中,第一种力是引起风的原动力,其他三种是在空气始动之后才产生并发生作用。由外摩擦力介入而产生的风因流经起伏不平的地形而具有湍流性质,使由风力载带的污染物在较小范围内向各个方向扩散。

风力是既有大小又有方向的一个矢量。风力大小用风速表示,是单位时间内空气团块所移动的水平距离。风力越大,污染物沿风向扩散稀释得越快。风向对于建设项目的选址和总图布置很重要。如工厂主要烟囱、有毒有害原料、成品的贮存设施、装卸站等,宜布置在厂区常年主导风向的下风区。生活垃圾填埋场应设在当地夏季主导风向的下风区。

2. 气流扩散

与水平方向的风力相对应,垂直方向流动的空气称为气流。它关系到污染物在上下方向间的扩散迁移。气流的发生和强弱与大气稳定度有关。稳定大气不产生气流,而大气稳定度越差,气流越强,则污染物在纵向的扩散稀释速率越快。

低层大气中污染物的分散在很大程度上取决于对流与湍流的混合程度。垂直运动程度越大,用于稀释污染物的大气容积量越大。

夜间最大混合层高度较低,白天则升高。夜间逆温较重情况下,最大混合层高度甚至可以达到零,而在白天可能达到 $2000 \sim 3000 \ m^2$。季节性的冬季平均最大混合层高度最小,夏初为最大。当最大混合层高度小于 1500 m 时,城市会普遍出现污染现象。

3.3.3　干沉降

干沉降是指粒子在重力作用下或与地面及其他物体碰撞后,发生沉降而被去除。干沉降又称为干去除。干沉积速度以在某一特定高度内污染物的沉降速度表示,用"长度/时间"作为量纲。相应于该特定高度内污染物平均浓度与干沉积速度之乘积称为干沉积率。沉降速率与颗粒的粒径、密度、空气运动粘滞系数有关。对具有较大粒径的大气悬浮颗粒物,其干沉积速度可用斯托克斯定律表述,一般通过实测"灰尘自然沉降量"来求得主要是直径大于 $30 \ \mu m$ 的颗粒物的干沉积率,即"降尘量"参数,则有

$$v = \frac{g D_p (\rho_1 - \rho_2)}{18 \eta}$$

式中, v ——沉降速率,cm/s; g ——重力加速度, cm/s^2 ; D_p ——粒子直径,cm; ρ_1 , ρ_2 ——分别为粒子和空气的密度, g/cm^3 ; η ——空气黏度,Pa·s。

设某种粒径的粒子浓度最大的高度为 H ,则其沉降时间(滞留时间)为

$$\tau = \frac{H}{v}$$

式中, H ——气溶胶粒子所处高度,m。

干沉降除了因重力作用而降落外,粒径小于 $0.1 \ \mu m$ 的颗粒,可靠布朗运动扩散,相互碰撞而凝聚成较大的颗粒,通过大气扩散到地面或碰撞而去除。

3.3.4　湿沉降

大气中所含污染气体或微粒物质通过雨除、冲刷作用随降水降落并积留在地表的过程称湿沉降。湿沉降是污染气体在大气中被消除的重要过程。这一过程始发于气体在大气水物质中的溶解,关系到气体在水中的溶解度。

1.雨除

悬浮颗粒物中有相当一部分细粒子可以作为形成云的凝结核,特别是粒径小于 $0.1 \ \mu m$ 的粒子。这些凝结核成为云滴的中心,通过凝结过程和碰撞过程,云滴不断增长成雨滴。若整个大气层温度都低于 0℃ 时,云中的冰、水和水蒸气通过冰—水的转化过程还可生成雪晶。对于那些粒径小于 $0.05 \ \mu m$ 的粒子,由于布朗运动或其他效应可以使其黏附在云滴上或溶解于云滴中。一旦形成雨滴,在适当的气象条件下,凝结作用能使小粒子汇集成大粒子,即雨滴会进一步长大而形成雨,降落到地面上,则悬浮颗粒物也就随之从大气中去除,此过程称为雨除。

2.冲刷

在降雨或降雪过程中,雨滴(或雪晶、雪片)不断地将大气中的微粒携带、溶解或冲刷下来,

使大气悬浮颗粒及污染物含量减少。这种以直接兼并的方式"收集"悬浮颗粒的效率是随着粒子直径的增大而增大的。通常,雨滴可兼并粒径大于 2 μm 的粒子。图 3-4 简要地描述了悬浮颗粒及大气污染物的迁移、消除过程。

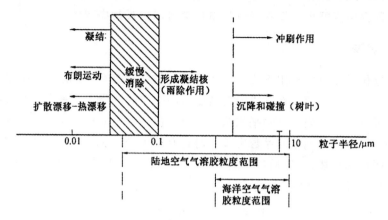

图 3-4　大气悬浮颗粒物的消除过程

雨除对半径小于 1 μm 的颗粒物去除效率高,特别是具有吸湿性和可溶性的颗粒物更明显。冲刷对半径为 4 μm 以上的颗粒物效率较高,一般通过湿沉降过程去除的颗粒物量占大气颗粒物总量的 $80\% \sim 90\%$。

3.4　污染物在大气中的转化

3.4.1　氮氧化物的转化

1. NO_2 的转化

NO_2 在大气环境中最重要的反应是前已述及的 NO_2 的光解反应,它是大气中 O_3 生成的引发反应,是 O_3 唯一的人为来源。此外,NO_2 还能与各类自由基及 NO_2 和 NO_3 等反应,其中比较重要的是与 $HO\cdot$、NO_3 和 O_3 的反应。

(1)NO_2 与 $HO\cdot$ 自由基的反应

$$NO_2 + HO\cdot \longrightarrow HNO_3$$

此反应是大气中气态 HNO_3 的主要来源,对于形成酸雨和酸雾有重要作用,该反应主要发生在白天(因白天 $HO\cdot$ 浓度高)。

(2)NO_2 与 O_3 的反应

$$NO_2 + O_3 \longrightarrow NO_3 + O_2$$

此反应是大气中 NO_3 的主要来源,因反应不需要光,故在夜间也可发生。

(3)NO_2 与 NO_3 的反应

此反应是平衡反应:

$$NO_2 + NO_3 \Longleftrightarrow N_2O_5$$

生成的 N_2O_5 又可解离为 NO_3 和 NO_2。

(4)生成 HNO_2 或 HNO_3 表面催化反应

$$NO_2 + NO + H_2O \rightleftharpoons 2HNO_2$$

$$2NO_2 + H_2O \rightleftharpoons HNO_2 + HNO_3$$

当湿度较高,并有催化表面存在时,这两个反应能较快进行,加之室内取暖及炊事活动等,NO_2 较易积累,因此 HNO_2、HNO_3 可以成为室内二次污染物。

2. NO 的转化

(1)NO 向 NO_2 的转化

虽然对流层中 NO_2 很容易发生光解,但发现其在大气中的相对浓度并非因此而降低,实际上大气中存在着 NO 向 NO_2 的快速转化,从而使其浓度得到补偿,过去一般认为:

$$2NO + O_2 \longrightarrow 2NO_2$$

但实际上,此反应只有在 NO 浓度相对较高的情况下才可能发生,而在通常大气环境中是不易发生的。有人发现在相对清洁的空气中,NO 的平均寿命是 4 天;而在污染的城市大气中,NO 的平均寿命只有几小时。这表明有某种大气污染物把 NO 氧化成 NO_2。

Heicklen weinstock 在 1970 年经大量的研究证明了自由基 $HO_2 \cdot$ 在 NO 的快速氧化中起主要的作用:

$$NO + HO_2 \cdot \longrightarrow NO_2 + HO \cdot$$

而 $HO_2 \cdot$ 的来源主要是来自 $HO \cdot$ 与 CO 的反应:

$$HO + CO \longrightarrow CO_2 + H \cdot$$

$$H \cdot + O_2 + M \longrightarrow HO_2 \cdot + M$$

这是一个链反应,消耗一个 $HO \cdot$ 又产生了一个 $HO \cdot$,因此只要大气中有 $HO \cdot$ 及 CO 的存在,就可以使 NO 不断地转化成 NO_2。

$RO_2 \cdot$、$RC(O)O_2 \cdot$ 等自由基对 NO 的快速氧化也起了重要的作用,如:

$$RO_2 \cdot + NO \longrightarrow RO \cdot + NO_2$$

或

$$RO_2 \cdot + NO \longrightarrow RONO_2$$

$$CH_3C(O)OO \cdot + NO \longrightarrow CH_3 \cdot + CO_2 + NO_2$$

NO 与 O_3、NO_3 的反应也可转化为 NO_2:

$$NO + O_3 \longrightarrow NO_2 + O_2$$

此反应控制了污染地区 O_3 浓度的增高。

$$NO + NO_3 \longrightarrow 2NO_2$$

由于此反应很快,故只有当 NO 浓度很低时,大气中 NO_3 才有可能显著积累。

(2)NO 与 $HO \cdot$ 和 $RO \cdot$ 的反应

$$NO + HO \cdot \longrightarrow HONO$$

$$NO + RO \cdot \longrightarrow RONO$$

3.4.2 碳氢化物的转化

1. 大气中的碳氢化合物

大气中以气态形式存在的碳氢化合物主要是碳原子数为 1～10 的可挥发性烃类，主要有甲烷、石油烃、芳香烃和萜类等。

大气中含量最高的碳氢化合物是甲烷，占全世界碳氢化合物排放量的 80% 以上。甲烷的来源可分为天然源和人为源，以天然源为主。天然源主要源于厌氧细菌的发酵过程，原油和天然气的泄漏等。人为源主要源于汽油燃烧、有机物品焚烧、溶剂挥发等。

石油烃成分以烷烃为主，还有部分烯烃、环烷烃和芳香烃。原油开发、石油炼制、燃料燃烧和石油产品使用过程中均可向大气泄漏或排放石油烃，从而造成大气污染。其中不饱和烃活性高，容易促进光化学反应，被认为是重要的污染物。

大气中芳香烃有单环和多环芳烃两类。典型的芳香化合物有苯、芘等。芳香烃被广泛地应用于工业生产过程中，可用作溶剂、合成原料等。由于化合物在使用过程中的泄漏以及伴随某些有机物燃烧反应，致使大气中存在一些芳香烃污染物。

2. 碳氢化合物在大气中的转化

碳氢化合物除个别作为一次污染物之外，一般本身的危害并不严重；但碳氢化合物可以被大气中的 $O \cdot$、O_3、$HO \cdot$ 及 $HO_2 \cdot$ 等氧化，产生危害严重的二次污染物，并参与光化学烟雾的形成。

下面着重介绍烷烃在大气中的化学转化。

烷烃的光化学反应主要是与 $HO \cdot$ 自由基反应，生成的烷基自由基与 O_2 结合生成 $RO_2 \cdot$，RO_2 可将 NO 氧化成 NO_2，同时产生 $RO \cdot$，RO 再与 O_2 发生反应生成 $HO_2 \cdot$ 和相应的醛或酮，反应式为：

$$RH + HO \cdot \longrightarrow R \cdot + H_2O$$
$$R \cdot + O_2 \longrightarrow RO_2 \cdot$$
$$RO_2 \cdot + NO \longrightarrow RO \cdot + NO_2$$
$$RO \cdot + O_2 \longrightarrow R'CHO + HO_2 \cdot$$

如甲烷的氧化反应：

$$CH_4 + HO \cdot \longrightarrow \cdot CH_3 + H_2O$$
$$\cdot CH_3 + O_2 \longrightarrow CH_3O_2 \cdot$$
$$CH_3O_2 \cdot + NO \longrightarrow CH_3O \cdot + NO_2$$
$$CH_3O \cdot + O_2 \longrightarrow HCHO + HO_2 \cdot$$

烷烃还可与 $O \cdot$ 发生反应，生成烷基自由基和 $HO \cdot$。由于大气中的 $O \cdot$ 主要来自 O_3 的光解，通过上述反应，CH_4 不断消耗 $O \cdot$，可导致臭氧层的损耗。

3.4.3 硫氧化物的转化

大气中的硫氧化物包括 SO_2、SO_3、H_2SO_4、SO_4^{2-}，其中 SO_2 为一次污染物，其余物种均为

SO_2 通过一系列化学反应转化形成的二次污染物。天然大气中 SO_2 的含量较少,含硫矿物燃料的燃烧过程是其最主要的来源,火山喷发过程中也会产生相当的 SO_2。

1. 二氧化硫的气相转化

大气中 SO_2 的转化首先是 SO_2 氧化成 SO_3,SO_3 易被水吸收生成硫酸,从而形成酸雨或硫酸烟雾;硫酸与大气中的 NH_4^+ 等阳离子结合可生成硫酸盐气溶胶。SO_2 的主要气相转化过程包括以下两种。

(1)SO_2 的直接光氧化

大气中 SO_2 直接氧化成 SO_3 的机制:

$$SO_2 + O_2 \longrightarrow SO_4 \longrightarrow SO_3 + O \cdot$$
$$SO_4 + SO_2 \longrightarrow 2SO_3$$

(2)SO_2 被自由基氧化

由于大气污染物的光解作用生成各种具有强氧化性的自由基,SO_2 易被这些自由基氧化。以 $HO \cdot$ 自由基为例:

$$HO \cdot + SO_2 \xrightarrow{M} HOSO_2 \cdot$$
$$HOSO_2 \cdot + O_2 \xrightarrow{M} HO_2 \cdot + SO_3$$
$$SO_3 + H_2O \longrightarrow H_2SO_4$$

反应过程中生成的 $HO_2 \cdot$,可通过下列反应使 $HO \cdot$ 自由基再生。

$$HO_2 \cdot + NO \longrightarrow HO \cdot + O_2$$

2. 二氧化硫的液相转化

SO_2 易溶于大气中的水,大气颗粒物表面亦存在吸附水,同样能溶解 SO_2。

$$SO_2 + H_2O \longrightarrow SO_2 \cdot H_2O$$
$$SO_2 \cdot H_2O \Longleftrightarrow H^+ + HSO_4^-$$
$$HSO_3^- \Longleftrightarrow H^+ + SO_3^{2-}$$

当有 O_2、O_3、H_2O_2 等氧化剂存在时,SO_2 易被氧化,特别是有金属离子存在时,SO_2 的氧化速率可以大大加快。

3.5　　大气污染现象

3.5.1　光化学烟雾

1. 光化学烟雾的特征与危害

光化学烟雾是在以汽油做动力燃料燃烧之后出现的一种新型空气污染现象,最早于 20 世纪 40 年代在美国洛杉矶地区出现,因此又称为洛杉矶烟雾。继洛杉矶烟雾事件后,世界上许多城市都出现了光化学烟雾污染事件,比如日本的东京和大阪、英国的伦敦、澳大利亚和德国等大城市以及我国的兰州西固石油化工地区等都发生过。光化学烟雾污染问题是目前全世界各大城市面临的首要环境问题。

由于交通运输业、能源工业和石油化学工业的高速发展,将大量的 NO_2 和挥发性有机物(VOCs)排入大气,这些一次污染物在强日光、强逆温、低风速、低湿度等稳定的天气条件下,发生一系列复杂的光化学反应,生成以 O_2 为主、包括醛、酮、PAN、H_2O_2、HNO_3、多种自由基和细粒子气溶胶等污染物的强氧化性气团。这种由参与光化学反应过程的一次污染物和二次污染物的混合物所造成的大气烟雾污染现象称为光化学烟雾。

光化学烟雾一般呈浅蓝色,有时呈白色雾状,或带紫色或黄褐色。光化学烟雾使大气能见度降低,妨碍交通;具有强氧化性,刺激人的眼睛和呼吸道黏膜,导致头痛、呼吸道疾病恶化,严重的还会造成死亡;加速橡胶老化、脆裂,使染料褪色,并损害油漆涂料、纺织纤维、金属和塑料制品等;伤害植物叶片,使其变黄以致枯死,降低植物对病虫害的抵抗力、农作物严重减产。如1959 年美国加利福尼亚州由于光化学烟雾污染造成农作物减产损失达 800 万美元,大片树木死亡,葡萄减产 60%,柑橘也严重减产;1970 年日本东京发生光化学烟雾污染期间,20000 人得红眼病。

光化学烟雾主要发生在强日光及大气相对湿度较低的夏季晴天;具有循环性,白天形成,晚上消失,污染高峰期出现在中午或午后;污染具有区域性,污染区域往往出现在下风向几十到上百公里处,一些城市周围的乡村地区也会有光化学烟雾现象出现;受气象条件影响,逆温静风情况会加剧光化学烟雾的污染。

2. 光化学烟雾的日变化曲线

图 2-20 所示为污染地区大气中 NO、NO_2、NMHCs(非甲烷烃)、醛及 O_3 从早至晚的日变化曲线。

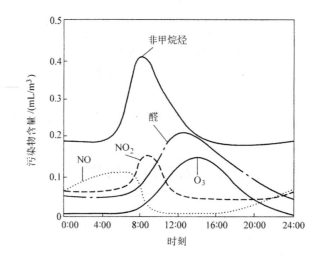

图 3-5 光化学烟雾日变化曲线

由图 3-5 可见,污染物的含量变化与交通量和日照等气象条件有密切联系。NO 和NMHCs 的含量最大值出现在早晨交通最繁忙时刻,此时 NO_2 含量很低。随着太阳辐射的增强,NO、O_3、醛的含量迅速增大,中午或稍后时达到较高含量时,其峰值通常比 NO 峰值晚出现 4～5 h。由此可推断,NO_2、O_3、醛是在日光照射下产生的二次污染物,而早晨由汽车排放出来的尾气(含一次污染物)是产生这些光化学反应的直接原因。傍晚交通虽然有一次出现高峰,仍排放有较多的汽车尾气,但由于日光已较弱,日照条件不足以引起光化学反应而不能产生光化学烟雾。所以光化学烟雾白天生成,傍晚消失,污染高峰出现在中午或稍后,污染区域往往在下风向几十到几百公里处。

3.烟雾箱模拟曲线

为了更好地弄清光化学反应的规律,验证上述实测结果,人们利用烟雾箱,即在一大容器内通入含非甲烷烃和氮氧化物的反应气体,在人工光源照射下模拟大气光化学反应。图 3-6 是 C_3H_6、NO_x、空气(O_2、N_2)混合物经紫外线照射后的时间含量关系图。随着 NO 和 C_3H_6 等初始反应物的氧化消耗,NO_2 和醛的量增加;当 NO 耗尽时,NO_2 出现最大值。此后,随着 NO_2 的消耗,O_3、PAN 及醛类等二次污染物生成。

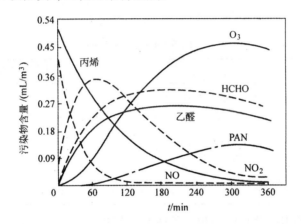

图 3-6　C_3H_6、NO_2、空气体系中一次及二次污染物的含量变化曲线

因此,无论是实测还是实验模拟均表明:

1)NO 被氧化为 NO_2;

2)RH(烃类化合物)的氧化消耗;

3)O_2 的分解,O_3 与其他二次污染物如 PAN、HCHO、HNO_3 等光化学氧化剂的生成,是光化学烟雾形成过程的基本化学特征。

由烟雾箱模拟实验可知:光化学烟雾中,NO_2 起到了链引发作用和链终止作用。以 NO_2 光解为引发,产生的 O 原子与 O_2 生成 O_3;C_3H_6 被氧化生成的各种自由基可以使 NO 转化为 NO_2,并生成新的自由基,使 NO 向 NO_2 转化而不再消耗 O_3;NO_2 继续光解生成 O_3,造成其在大气中的积累;生成的各种自由基再次参与反应,这种链式反应直至光照减弱甚至消失,NO_2 才不再发生光分解反应,到自由基与 NO_2 反应生成稳定的二次污染物 PAN、HNO_3 时结束。

实际光化学烟雾中,仅汽车尾气排放出的碳氢化合物有一百多种,每种都会产生一系列链式反应,使 NO 转化成 NO_2,见图 3-7 所示。

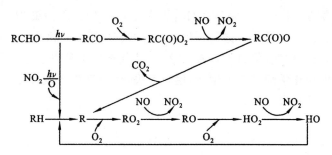

图 3-7 光化学烟雾中自由基传递示意图

4.光化学烟雾形成机制

光化学烟雾形成的机制十分复杂,Seinfield 用 12 个反应概括地描述了光化学烟雾形成的机制,如表 3-1 所示。

表 3-1 光化学烟雾形成的简化机制

反应类型	反应	速率常数(298 K)/(1/min)
引发反应	$NO_2 + h\nu \longrightarrow NO + O\cdot$	0.533(假设)
	$O\cdot + O_2 + M \longrightarrow O_3 + M$	2.183×10^{-11}
	$O_3 + NO \longrightarrow NO_2 + O_2$	2.659×10^{-5}
自由基传递反应	$RH + HO\cdot \xrightarrow{O_2} RO_2\cdot + H_2O$	3.775×10^{-3}
	$RCHO + HO\cdot \xrightarrow{O_2} RC(O)O_2\cdot + H_2O$	2.341×10^{-2}
	$RCHO + h\nu \xrightarrow{2O_2} RO_2\cdot + HO_2\cdot + CO$	1.91×10^{-10}
	$HO_2\cdot + NO \longrightarrow NO_2 + HO\cdot$	1.214×10^{-2}
	$RO_2\cdot + NO \xrightarrow{O_2} NO_2 + R'CHO + HO_2\cdot$	1.127×10^{-2}
	$RC(O)O_2\cdot + NO \xrightarrow{O_2} NO_2 + RO_2\cdot + CO_2$	1.127×10^{-2}
链终止反应	$HO\cdot + NO_2 \longrightarrow HNO_3$	1.613×10^{-2}
	$RC(O)O_2\cdot + NO_2 \longrightarrow RC(O)O_2NO_2$	6.893×10^{-2}
	$RC(O)O_2NO_2 \longrightarrow RC(O)O_2\cdot + NO_2$	2.143×10^{-8}

随着对于光化学烟雾化学动力机理的研究的深入,相关学者提出了多种不同类型的机理。根据不同的实验手段和方法,大致可分为归纳机理和特定机理两种类型。

归纳机理是指把有机物分类,减少有机物的种类和反应个数,然后按照一定的方法进行归纳、合并,提出概括的光化学烟雾反应机理。归纳机理可以分为两类。

1)集总机理:把结构性质类似的有机物归为一类,用一个假想的化合物代表。如 Hecht 提出的 HSD 机理把有机物分为四类:烯烃(HC1)、芳烃(HC2)、烷烃(HC3)和醛类(HC4)。

2)碳键机理:以分子中的碳键为反应单元(即将成键状况相同的碳原子看做一类)。

特定机理是指它分别处理所有的化学反应,列出包括光化学反应的所有反应物、产物、中间产物及它们反应速率的反应机理,一般用于烟雾箱的模拟实验,是确定归纳机理的基础。研究较多的特定机理有丙烯、异丁烯、正丁烷、甲苯或几种烃化合物的混合物与 NO_x 和空气的体系。

3.5.2　酸性降雨

酸雨是指 pH 值小于 5.6 的雨水、冻雨、雪、雹、露等大气降水,其形成最主要是 SO_2 和氮氧化物(SO_x)在大气或水滴中转化为硫酸和硝酸所致。

总体而言,目前我国年均降水 pH 值小于 5.6 的地区覆盖了全国约 40% 的面积,长江中下游以南地区至少 50% 以上的面积年均降水 pH 值低于 4.5,为酸雨重污染区。在未被污染的大气中,可溶于水且含量较大的酸性气体是 CO_2,如果只把 CO_2 作为影响天然降水 pH 值的因素,根据全球 CO_2 的平均浓度,考虑其弱酸平衡,即可计算出天然的未受污染的大气降水背景值为 5.6,此值为国际上一直通用的判断酸雨的界限值。

但是,由于实际大气中除 CO_2 外,还存在着其他复杂的化学成分,如有机酸和对酸性物质能起到缓冲作用的各种碱性离子等,因此,只考虑一个单一因子 CO_2 是不确切的。由于世界各地区条件不同,如地质、气象、水文、工业生产等差异,会造成各地区降水 pH 的背景不同,使用 pH 为 5.6 作为判断降水酸性的依据存在不合实际的情况。

研究者在对全球背景降水进行了研究,认为 4.8 作为定义酸雨的界限,内陆降水以 5.0 为界限更为合理。

酸雨现象是大气化学过程和大气物理过程的综合效应。酸雨中含有多种无机酸和有机酸。其中绝大部分是硫酸和硝酸,一般情况下以硫酸为主。从污染源排放出来的 SO_2 和 NO_x 是形成酸雨的主要起始物。

大气中的 SO_2 和 NO_x 经氧化后溶于水形成硫酸、硝酸或亚硝酸,这是造成降水 pH 值降低的主要原因。除此以外,还有许多气态或固态物质进入大气对降水的 pH 值也会有影响。大气颗粒物中 Mn、Cu、V 等是酸性气体氧化的催化剂。大气光化学反应生成的 O_3 和 HO · 等又是使 SO_2 氧化的氧化剂。飞灰中的氧化钙,土壤中的碳酸钙,天然和人为来源的 NH_3 以及其他碱性物质都可使降水中的酸中和,对酸性降水起"缓冲作用"。当大气中酸性气体浓度高时,如果中和酸的碱性物质很多,即缓冲能力很强,降水就不会有很高的酸性,甚至可能成为碱性。在碱性土壤地区,如大气颗粒物浓度高时,往往会出现这种情况。相反,即使大气中 SO_2 和 NO_x 浓度不高,而碱性物质相对较少,降水仍然会有较高的酸性。

在我国降水中总离子浓度很高,相当于欧洲、北美和日本的 3～5 倍,反映出我国大气污染严重。我国降水中的主要致酸物质是 SO_4^{2-} 和 NO_3^-,其中 SO_4^{2-} 浓度是 NO_3^- 离子浓度的 5～10 倍,远高于欧洲、北美和日本的比值。因此,我国酸雨是典型的硫酸性酸雨,这是因为我国的矿物燃料主要是煤,且煤中的含硫量较高,成为大气中硫的主要来源。

对我国降水酸度影响最大的阳离子是 NO_3^- 和 Ca^{2+},阴离子是 SO_4^{2-} 和 NO_3^-,降水中 Na^+ 和 Cl^{-1} 的浓度比较接近,可认为这两种离子主要来自海洋,对降水酸度不产生影响。我国降水酸度与 $(SO_4^{2-} + NO_3^-)/(NH_4^+ + Ca^{2+})$ 的浓度比值有着高度的正相关。降水中的 NH_4^+ 主要来自中国农田中氮肥的大量施用和农田中氨的挥发损失,Ca^{2+} 则主要是由中国的气候和土壤结构等自然条件的特殊性所决定的。

3.5.3 温室效应

地球的大气层可以让大部分太阳短波辐射穿过致使地面温度升高,而大气中的痕量温室气体却能强烈地吸收地面发出的长波辐射,只有少部分辐射散失到宇宙空间,就像玻璃温室一样,使阳光的能量多进少出,造成地球的温度上升,这种现象称为大气的温室效应,如图 3-8 所示。能够引起温室效应的气体,称为温室气体。

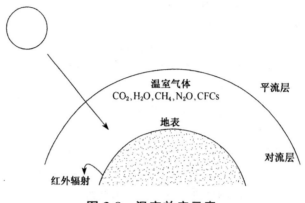

图 3-8 温室效应示意

温室气体中,产生温室效应最主要的气体是 CO_2,其他温室气体还包括 CH_4、N_2、CCl_3F、CCl_2F_2、O_3,特别是氟氯烷烃的温室效应很强,按分子计算,一个 $C_nCl_mF_x$ 分子的作用相当于一个 CO_2 分子的一万多倍。

海洋是大气中 CO_2 的最重要来源,地幔是大气中 CO_2 的另一个来源。与人类活动有关的 3 个主要源是化石燃料燃烧、水泥生产和土地利用变化,向大气排放的碳总量约为 7.5 pgc/a,其中约有一半留在大气圈中增加大气 CO_2 浓度,而另外一半被海洋和陆地生态系统这两个主要碳库所吸收。

在通过人类活动排放的温室气体中,CH_4 对温室效应的作用仅次于 CO_2,人类活动排放的 CH_4 量要比自然界排放的 CH_4 量多得多。全球 CH_4 的释放途径有两种:一种是自然源,如沼泽和其他湿地中的厌氧腐烂,其排放量不到甲烷总排放量的 25%;另一种是人为源,有水稻种植、家畜饲养、生物质燃烧、化石燃料生成和使用、固体废物堆存以及污水处理等。

N_2O 的源包括天然源和人为源。人类活动中的 N_2O 释放源主要来自化肥施用,毁林,化石燃料和生物物质的燃烧,以及其他农业活动。

大气中原来基本不含氟氯烷烃,从 20 世纪以来,人工合成的卤素碳化物不断大量排入大气,使其在大气中的浓度迅速上升。CFC—11 和 CFC—12 是最重要的氟氯烷烃,由于化学性质不活泼,它们会在大气中滞留 $100\sim200$ 年。CFCs 排放源较为简单,主要来自工业生产,其汇则主要是在对流层与 $\cdot OH$ 自由基反应及在平流层光化分解。

3.5.4 臭氧层损耗

臭氧(O_3)是氧气的同素异形体,常温下是一种有特殊臭味的淡蓝色气体。臭氧层是位于大气平流层中的一个薄气层,距地面约 $20\sim50$ km,集中了地球上 90% 以上臭氧量,在平流层的较低层,臭氧浓度最高。

尽管大气中臭氧的平均浓度不高,只有 0.04×10^{-6},但臭氧层对于地球生命具有特殊的意义。臭氧能吸收太阳辐射中对生命体有害的波长为 $200\sim300$ nm 的紫外线,为地球生物的正常生长提供了天然屏障。

地球上不同区域的大气臭氧层密度大不相同,在赤道附近最厚,两极变薄。20 世纪以来工业化的迅猛发展,导致臭氧层受到破坏。据报道,北半球的臭氧层厚度每年减少 4%。现在大约 4.6% 的地球表面没有臭氧层覆盖,这些地方成为"臭氧层空洞",大多在两极之上。

人类活动如飞机航行、制冷剂、喷雾剂等惰性物质的广泛使用,使得大量污染物质进入大气层,在一定条件下,会进入平流层破坏臭氧的作用。自从 1985 年,有研究报道了南极上空出现臭氧层"空洞"后,全世界对臭氧层耗竭问题开始普遍关注。现在人们已基本弄清破坏平流层中臭氧层的物质,主要是 $CFC-11(CFCl_3)$、$CFC-12(CF_2Cl_2)$,以及三氯乙烯、四氯化碳等人工合成的有机氯化物。当氮氧化物、氟氯烃等污染物进入平流层中后,它们能加速臭氧耗损过程,破坏臭氧层的稳定状态。

臭氧层被大量损耗后,导致到达地球表面的紫外线明显增加,给人类健康和生态环境带来多方面的危害,例如:皮肤癌发病率上升,对眼睛造成各种伤害,使人体免疫系统功能发生变化,抵抗疾病的能力下降并引起多种病变;破坏动植物的个体细胞,损害细胞中的 DNA,使传递遗传和累积变异性状发生并引起变态反应;损害海洋食物链等,对人类生活和自然环境将造成巨大的不利影响。

3.6 大气污染控制技术

大气污染物的固定源产生的大气污染物主要是氮氧化物和硫氧化物,其关键控制技术为脱硫脱硝工艺中的高效化学过程;移动源产生的污染物主要是碳氢化合物和氮氧化物,其污染控制策略除了改进发动机和提高油品质量外,机外净化是直接的去除污染物的有效方法,主要采用催化转化器净化尾气中的 HC 和 NO_x;室内空气污染物主要是易挥发性有机物(VOC),如甲醛、苯系物等,控制方法主要是吸附和光催化技术。

3.6.1 烟气脱硫技术

目前的脱硫技术(FGD)有上百种之多,按脱硫剂的形态来分,烟气脱硫技术可分为干法、湿法和半干法。

(1)干法

干法是用固态或固体吸收剂去除烟气中 SO_2 的方法。干式脱硫剂直接喷入反应器,产生干式的副产物,主要有活性炭法、活性氧化锰吸收法、催化氧化法和催化还原法等。

(2)湿法

湿法是用液态吸收剂去除烟气中 SO_2 的方法,脱硫剂以液浆形式喷入反应器,而脱硫产品也以液浆形式排出,主要有石膏法、镁法、钠法、双碱法、氨法、海水法、磷铵肥法和催化氧化法等。

（3）半干法

半干法脱硫技术是我国开发的具有中国自主知识产权的烟气脱硫技术,该法兼有干法和湿法的一些特点,脱硫剂在湿态下脱硫、在干态下处理脱硫产物,既具有湿法脱硫反应速度快、脱硫效率高的优点,又具有干法无污水、无废酸排出、脱硫产物易于处理等优点,因而受到人们广泛关注。半干法脱硫技术主要包括喷雾干燥脱硫技术、炉内喷射吸收剂/增温活化脱硫技术等。

3.6.2　固定源氮氧化物控制技术

固定源 NO_x 控制技术分为低 NO_x 燃烧技术和烟气脱硝技术。在燃烧过程中排放的众多污染物中,NO_x 是唯一可以通过改进燃烧方式来降低其排放量的气体污染物,低 NO_x 排放燃烧技术即是通过改进锅炉燃烧运行参数、采用空气分级燃烧、燃料分级燃烧等技术,抑制燃烧过程中 NO_x 的最终排放量,是比较经济且合理的降低 NO_x 排放的技术措施。烟气脱硝技术主要包括选择性催化还原法（SCR）、固体吸附再生法等,其中 NH_3 选择性催化还原法是目前研究、应用较多的脱除 NO_x 的方法。SCR 主要有催化反应器、催化剂和 NH_3 储存及喷射系统组成。

在推广 SCR 法初期,曾遇到催化剂被烟气中的粉尘磨损、阻塞,受 SO_2 毒害失活及形成的酸式硫酸铵腐蚀设备等问题,后来由于操作条件的优化,催化剂及其载体的改进,使 SCR 技术日趋成熟并开始普遍受欢迎。不足的是它的投资和操作费用仍偏高。

3.6.3　脱硫脱硝一体化技术

我国 SO_2 排放得到一定程度的控制,但 NO_x 排放量却在快速增加。人们希望在脱硫的同时能够脱除 NO_x,因此,开发联合脱硫脱氮的新技术和新设备已成为烟气净化技术发展的总趋势。目前国际上将可同时净化 NO_x 和 SO_2 的过程称为 NOXSO 过程,不少国家的政府和大型企业正在资助这类研究,并取得了较大进展。

1. SO_2 氧化结合选择性催化还原 NO_x 一体化技术

SO_2 氧化结合选择性催化还原 NO_x 一体化工艺过程为:烟气经除尘后进入除 NO_x 和 SO_2 一体化反应器,采用 SCR 法用 NH_3 选择性催化还原 NO_x,同时在 V_2O_5 催化剂上将 SO_2 氧化为 SO_3,然后用水吸收、浓缩得到 93％的工业硫酸。

该过程所用的 V_2O_5 催化剂在电厂负荷变化及烟气温度波动时,都能保持 95％以上的 SO_2 转化率,而且可以允许烟气中较高的 SO_2 初始含量。

2. 再生式脱除 SO_2 和 NO_x 的化学技术

该工艺为一种干式吸附再生工艺,采用 Na_2CO_3 浸渍过的具有较大比表面的 $\gamma\text{-}Al_2O_3$ 圆球作吸附剂,当烟气进入吸附反应器后,烟气中 NO_x 和 SO_2 与吸附剂发生如下反应:

$$Na_2O + SO_2 + NO + O_2 \longrightarrow Na_2SO_4 + NO_2$$

$$6Na_2O + 4SO_2 + 4NO_2 + 2O_2 \longrightarrow 2Na_2SO_4 + 2NaNO_3$$

吸附剂吸附 NO_x、SO_2 饱和后,用高温空气加热使其放出 NO_x,然后将含氮烟气再循环至锅炉。这时由于燃烧室中的 NO_x 含量大,从而抑制了 NO_x 的形成速率,而且还在燃烧室的富燃料区中依靠 $CH\cdot$、$CH_2\cdot$ 等还原基将部分 NO_x 还原为 N_2。硫化物在高温下与 CH_4 反应生成含有高含量的 SO_2 和 H_2S 气体排出,所排出的气体在专门的装置中变成副产品硫黄。经过上述再生处理后的吸附剂冷却后返回吸附器重复使用。该技术可脱除 97% 的 SO_2 和 70% 的 NO_x,不仅效率高,而且副产硫黄或硫酸。目前该技术尚在试验阶段,商业性质的实验厂有望在不久的将来实现。

3. 等离子体烟气脱硫脱硝技术

近年来,等离子体脱硫脱硝技术越来越引起人们的重视。与传统脱硫脱硝方法相比,等离子体烟气脱硫脱硝是一种高效率、低成本的新方法,也是国际上公认的最有前途的新一代脱硫脱硝技术。根据高能电子的来源,等离子体可分为电子束照射法和脉冲电晕等离子体法。

电子束法脱硫电子束照射法是靠大功率电子枪产生的高能电子脱硫。利用电子辐照燃烧后的废气,使其中的 SO_2、NO_x、H_2O、O_2 等气体分子激活、电离甚至裂解产生强氧化性物质,并氧化 SO_2 和 NO_x,形成 H_2SO_4 和 HNO_3,再通入氨与之反应生成可作为农用化肥的硫酸铵和硝酸铵。其主要特点是:不产生废水废渣,能同时脱硫脱硝,脱硫率可达 90% 以上,脱硝率达 80% 或更高,而且脱硫脱氮具有反应速率快、耗水量小、不需要排水处理设施、副产品可以作肥料、设备适应性强、占地面积小和便于操作控制等特点。

脉冲电晕法属于脱硫法,其机理与电子束法基本相同。脉冲电晕等离子体法是靠脉冲高压电源在普通反应器中形成等离子体,产生高能电子。两者主要区别是:后者利用快速上升的窄脉冲电场加速而得到高能电子形成非平衡等离子体状态,产生大量的活性粒子,由于驱动离子的能耗极小,因而较前者能量利用率高,同时获得较高的脱硫脱硝效率。

3.6.4 尾气净化技术

机动车尾气是光化学烟雾污染的主要污染源,汽油车排放的污染物主要来源于排气管、曲轴箱、燃料箱和化油箱,与汽油车相比,柴油车主要由排气管排放污染物。污染物主要包括 CO、碳氢化合物(HC)、NO_x、SO_x、VOC 和微细颗粒等。美国交通源排放的 CO、NO_x 和 HC 分别占到该国家排放总量的 62.16%、38.12% 和 34.13%。近年来,在我国主要城市汽车排放污染物所占份额甚至高于这个水平。

1. 三效催化剂净化技术

目前,广泛应用高效催化转化器将汽油车尾气中的 CO、HC 与 NO_x 进行化学处理,转化为无害的 CO_2、H_2O 和 N_2。催化转化器有几种类型。早期为氧化型催化转化器,也称二元催化转化器,只能净化汽车尾气中的 CO 和 HC。现在汽车上广泛应用的是能同时转化 CO、HC 与 NO_x 的三元催化转化器。其原理是利用排气中残留的或另外供给的二次空气中的 O_2 使 CO 和 HC 完全氧化,利用排气中 CO、HC 等作为还原剂,使 NO 还原。采用三元催化转化器必须应用排气氧传感器的闭环控制的电控汽油喷射系统,使发动机工作的理论空燃比为 1417。若混合气体过稀,只能有效净化 CO 和 HC;若混合气过浓,则只能有效净化 NO_x。

2.柴油车尾气净化技术

柴油车排放的 HC 和 CO 量很少,但其 NO_x 排放量明显高于汽油机,而且微细颗粒物排放量相当高,约为汽油机的 5～7 倍。目前对柴油尾气净化的实用方法有两种,即颗粒捕集器和氧化型催化转化器。颗粒物捕集器是公认的目前解决柴油机颗粒物污染的主要手段,它利用各种材料的滤芯,通过扩散、沉降和碰撞等机理来捕集柴油机排气中的颗粒物。在颗粒物捕集器中,过滤器的再生技术是关键技术。氧化型催化转化器一般选用贵金属 Pt 和 Pd 为活性组分,以整体蜂窝状物作为载体。氧化型催化转化器可氧化 30％～80％ HC 及 40％～90％ CO,同时可氧化颗粒物中大部分可溶性有机物(SOF),对减少颗粒物排放也有一定效果,一般不能降低 NO_x 排放。另外,柴油中的硫燃烧后生成 SO_2,SO_2 经氧化变为 SO_2、SO_3 与柴油车尾气中的其他组分化合生成硫酸或硫酸盐。氧化催化剂的效果越好,生成的硫酸盐也就越多,从而增加了柴油机尾气中微粒的排放。

柴油车尾气中的颗粒物和 NO_x 的净化一直是控制柴油车尾气排放的难题,目前,以过滤器捕集的碳颗粒物作为还原剂,在催化剂上将捕集碳颗粒物—催化燃烧再生—催化还原 NO_x 一体化是一条比较理想的途径。

3.稀燃汽车尾气中 NO_x 净化

随着全球能源危机的来临,为节约能源,降低油耗,工业界发明了发动机稀薄燃烧技术。稀薄燃烧,即在燃料燃烧时加入过量空气,发动机实际空燃比远远超过理论空燃比(1416)。这样一方面可以显著提高燃料的利用率,改善燃油经济性;另一方面还能极大地减少尾气中 CO、HC 等有害物质的排放。但稀薄燃烧技术同时存在着严重的缺点,即可能产生较多的 NO_x,并且尾气中氧的含量较高,使得目前普遍使用的三效催化剂不能适用于稀燃发动机排放的 NO_x 的净化。与此同时,工业发达国家在近年内相继制订和执行新的排放标准,对 NO_x 的排放限制日趋严格。因此,如何治理稀燃条件下的 NO_x 成为一个新的研究热点。

(1)碳氢(HC)选择性催化还原 NO_x

HC 选择性催化还原 NO_x 目前已成为全球范围的一个研究热点。通常认为 O_2 和 NO、HC 分别在催化剂表面发生反应,生成无机氮氧化物和含氧有机物,NO_x 和 $C_xH_yO_z$ 在催化剂表面进一步反应,生成有机氮氧化物物种,N_2 是由有机氮氧化物物种通过氧化还原反应生成。

催化剂研究是碳氢选择催化还原 NO_x 的核心问题。其所涉及的催化剂大致分为三类,即贵金属、分子筛和金属氧化物催化剂,分子筛催化剂水热稳定性差,难于应用。贵金属催化剂低温活性和抗 SO_2 性能好,但活性温度窗口窄并且反应过程中有较多的副产物如 N_2O、NO_2 等生成。这些副产物都具有较大的毒性或危害性。金属氧化物催化剂的活性温度一般在 400℃～450℃,而且其催化活性也有待进一步改善和提高。可见单一类型的催化剂发挥作用的温度范围都很狭窄。富氧条件下碳氢选择性催化还原是有效的净化 NO 方法,技术关键仍然是研制高活性和稳定性的催化剂。迄今为止,单催化组分和单一类型的催化剂很难在实际稀燃排气温度和 H_2O 及 SO_2 存在下有效地净化 NO,为了满足实际要求,根据不同催化剂碳氢选择性催化还原 NO 的特点和反应机理,通过不同活性组分的组合及还原剂的匹配,发挥不同催化中心的协同效应,对 NO 的选择性还原可产生良好的效果。

（2）储存还原型催化技术吸附

还原型催化技术（NSR）是在以三效催化剂为基础发展起来的一种适用稀薄燃烧汽车 NO_x 污染控制的一种新途径。吸附—储存催化剂的工作原理是一个吸附还原循环过程：在稀燃（富氧）状况下 NO 及 HC 被氧化成 NO_2 及 CO_2；随后 NO_2 转化为硝酸盐储存，而在富燃料条件下，碳氢化合物吸附在 Pt 的位置，NO_2 从硝酸盐中释放出来，被 HC 还原为 N_2。反应过程要求 NO_2 在 $100\sim300℃$ 区间有大的吸附容量，同时在较高的温度（最高为 $500℃$）下 NO_x 又可以很方便地脱出。该技术的关键在于 NO_x 的吸附催化剂，一般需有一种氧化性和一种碱性金属元素形成复合氧化物。研究发现储存组分的碱度与吸附 NO 的能力成正比，但是，碳氢化合物的氧化性随碱度增大而降低。Pt 和 BaO 的粒径及其他们间的距离是制约 NO 吸附储存的另一个因素，相互接触的小粒子比大粒子的吸附量高。

目前，该技术存在的问题主要是 SO_2 及 CO_2 引起的催化剂失活问题。酸性气体 SO_2、CO_2 可以与吸附剂中的碱性金属元素形成难分解的硫酸盐、碳酸盐而阻碍 NO_x 的吸收与还原过程。丰田公司的产品也因抗硫性问题而没能进入欧洲市场。可见，探明催化剂的中毒机理，提高抗硫性能是今后研究吸附—还原 NO_x 技术的重点。

（3）低温等离子体协同催化技术

近年来，国外出现了一种新兴的物理与化学相结合的稀燃发动机尾气处理技术——低温等离子体（NTP）协同催化净化 NO_x 技术。将 NTP 技术应用于汽车尾气治理领域是一种全新概念。低温等离子体技术具有净化效率高、能耗低以及无二次污染等特点，发展前景广阔。

该方法主要是利用等离子发生器放电技术活化一种或几种反应物，使脱氮反应顺利进行完全。例如，等离子体辅助 NO 直接分解，NO 在等离子体中氧化为 NO_x，与烃发生催化还原，或者烃类分子经等离子体过程形成活性自由基碎片与 NO 发生反应脱氮等。众多的研究结果表明，在等离子体辅助下，NO 可以得到高效的转化。另外，等离子体发生器装置并不复杂，有可能安装在汽车发动机旁，对汽车尾气处理起到良好的辅助作用。该方法中能量效率以及活性离子及反应的识别尚待深入研究。

3.6.5　VOC 污染控制技术

随着有机化工产品的广泛应用，进入大气的有机污染物越来越多，主要是低沸点、挥发性的有机物。目前常规的控制方法有燃烧法、吸收法、吸附法、冷凝法和电晕法等。另外，吸附—解吸—催化燃烧法处理 VOC 是目前比较成熟的方法，在国内外均已有工业应用，但也存在投资大、维修不便、催化剂容易中毒等缺点。生物法处理 VOC 废气是 20 世纪 80 年代开发的新技术，目前国外的生物法以生物滤池系统使用较多，我国在这方面的研究还处于起步阶段，虽然许多单位开展了这方面的研究，但未见有实际应用的报道。脉冲电晕放电法治理有机废气被认为是很有前途的方法，与常规技术相比具有工艺简单、流程短、可操作性好的特点，特别是在节能方面有很大的潜力，但目前的研究仅停留在实验室阶段，需要开展工业化试验研究。

纳米 TiO_2 光催化剂是一种非常有前途的功能材料，催化降解 VOC 有着巨大的开发潜能和广阔的应用前景。但在实际应用方面尚存在三个方面的问题有待深入研究：一是纳米 TiO_2 光催化剂的固定化技术需要完善；二是 TiO_2 光催化剂的催化效率需要进一步提高；三是如何拓宽激活 TiO_2 的光谱范围。

综上所述,大气污染物关系到人类的生存环境,限制主要大气污染物的排放法规越来越严格,必须不断研究和开发新的高效去除 SO_2、NO_x 和 VOC 的化学化工原理和控制技术。

3.7 大气污染化学研究的新领域

3.7.1 城市与区域大气复合污染

2000 年有 63.5% 的城市空气质量超过国家二级标,在 11 个大城市,燃煤产生的烟雾和细粒子每年造成 5 万起未成年人死亡和 4 万个慢性支气管炎新病例。快速的经济发展和城市化已导致我国城市及区域整体环境质量正呈恶化趋势,存在环境灾变的隐忧。研究城市及区域环境污染形成机制并提出相应的调控原理,为区域发展规划法规的制定提供科学依据是保证我国社会、经济持续发展的紧迫而艰巨的任务。

我国著名的大气化学家唐孝炎于 1997 年首次提出了大气复合污染的概念,指出中国的城市大气污染正在从煤烟型污染向机动车尾气型污染过渡,发达国家经历了近百年的环境污染问题在我国经济发达地区一二十年内集中爆发,在我国城市大气污染中出现了煤烟型与机动车尾气污染共存的特殊大气复合污染的类型。

基于人们目前的认识,可以从现象和本质上对大气复合污染给出以下的定义:快速的城市化导致大量的污染物集中释放到大气,多种污染物均以高浓度同时存在,并发生复杂的相互作用。在污染现象上表现为大气氧化性增强、大气能见度显著下降和环境恶化趋势向整个区域蔓延;在污染本质上体现为污染物之间源和汇的相互交错、污染转化过程的耦合作用以及对人体健康和生态系统影响的协同或阻抗效应。定量地确定区域大气氧化能力、研究在高浓度细粒子条件下光化学氧化剂的形成机制和动力学过程及其变化规律是城市群区域大气复合污染形成机制的关键。

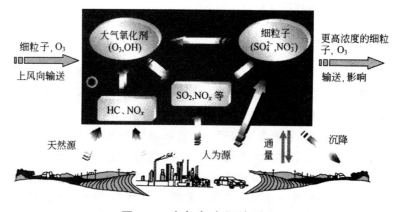

图 3-9 大气复合污染过程

图 3-9 较形象地显示了大气复合污染的状况,即天然源和人为源均可向大气中排放 SO_2、氮氧化物(NO_x)、挥发性有机物(HC)等一次污染物,而由于经济的快速发展,导致人为源排放的比重越来越大,有的污染物已经远远超过天然源的排放。在太阳光的引发下,大气中的

NO_x 和 HC 发生一系列光化学和自由基链反应,生成二次污染物 O_3 以及 OH、NO_3^-、HO_2、RO_2 自由基等氧化剂。而 SO_2、NO_x、HC 在大气会被这些氧化剂氧化成 SO_4^{2-}、NO_3^-、有机气溶胶等二次气溶胶,并以细颗粒物的状态存在于大气中。通过大气化学反应生成的二次细颗粒物常与大气中的矿物气溶胶、炭黑等细颗粒物混合,并可能通过表面多相反应,促进一次污染物向二次污染物的转化,从而形成在太阳光的引发下大气氧化剂和细颗粒物相互转换、影响的耦合作用。

在大气中的二次污染物可以干、湿沉降到地表的方式从大气中去除。由于大气二次污染物包括臭氧、过氧化物等氧化剂,以及 SO_4^{2-}、NO_3^- 等酸性物种,它们沉降后会对农田、森林、湖泊等地表生态系统带来很大的负面影响,而这些污染物以高浓度的形式同时存在,使得这些影响存在着潜在的协同效应。当大气中同时存在高浓度的 O_3、细颗粒物、SO_2 及 SO_4^{2-} 时,对人体健康危害方面也会有潜在的协同或拮抗效应。而目前针对大气二次污染物对生态和人体健康的影响,特别是潜在的协同或拮抗效应的机理方面的研究还非常有限。

大气复合污染的特征表现为同时出现高浓度的臭氧与细颗粒物,因此对于城市与大气复合污染特征的研究,首先需要围绕大气氧化性和颗粒物细粒子,采用连续监测和典型过程的加强监测相结合、地面监测与航测及激光雷达垂直测量相结合的方法,来研究大气复合污染的演变规律及其影响因素。

由于城市群环境污染的区域性和复合性,传统的在局部范围研究单一问题、单相体系机理,采取应急和孤立方式的末端治理方法已完全不适用。针对城市化过程中改善区域环境质量的重大需求,我国目前的环境科学研究尚存在较大的差距,主要表现在微观尺度与宏观尺度的研究没有有机地融合,环境污染控制技术与软科学研究基本分离,单个城镇或企业的环境目标与区域环境改善之间缺乏紧密联系。发达国家在其传统环境问题得到明显改善的同时,针对城市和区域的长期和潜在环境污染问题,陆续开展了一系列重要的基础研究计划。目前国际上一些重要的基础研究计划包括:

1)对流层非均相化学机理。如美国的"超级监测"计划和德国的气溶胶研究计划(AFS),主要目的是建立气溶胶细粒子及其化学组成的最佳监测技术,全面研究气溶胶细粒子的物理化学特征、时空分布、源汇及其对人体健康和气候的影响。

2)大气氧化剂。如欧洲的对流层氧化剂研究(TOR)、美国南部的氧化剂研究计划(SOS),是为了在深入理解城市和区域大气氧化剂的产生和去除过程,量化污染物的区域输送,定量评估空气质量与健康和环境影响之间的联系。

目前,人们已经深刻认识到环境问题的复杂性和综合性,传统针对单一污染物和污染源的控制不能有效地改善环境质量,保障人群健康和生态安全,必须从整体上注重污染物之间、污染源之间和空间尺度之间的联系。因此,目前环境问题基础理论研究的趋势是从区域的角度,深入研究多相体系中复杂过程和界面交换动力学,探讨多个环境问题的集成和复合作用,揭示环境污染的形成机理,进而将复杂环境问题的解决同社会、经济、能源、交通、产业结构和生态等结合起来。

在中国,尽管全社会的环境意识日益增强,但环境污染治理的速度远远落后于快速的经济发展和城市化进程,导致污染问题的累积。燃煤污染尚未根本解决,城市化的快速发展使光化学污染在许多地区日益严重。针对城市群复合污染问题的深入研究不仅为我国污染治理所急需,也已引起国际环境学界的关注,将成为未来环境科学领域新的前沿。

3.7.2 环境空气气溶胶化学

自然过程和人类活动造成不断有微粒进入大气。大气中的物理、化学过程亦会产生一些微粒。我们把大量液态或固态微粒在大气中的悬浮胶性体系称为大气气溶胶,而把体系中悬浮的微粒称为气溶胶质粒,简称气溶胶,经常也称为大气颗粒物。

一次颗粒物直接从源排放,二次颗粒物主要通过在大气中的化学反应形成。大气颗粒物通常载带大量不同种类的化学物质,具有一定的形态、化学、物理和热力学性质。

颗粒物的粒径是描述颗粒物的一个重要指标。空气中的悬浮颗粒物通常分为总悬浮颗粒物(TSP)和可吸入颗粒物。目前国内的研究结果表明,我国城市空气中的细颗粒物的比例在不断上升,并趋向恶劣。

粗粒子($>2.5~\mu m$)通常产生于机械过程,细粒子主要来源是燃烧产生的粒子和燃烧挥发物凝结形成的一次颗粒物,或者是气体大气化学反应产生的二次颗粒物。一次和二次细粒子可以在空气中长时间停留,可以传输很远的距离,趋向于在一个城区和更大的区域均匀分布。而粗粒子在空气中停留时间短,传输距离短,因此,在城区和更大的区域分布不均匀,影响范围有限。但沙尘暴可导致大小颗粒物的长距离传输。图 3-10 为颗粒物在环境空气中的分布情况示意。

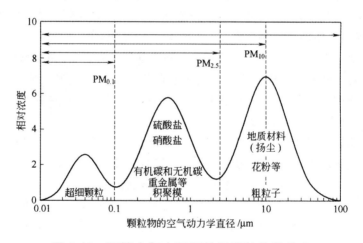

图 3-10 环境空气中不同粒径颗粒物的分布

气溶胶对人体健康的影响,主要与其粒径大小、化学成分及其在空气中的停留时间有关。当颗粒物浓度在 $60\sim180~\mu g/m^3$ 时,在伴有 SO_2 和水汽共存的条件下,能加速金属物质的腐蚀;当颗粒物浓度大于 $100~\mu g/m^3$ 时,大气能见度就可能降低,到达地面的太阳辐射能减少。颗粒物对全球气候也会产生一定的影响。为了保护人体健康和社会福利,各国制定了环境空气质量标准。

气溶胶来源很多、地区特性很强,是大气环境中化学组成最复杂、危害最大的污染物之一,其污染程度和特性已引起环境管理部门和公众的普遍关注。目前,我国面临的严重问题是很多城市颗粒物浓度超标和能见度下降。这些问题的解决,急需科技成果为政府的决策提供支持。

　　环境空气气溶胶化学经过多年的发展,在很多方面都有了长足的进展,但目前仍然有很多问题没有解决,如:

　　1)化学成分的快速测定;

　　2)颗粒物来源及载带的有害物质的来源解析;

　　3)颗粒物的粒度及成分与能见度的关系问题;

　　4)应对细粒子开展更细致的研究;

　　5)对于大气颗粒物上化合物的转化问题目前研究工作做得还不多;

　　6)气溶胶及载带的各类化学物质的环境健康问题;

　　7)对更多的特征标识成分进行研究和应用,包括同位素、特征有机物。

第4章 土壤环境化学

4.1 土壤的组成与性质

土壤是自然环境要素的重要组成之一,它是岩石圈最外层疏松部分,具有支持植物和微生物生长繁殖的能力。其上界面直接与大气和生物圈相接,下界面则主要与岩石圈及地下水相连,生物圈的主要组成部分植物植根于土壤环境中。土壤环境在整个地球环境系统中占剧着特殊的空间地位,处于大气圈、水圈、岩石圈及生物圈的交接地带,是联接无机环境和有机环境的纽带,它介于生物界与非生物界之间,是一切生物赖以生存的基础。土壤同样也是提供人类资源和人类排放各种废弃物的场所。土壤的特性控制着化学物质进入食物链的数量和速率,当进入土壤系统的各种物质数量超过了它本身所能承受的能力时,就会破坏土壤系统原有的平衡,从而引起土壤系统成分、结构和功能的变化,就会发生土壤污染。而土壤系统污染物质向环境的输出,又使水体、大气和生物进一步受到污染。因此,了解土壤的特点和性质,了解土壤污染,注意土壤环境保护,具有重要的意义。

4.1.1 土壤的组成

在介绍土壤的组成之前先来了解一下土壤的形成和其剖面。

1.土壤的形成

裸露在地球表面的岩石,在各种物理、化学和生物因素的长期作用下,逐渐被破坏成疏松且大小不等的矿物颗粒,称为岩石风化作用。岩石风化形成土壤母质,并具有某些岩石所不具备的特性,如透气性、透水性和蓄水性等,且含有少量可溶性矿物元素。但是,此时的土壤母质因为缺少植物生长最需要的氮素,肥力不足,并不能称之为土壤。随后在以生物为主的综合因素作用下,土壤母质逐渐具有肥力形成土壤的过程为成土作用。在土壤肥力和土壤成土作用的共同影响下,母质中氮素养料开始积累,绿色植物出现,生物体的生命活动经过新陈代谢作用合成各种有机物,生物死亡后,经过微生物活动,各种营养元素随生物残体留在母质中,土壤肥力组成逐渐完善,形成真正意义上的土壤。

2.土壤剖面形态

土壤本体是由一系列不同性质和质地的层次构成的。土壤剖面(soil profile)是一个具体土壤的垂直断面,一个完整的土壤剖面应包括土壤形成过程中所产生的发生学层次,以及母质层次。土壤剖面形态是进行土壤分类的主要依据。典型的土壤随深度的不同呈现不同的层次。一个发育完全的土壤剖面,从上到下可划出三个最基本的发生层次,即 A、B、C 层,组成典型的土体构型。具体可见如图 4-1 所示。

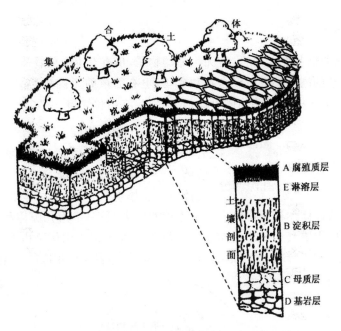

图 4-1　土壤剖面

如图 4-1 所示，A 层的上面为枯枝落叶层所覆盖，又称覆盖层，或有机层 O，以 A_{00} 来表示枯枝落叶层，以 A_0 来表示粗有机质层，以 A 表示腐殖质层。

由于自然因素的原因，相邻土层间的界限可以是清晰的，也可以在层间形成逐渐过渡的亚层，层内也可以细分为各个亚层。同样土壤亦可局部缺失一个或多个土层。如图 4-2 所示。

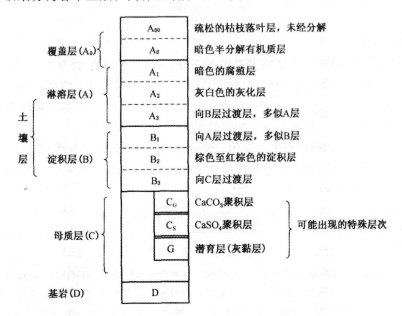

图 4-2　自然土壤的综合剖面

3.土壤基本物质组成

土壤的组成物质极其复杂多样,有无生命的物质,也有有生命的物质;有无机形态的,也有有机形态的;有复杂的高分子有机聚合物和矿物,也有简单的无机盐类;有粗大的石砾、砂粒,也有极其微细的胶体……。这些物质可概括为固相、液相和气相三相。

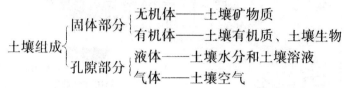

通常而言,土壤固体体积约占整个土壤体积的一半,另一半为孔隙体积,孔隙中充满了空气或土壤溶液,所以土壤具有疏松的结构。土壤固液气三相的比例可由图4-3所示。土壤的三相物质相互联系,相互影响,紧密地混合成一个整体,并表现出相应的土壤功能。

图 4-3　土壤组成

(1)土壤矿物质组成

在土壤环境中,矿物质是土壤的主要组成部分,占土壤总质量的90%以上,由岩石、矿物经过风化和成土过程而形成的产物。可按其成因类型及其成分将土壤的矿物质分为两类:原生矿物和次生矿物。在土壤形成过程中,两者以不同的比例混合,构成土壤的骨架,支撑着生长在土壤上的植物,并直接影响土壤的理化性质。

1)原生矿物。凡在地壳中最先存在的、经风化作用后仍无变化地遗留在土壤中的一类矿物,称为原生矿物质。此类物质经过物理风化成为碎屑状物质,其原来的化学组成和结晶构造都没有改变。原生矿物的主要种类见表4-1。

表 4-1　土壤中原生矿物质

原生矿物种类	性　能
硅酸盐类	包括长石类(如 $KAlSi_3O_8$)、云母类(如 $K(Si_3Al)Al_2O_{10}(OH)_2$)、辉石类(如 $(Mg,Fe)SiO_3$)、角闪石类(如 $(Mg,Fe)_7(Si_4O_{11})_2(OH)_2$)及橄榄石类(如 $(Mg,Fe)_2SiO_4$)矿物。大都不很稳定,易风化而释放出钠、钾、钙、镁、铁等元素供植物吸收,同时形成新的次生矿物

续表

原生矿物种类	性　能
氧化物类	包括金红石(TiO_2)、石英(SiO_2)、赤铁矿(Fe_2O_3)等,它们都相当稳定,不易风化,对植物养分意义不大
硫化物类	在土壤中通常只有铁的硫化物矿物,即黄铁矿和白铁矿。这两种物质是同质异构物,分子式均为 FeS_2。极易风化,是土壤中硫元素的主要来源
磷酸盐类	磷灰石是土壤中分布最广的磷酸盐类矿物,包括氟磷灰石[$Ca_5(PO_4)_3F$]和氯磷灰石[$Ca_5(PO_4)_3F$]两种,其次是磷酸铁、铝及其他磷的化合物。是土壤中磷元素的重要来源

在原生矿物中石英最难风化,长石次之,故石英和长石构成土壤的砂粒骨架;辉石类、角闪石类及云母易风化为次生矿物,并为植物提供许多无机营养元素。

2)次生矿物。是指在土壤形成过程中,由原生矿物经化学风化后而转化形成的新矿物,其化学组成和晶体结构都有所改变,统称次生矿物质。土壤中次生矿物质的种类很多,不同的土壤所含的种类和数量不同。通常根据其性质与结构可分为三类:简单盐类、三氧化物类和次生铝硅酸盐类。三氧化物和次生铝硅酸盐是土壤矿物质中最细小的部分,一般将它们(或单将后者)称之为次生黏土矿物,具体可见表 4-2 所示。土壤很多重要的物理、化学过程和性质,都和土壤所含的黏土矿物,特别是次生铝硅酸盐的种类和数量有关。

表 4-2　土壤中次生矿物的主要种类

次生矿物种类	举　例	性　能
简单盐类	方解石($CaCO_3$)、白云石[$Ca,Mg(CO_3)_2$]、石膏($CaSO_3 \cdot 10H_2O$)、泻盐($MgSO_4) \cdot 7H_2O$)、岩盐($NaCl$)、芒硝($Na_2SO_4 \cdot 10H_2O$)、水氯镁石($MgCl_2 \cdot 6H_2O$)等	属水溶性盐,易淋溶流失。是原生矿物经化学风化后的最终产物,结晶构造也较简单。常见于干旱和半干旱地区的土壤中
三氧化物类	针铁矿($Fe_2O_3 \cdot H_2O$)、褐铁矿($2Fe_2O_3 \cdot 3H_2O$)、三水铝石($Al_2O_3 \cdot 3H_2O$)、水铝石($Al_2O_3 \cdot H_2O$)	是硅酸盐矿物彻底风化后的产物,结晶构造较简单,常见于湿热的热带和亚热带地区土壤中

(2)土壤有机质和土壤生物

土壤有机质包括土壤中各种动、植物残体,微生物体及其分解和合成的有机物质。土壤有机质是土壤的重要物质组成,尽管它在土壤中的含量一般在 5% 以下,但它对土壤功能的影响是很深刻的。

土壤有机质的种类繁多,性质各异,主要包括碳水化合物、含氮化合物和腐殖质三大类,此外还有数量极少的其它类别化合物,如脂蜡类等。

腐殖质是一般的有机化合物经微生物作用后,在土壤中新形成的一类性质稳定、结构极其复杂的特殊的高分子化合物。据认为,腐殖质不是结构、分子相同的单一化合物,而是由多种化合物集合而成的混合物。它的主体是不同分子量和结构的腐植酸和它的盐类,一般占

85%～90%，其余为一些简单的有机化合物。由于这些简单化合物和腐殖质紧密结合，难于完全分离，所以把这些简单化合物和腐殖质的混合物，统称为腐殖质（humus），而把各种腐殖酸称为腐殖物质（humic substance）。土壤中重要的腐殖质有胡敏酸和富里酸。

腐殖质的主要组成元素有碳、氢、氧、氮、硫、磷等，还有少量的钙、镁、铁、硅等。腐殖质是结构复杂的高分子聚合物，其单体中有芳核结构，芳核上有许多取代基，其中也包括脂肪族侧链。整个分子含有多种官能团，重要的有羧基、酚羟基、醇羟基、羰基、甲氧基、氨基等官能团。它们表现多种活性，其中以对金属离子的络合性和吸附性最为重要。

土壤生物是指土壤中活的生物群体，包括微生物（细菌、放线菌、真菌和藻类等）、土壤微生物（原生动物、蠕虫和节肢动物等）和土壤动物（两栖类、爬行类等）。土壤生物参与岩石的风化过程和原始土壤的生成，对土壤的生长发育、土壤肥力的形成和演变以及高等植物营养供应状况有重要作用。另外，土壤微生物群类的特性和数量与土壤肥力和植物生长有密切关系，同时在土壤和其他生态系统中的物质能量循环传递中起着关键性作用。

土壤物理性质、化学性质和农业技术措施，对土壤生物的生命活动有很大影响。

（3）土壤水分和土壤溶液

地球表面全部土壤中含水量约 2.4×10^{13} m³，不及地球水圈含水总量的 0.01%，这些水充当了土壤中所发生各种化学反应的介质，对于岩石风化、土壤形成、植物生长有着决定性意义。

大气降水到达地面后，一部分以水气的方式蒸发，蒸腾返回大气，其余水分渗入土壤，当降水超过土壤渗入能力时，水在土表积累形成地表径流，渗入到土壤中的水分提高了土壤孔隙度的水分贮备量，并向深层土壤缓慢流动，植物根系从土壤中吸收水分，过量的水分向地下渗漏，使地下水源重新获得补充，这些过程构成水循环。

从功能关系看，处在不同状态的水分具有不同的能量。当水和干燥的土壤接触时，使得扩展着的水分以水膜的形式覆盖于土粒的表面上，这一过程使水分子的活动性和能量水平降低，由于土粒表面有很强的粘附力，土壤颗粒吸附着表层水分子，这种水分称为吸着水，它几乎是不移动的，因此，这种水对植物无效。超过土壤颗粒吸引力范围以外的水分子是借内聚力（水分子间的氢键）被保持在水膜中。外层的膜状水称为内聚水或毛细管水，与吸着水相比较，有较高的能量水平，较易移动。土壤的水膜中，靠外侧的 2/3 的水膜被认为是对植物有效的。

土壤溶液的形成是土壤三相成分间进行物质和能量交换的结果，因此，其组成非常复杂。常见的溶质有：无机胶体、无机盐类、有机化合物类、络合物类及溶解性气体类等。而溶液具有渗透势、养分等特点，对土壤生物有很大的影响。

不同土壤保持水分的能力不同。砂土由于土质疏松，孔隙大，水分容易渗漏流失；黏土土质细密，孔隙小，水分不易渗漏流失。土壤水分既是植物养分的主要来源，也是进入土壤的各种污染物向其他环境圈层（如水圈、生物圈）迁移的媒介。

（4）土壤空气

土壤孔隙中所存在的各种气体的混合物称为土壤空气。这些气体主要来自大气，它的组成成分和大气基本相似，以 O_2、N_2、CO_2 和水气等为主。另外，土壤空气中某些特殊成分是大气所没有的，这是由于土壤进行生物化学作用的结果。如 H_2S、NH_3、H_2、CH_4、NO_2、CO 等，另外一些醇类、酸类以及其他挥发性物质通过挥发作用也进入土壤。

土壤空气不同于大气。首先，土壤空气是不连续的，存在于被土壤固体隔离开的土壤孔隙中,使其组成在土壤中各不相同。其次,土壤空气中的含水量和 CO_2 比大气高,含氧量比大气低。如大气中 CO_2 含量(质量分数)为 $0.02\%\sim0.03\%$,而土壤空气中 CO_2 含量一般为 $0.15\%\sim0.65\%$。

土壤空气是土壤的重要组分之一。它对土壤微生物活动,营养物质的转化以及植物的生长发育都有重大的作用。因此,土壤空气的状况是决定土壤肥力的重要因素之一。

4.1.2　土壤的性质

土壤的物理化学性质主要包括土壤粒的密度、土壤密度、土壤孔隙度、土壤胶体性质、土壤热性质、土壤酸碱性和土壤氧化还原作用等。

土壤的一般物理性质主要指土粒的密度、土壤密度和孔隙度。

(1)土粒密度。单位体积固体土粒(不包括粒间孔隙)的质量称为土粒密度。土粒密度数值的大小主要取决于组成土壤的各种矿物的密度和土壤有机质的含量。由于多数土壤矿物的密度为 $2.6\sim2.7$ g/cm^3,土壤有机质含量一般并不高,所以土粒密度取其平均值 2.65 cm^3。这一数值很接近砂质土壤中石英的密度,各种铝硅酸盐粘粒矿物的密度也与此近似。土壤中氧化铁和各种重矿物含量高时土粒密度增高,有机质含量高时土粒密度降低。

(2)土壤密度。单位体积原状土壤(包括粒间孔隙在内)的干土质量称为土壤密度。一般土壤密度为 $1.0\sim1.6$ g/cm^3;旱地耕层土壤密度多为 $1.1\sim1.5$ g/cm^3;水田土壤由于吸水膨胀,土壤密度通常小于 1.0 g/cm^3。影响土壤密度大小的因素有土壤质地、腐殖质含量、土壤层次、松紧程度及耕作等。一般砂土的土壤密度大,粘土的土壤密度小;腐殖质含量高的土壤密度小;耕层土壤密度小且变化大,心土层、底土层由于腐殖质含量低,土壤紧实,土壤密度大;耕翻、中耕使土壤疏松,土壤密度降低。

(3)土壤孔隙度。单位体积自然状态的土壤中,所有孔隙体积占土壤总体积的百分数叫做土壤孔隙度,它表示土壤中各种孔隙的总量:

$$土壤孔隙度 = \left(1 - \frac{土壤密度}{土粒密度}\right) \times 100\%$$

土壤孔隙度的大小说明了土壤的疏松程度及水分和空气容量的大小,土壤孔隙度与土壤质地有关,一般情况下砂土、壤土和粘土的孔隙度分别为 $30\%\sim45\%$、$40\%\sim50\%$ 和 $45\%\sim60\%$,结构良好土壤孔隙度为 $55\%\sim70\%$,紧实底土为 $25\%\sim30\%$。土壤孔隙度也随着土壤中各种机械过程而变化,在较粘的土壤中,随着土壤交替性的膨胀、收缩、团聚、粉碎、压实和龟裂,土壤孔隙度变化很大。土壤孔隙度只反映土壤孔隙数量,而孔隙类型及大小孔隙的比例则关系液、气两相的比例,反映土壤协调水、气的能力。

1.土壤热性质

土壤热的主要来源是太阳辐射能,其他来源有地球内部向地表输送的热量和土壤微生物分解有机质所产生的热量。

土壤获得太阳辐射能转化为热能后,以多种形式向外输出,其中有土壤和植物表面蒸发消耗的能量、蒸腾消耗的能量、土壤中盐分和细土粒机械迁移过程中消耗的能量、土壤和大气热量交换过程中所消耗的能量、参与风化过程及矿物质分解的能量、聚积于腐殖质中的能量、有机质和矿物质生物转化过程中消耗的能量等。

（1）土壤热容

质量热容是使 1 g 土壤增温 1℃所需的热量（J/(g·℃)），又称比热容。体积热容是使 1 m³ 土壤增温 1℃所需的热量（J/(cm³·℃)）。如质量热容以 c 表示，体积热容以 c_v 表示，土壤密度以 ρ 表示，三者关系如下式：

$$c_v = c\rho$$

一般矿质土粒的 c 为 0.71 J/(g·℃)，有机质的 c 为 1.9 J/(g·℃)，土壤水的 c 是 4.2 J/(g·℃)，土壤空气的热容极小，可以忽略不计。

（2）土壤热导率

土壤的导热性是指土壤传导热量的性能。通常用热导率 λ 表示，即 1 cm 厚的土层，温度差 1℃时，每秒钟经断面 1cm。通过的热量的焦耳数，其单位是：J/(cm·s·℃)。

土壤三相物质的热导率相差很大，固体的热导率最大，土壤空气热导率最小，土壤水的热导率大于空气。

土壤中热的传导过程是很复杂的，主要包括两个交错进行的过程：

1）通过孔隙中空气或水分进行传导；

2）通过固相之间接触点直接传导。

（3）土壤导温性

土壤传递温度变化及消除土壤不同部分之间温差的快慢和难易的性质，称为土壤的导温性。

土壤温导率与热导率成正比，与体积热容成反比。当体积热容不变时，温导率与热导率的增高是正相关的。

（4）土壤温度的变化

土壤表层（数厘米）的土温，日出后逐渐升高，到下午 1～2 时达到最高，以后又逐渐下降，日出前土温最低。土温的日变幅随着土层深度的增加而显著缩小，最高与最低温度出现的时间亦逐渐推迟。一般情况下，80～100 cm 以下土层的温度日变化就不明显了。

土温的年变化是一年中各个月份土温的变化。地表温度一般从 3 月份开始升高，7 月份达到最高点，以后又逐渐下降，1 月或 2 月份最低。随着土层深度的增加，土温的年变幅逐渐缩小，最高、最低温度出现的时期亦逐渐推迟。当达到相当深度以后，土温便终年不变。这种土温终年不变的土层，在高纬度地区开始出现于 25 m 深处，在中纬度地区为 15～20 m，热带地区为 5～10 m。

2. 土壤吸附性

土壤具有吸收并保持固态、液态和气态物质的能力，称为土壤吸附性：对土壤养分来说就是土壤保肥能力。

土壤具有吸附性是由土壤本身的性质决定的。土壤中两个最活跃的组分是土壤胶体和土壤微生物，它们对污染物在土壤中的迁移、转化有重要作用。土壤胶体以其巨大的比表面积和带电性而使土壤具有吸附性。

（1）土壤胶体的性质

1）土壤胶体具有巨大的比表面和表面能。

比表面是单位质量(或体积)物质的表面积。一定体积的物质被分割的颗粒数越多,比表面也越大。物体表面的分子与该物体内部的分子所处的条件不同。内部的分子与其他相同的分子相面分子具有一定的自由能,即表面能。物质的比表面越大,其表面能也越大。

2)土壤胶体的电性。

土壤胶体微粒具有双电层。微粒的内部称做微粒核,大部分带负电荷,形成一个负离子层(即决定电位离子层),其外部由于电性吸引,而形成一个正离子层(又称反离子层,包括非活动性离子层和扩散层),合称为双电层。只有少数胶体,如氧化铁、氧化铝等在酸性条件下带正电荷。

3)土壤胶体的凝聚性和分散性。

为减小表面能,胶体具有相互吸引、凝聚的趋势,使得胶体具有凝聚性。但是土壤胶体带负电荷,所以,又因相同电荷而相互排斥,而呈现出较强的分散性。当土壤溶液中阳离子增多时,由于土壤胶体表面负电荷被中和,从而加强了土壤的凝聚。阳离子改变土壤凝聚作用的能力与其种类和浓度有关。一般,土壤溶液中常见阳离子的凝聚能力顺序如下:$Na^+ < K^+ < NH_4^+ < H^+ < Mg^{2+} < Ca^{2+} < Al^{3+} < Fe^{3+}$。此外,土壤溶液中电解质浓度、pH 值也将影响其凝聚性能。

(2)土壤的吸附作用

土壤对于不同形态的物质,其吸收和保持的方式是不同的。土壤吸附性集中表现在以下几个方面:

1)机械吸附作用。

由于土壤是一个多孔体系,其孔隙系统错综复杂,因此能够截留大量的固体物质,使之不易淋失,称为机械吸附作用。

2)物理吸附作用。

物理吸附作用也称分子吸附作用,是土粒吸附分子以减少其表面能的作用。土粒特别是土壤胶体具有巨大的表面能,能够把某些分子态的物质吸附在其表面上,称为物理吸附作用。

凡是能降低表面能的物质,如有机酸、无机碱等,都可以被土粒表面吸附,避免淋失,称为正吸附;能够增加表面能的物质如无机酸及其盐类(氧化物、硫酸盐、硝酸盐等)则受土粒的排斥,称为负吸附。此外,土壤胶体还能吸收 NH_3、H_2、CO_2 等气态分子。由此可见,物理吸附作用仅能保持一些分子态成分。

3)物理化学吸附作用。

物理化学吸附即胶体对离子的交换吸附,土壤胶体表面的电荷总是从溶液中吸附反性离子,胶体吸附的离子可以重新为其他的同性离子置换出来。离子交换达到平衡时,交换双方的离子浓度变化一般符合质量作用定律。在土壤胶体双电层的扩散层中,补偿离子可以和溶液中相同电荷的离子以离子价为依据作等价交换,称为离子交换(或代换)。土壤的离子交换作用包括阳离子交换吸附作用和阴离子交换吸附作用:

· 阳离子交换吸附作用。土壤胶体一般多带负电,能吸附阳离子,其扩散层的阳离子可被土壤溶液的阳离子交换出来,故称为交换吸附。其交换反应如下:

$$\boxed{土壤胶体}\!\!\begin{array}{l} -Na^+ \\ -Na^+ \end{array} + Ca^{2+} \Longleftrightarrow \boxed{土壤胶体}\!\!=\!Ca^{2+} + 2\,Na^+$$

土壤阳离子吸附特点如下:

a)可迅速达到动态平衡的可逆反应离子交换的速度虽因胶体种类而异,但是一般可在几分钟内达到平衡。

b)离子交换是等当量交换,例如,一个 Ca^{2+} 可以交换两个 H^+。

影响离子交换能力的因素,离子交换能力是指一种阳离子将另一种阳离子从胶体上取代出来的能力。各种阳离子交换能力的强弱,取决于下列因子:

a)电荷价,根据库仑定律,离子的电荷价越高,受胶体电性的吸持力越大,因而,离子交换能力越强。

b)离子浓度,交换力弱的离子,在浓度很大的情况下,由于受质量作用定律的支配,也可以交换出低浓度的交换能力强的离子。

c)离子的半径及水化程度,同价离子中,离子半径越大,交换能力越强。因为在电价相同的情况下,半径较大的离子,单位表面积上电荷电量较小,电场强度较弱,对水分子的引力小,即水化力弱,离子外围的水膜薄,受到胶体的吸力就较大,因而具有较强的交换能力。土壤中的一些阳离子的交换能力的大小排序为

$$Fe^{3+} \geqslant Al^{3+} > H^+ > Ba^{2+} > Sr^{2+} > Ca^{2+} > Mg^{2+} > Cs^+ > Rb^+ > NH_4^+ > K^+ > Na^+ > Li^+$$

土壤的阳离子交换量(CEC):每千克干土所含全部阳离子的总量,称阳离子交换量,它是土壤保肥力的重要指标。土壤阳离子交换量的大小取决于土壤负电荷数量的多少。单位质量土壤负电荷越多,对阳离子的吸附量也越大。土壤胶体的数量、种类和土壤 pH 值三者共同决定土壤负电荷的数量,因此,土壤质地越黏,有机质含量越高,土壤 pH 值越大,土壤的负电荷数量就越大,阳离子交换量也就越大。

盐基饱和度:土壤的交换性阳离子分为两类,一类是致酸离子,包括 H^+ 和 Al^{3+},另一类是盐基离子,包括 Ca^{2+}、Mg^{2+}、NH_4^+、K^+、Na^+ 等。土壤胶体上所吸附的阳离子都是盐基离子的土壤,称为盐基饱和土壤,它具中性或碱性反应;土壤吸附的阳离子有一部分为致酸离子的土壤,称盐基不饱和土壤。在土壤交换性阳离子中盐基离子所占的百分数称为土壤盐基饱和度

$$盐基饱和度/\% = \frac{交换性盐基总量(c\ mol/kg)}{阳离子交换量(c\ mol/kg)} \times 100$$

土壤盐基饱和度的大小主要决定于气候、土壤母质和施肥等条件。由于我国雨量的分布是由南到北逐渐减少的,土壤盐基饱和度有由北向南逐渐减少的趋势。少雨的北方,盐基淋溶弱,土壤盐基饱和度较大,养分含量较丰富,土壤 pH 值较大。多雨的南方,情况恰好相反。在气候相同的区域,母质富含盐基的土壤,其盐基饱和度较大。在其他条件相同的情况下,施肥的多少决定着土壤盐基饱和度的大小。

交换性阳离子的有效度:被土壤胶体吸附保持的离子态养分,可通过离子交换作用供给植物吸收。其交换方式有两种:一是土壤溶液中的 H^+ 把交换性盐基交换下来,然后再由植物吸收;二是当植物根毛接触土壤胶体时,根毛表面上的 H^+ 和胶体吸附的阳离子直接交换。因此,一般说来,交换性阳离子对植物是有效的,但是实际有效的只是其中的一部分,因为胶体吸附的离子并不是全部都能解离出来的,实际能解离的阳离子占全部吸附阳离子总量的比例,可以作为交换性阳离子有效度的指标。它受离子饱和度、互补离子效应、离子交换力、黏土矿物类型等因素的影响。

· 阴离子交换吸附作用。土壤中阴离子交换吸附是指带正电荷的胶体所吸附的阴离子与溶液中阴离子的交换作用。阴离子吸附作用比阳离子交换吸附作用要弱得多。

阴离子的交换吸附比较复杂,它可与胶体微粒(如酸性条件下带正电荷的含水氧化铁、铝)或溶液中阳离子(Fe^{3+}、Ca^{2+}、Mg^{2+})形成难溶性沉淀而被强烈地吸附。

不同的阴离子,其交换能力不同。根据研究发现,各种阴离子被土壤吸收的顺序如下:

$F^- >$ 草酸根 $>$ 柠檬酸根 $>$ 磷酸根($H_2PO_4^-$)$>$ 砷酸根 $>$ 硅酸根 $> HCO_3^- > H_2BO_3^- >$ $CH_2COO^- > SCN^- > SO_4^{2-} > Cl^- > NO_3^-$。以上的顺序没有价数及离子大小的规律。现有资料认为,阴离子交换能力与该离子和胶体晶格间所形成物质的溶解度有关,溶解度越小,交换力越强。其次,凡是离子半径越接近 OH^- 的半径(r＝0.132—0.140 nm)的,其交换力越大。

4)生物吸附作用。

被植物和土壤微生物吸收的养分被转变为有机体的成分而固定下来,称生物固定作用,或称生物吸附作用。其实质是有机物质的合成,具有选择吸附的特点,固氮微生物还能固定空气中的氮素,因此,生物吸附作用是促进土壤肥力发生与发展的主要作用。它和其他三种吸收作用同时并存,互相推动。

从环境保护的角度来看,土壤对污染物的物理吸附、物理化学吸附以及生物降解作用,相当于一、二、三级净化处理能力。因此,增强土壤的吸附作用,特别是增强土壤微生物降解有机污染物的能力,从而增加土壤容量和提高土壤净化能力,是防治土壤污染的重要途径。

3. 土壤的酸碱性

土壤水溶解土壤中各种可溶性物质,便成为土壤溶液。土壤中的水分不是纯净的,含有各种可溶的有机、无机成分,有离子态、分子态,还有胶体态的,因此,土壤中的水实际上是一种极为稀薄的溶液。土壤溶液的组成主要有:自然降水中所带的可溶物(如 CO_2、O_2、HNO_2、HNO_3 及微量的 NH_3 等)和土壤中存在的其他可溶性物质(如钾盐、钠盐、硝酸盐、氯化物、硫化物以及腐殖质中的胡敏酸、富里酸等)。由于环境污染的影响,土壤溶液中也进入了一些污染物质。土壤酸碱性是土壤溶液的重要性质,它对土壤中发生的各种反应、污染物的迁移转化及微生物活动等方面都有很大影响。

根据土壤的酸度可将其划分为 9 个等级,具体可见表 4-3,我国土壤的 pH 值大多在 4.5～8.5 范围内,并有由北向南 pH 值递减的规律。

表 4-3　土壤酸碱度分级及我国部分地区土壤的酸度

pH 值	酸碱度分级	地　区	pH 值	酸碱度分级	地　区
<4.5	极强酸性		7.0～7.5	弱碱性	
4.5～5.5	强酸性		7.5～8.5	碱性	
5.5～6.0	酸性	华南、西南 华中、华东	8.5～9.5	强碱性	华北、西北
6.0～6.5	弱酸性		>9.5	极强碱性	
6.5～7.0	中性				

（1）土壤的酸度

土壤的酸度根据土壤中 H^+ 存在方式，土壤酸度可分为活性酸度和潜在酸度两大类。

1）活性酸度。

活性酸度又称有效酸度，是土壤溶液中游离 H' 浓度直接反映出来的酸度，活性酸的强度通常用 pH 值（酸碱度）来表示。pH 值越小，表示土壤活性酸度越强。

溶液中的氢离子主要来源于土壤空气的 CO_2 溶于水形成的碳酸和有机质分解生成的有机酸，土壤矿物质氧化作用产生的多种无机酸，以及施肥时残留的无机酸（如硝酸、硫酸、磷酸等）。此外，大气污染产生的酸雨也会使土壤酸化。

2）潜性酸度。

潜性酸度是由于土壤胶体吸附 H^+ 和 Al^{3+} 造成的，当这些致酸离子处于吸附状态时，是不显酸性的。但当它们被交换入土壤溶液之后，即可增加其 H^+ 的浓度，使土壤 pH 值降低。由于这些离子只有通过离子交换作用才能产生 H^+ 而显示酸性，故称为潜性酸度。只有盐基不饱和土壤才有潜性酸，其大小与土壤交换量和盐基饱和度有关。

根据测定潜性酸度所用提取液的不同，可把潜性酸度分为交换性酸度和水解性酸度。

· 交换性酸度

用过量中性盐溶液（如 KCl 或 NaCl）淋洗土壤，溶液中的金属离子（如 K^+、Na^+）与土壤中 H^+ 和 Al^{3+} 发生离子交换作用呈现的酸度，为交换性酸度。H^+ 在溶液中与 Cl^- 结合成 HCl，Al^{3+} 在溶液中生成三氯化铝，三氯化铝再水解产生氢氧化铝和盐酸（氢氧化铝是弱碱，解离度很小，故溶液中的 OH^- 很少）。

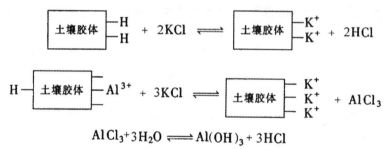

$$AlCl_3 + 3H_2O \rightleftharpoons Al(OH)_3 + 3HCl$$

上述交换反应是可逆反应，不能把土壤胶体上的 H^+ 和 Al^{3+} 全部交换出来，所测得的交换性酸度只是潜性酸度的大部分，而不是它的全部。有研究表明，交换性 Al^{3+} 是矿质土壤中潜性酸度的主要来源。例如，红壤的潜在酸度 95％以上是由交换性 Al^{3+} 产生的。

· 水解性酸度

用弱酸强碱盐溶液（如醋酸钠）淋洗土壤，溶液中的金属离子（如 Na^+）可将绝大部分土壤胶体吸附的 H^+、Al^{3+} 交换出来，同时生成弱酸（如醋酸）。此时所测得的该弱酸的酸度称为水解性酸度。以醋酸钠为例，它首先发生水解，水解生成解离度很小的醋酸；而同时生成的 NaOH 可完全离解，得到高浓度的 Na^+，能交换出绝大部分吸附性 H^+、Al^{3+}，即

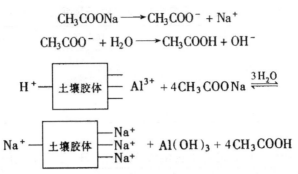

上述反应的生成物中，$Al(OH)_3$ 在中性到碱性的介质中沉淀，CH_3COOH 主要是分子态，故反应不断向右进行。当反应达到平衡时，溶液中出现的醋酸与从胶体交换出来的 H^+ 和 Al^{3+} 有当量关系。

• 交换性酸度与水解性酸度的关系

交换性酸度与水解性酸度的关系。由于中性盐测得的交换性酸度只是水解性酸度的一部分，土壤碱性增大时（弱酸强碱盐水解后呈碱性），吸附的 H^+、Al^{3+} 较多地被置换出来，所以水解性酸度一般比交换性酸度高。但是也有例外，在红壤、灰化土中，水解性酸度等于甚至小于交换性酸度，原因是由于胶体中 OH^- 中和醋酸，并可吸附醋酸分子。

3）活性酸度与潜性酸度的关系。

土壤的活性酸度与潜性酸度同属于一个平衡体系中的两种酸度，二者可相互转化，在一定条件下可处于暂时的平衡状态。土壤的潜性酸度大于活性酸度，如在砂土中二者的比例为 1000，而在有机质丰富的黏土中则高达 $5 \times 10^4 \sim 1.0 \times 10^5$。

土壤胶体是 H^+ 和 Al^{3+} 的贮藏库，潜性酸度则是活性酸度的备用贮储，而土壤活性酸度是土壤酸度的现实表现。

（2）土壤的碱度

土壤碱性强弱的程度称碱度。土壤溶液中 OH^- 的碱金属（Na^+，K^+）及碱土金属（Ca、Mg）的盐类，是碳酸盐碱度。HCO_3^- 的碱金属（Na，K）及碱土金属（Ca、Mg）的盐类，是重碳酸盐碱度。用中和（土壤水浸液）滴定法测定，可得到碳酸盐碱度和重碳酸盐碱度的总和，称为总碱度。总碱度是土壤碱性的容量指标，而不是强度指标（pH 值）。溶解度小的碳酸盐和重碳酸盐对土壤碱性的贡献也小，如碳酸钙和碳酸镁，在正常的 CO_2 分压下，它们在土壤溶液中溶解的浓度很低，故含 $CaCO_3$ 和 $MgCO_3$ 的石灰性土壤呈弱碱性（pH＝7.5～8.5）；而溶解度大的 Nn_2CO_3、$NaHCO_3$、$Ca(HCO_3)_2$，在土壤溶液中浓度较高，故使土壤溶液的总碱度很高，如含 Na_2CO_3 的土壤，其 pH 值可达 10 以上。

此外，当土壤胶体上吸附的 Na^+、K^+、Mg^{2+}（主要是 Na^+）等离子的饱和度增加到一定程度时，会引起交换阳离子的水解作用，使土壤溶液中产生了 NaOH 而呈碱性，即

$$\boxed{土壤胶体} - xNa^+ + yH_2O \rightleftharpoons \boxed{土壤胶体} {-(x-y)Na^+ \atop -yH^+} + yNaOH$$

胶体上所吸附的盐基离子种类也对土壤 pH 值或土壤碱度产生不同的影响，如表 4-4 所示。

表 4-4　不同盐基离子完全饱和吸附于黑钙土时的 pH 值

吸附性盐基离子	黑钙土的 pH 值	吸附性盐基离子	黑钙土的 pH 值
Li	9.00	Ca	7.84
Na	8.04	No	7.59
K	8.00	Ba	7.35

（3）土壤的缓冲作用

土壤缓冲性能是指土壤具有缓解土壤溶液 H^- 或 OH^- 浓度变化的能力。如果施入生理酸性、碱性肥料时或当土壤在发生发展过程中产生碱性或酸性物质时，它可缓和土壤 pH 值，而不至于发生剧变，保持在一定范围内。

1）土壤溶液的缓冲作用。

土壤中含有多种弱酸，如碳酸、重碳酸、磷酸、硅酸和腐殖酸及其他有机等弱酸及盐类，它们的解离度很小，在土壤溶液中构成一个良好的缓冲系统，故对酸、碱具有缓冲作用。例如，碳酸盐及其钠盐体系中，Na_2CO_3 和 H_2CO_3 浓度足够大。

当加入酸（如 HCl）时.碳酸钠与之作用。生成中性盐和碳酸，抑制了土壤酸度的提高，即

$$Na_2CO_3 + 2HCl \Longrightarrow 2NaCl + H_2CO_3$$

当加入碱（如 $Ca(OH)_2$）时，碳酸与之作用，生成溶解度较小的碳酸盐，也限制了土壤碱度的提高，即

$$H_2CO_3 + Ca(OH)_2 \Longrightarrow CaCO_3 + H_2O$$

土壤中含有两性物质，如蛋白质、氨基酸、胡敏酸等，也能起缓冲作用，如氨基酸所含的氨基和羧基，分别对酸和碱有缓冲作用，即

$$R-\underset{COOH}{\overset{NH_2}{CH}} + HCl \longrightarrow R-\underset{COOH}{\overset{NH_3Cl}{CH}}$$

$$R-\underset{COOH}{\overset{NH_2}{CH}} + NaOH \longrightarrow R-\underset{COONa}{\overset{NH_2}{CH}} + H_2O$$

2）土壤胶体的缓冲作用。

土壤胶体吸附各种阳离子，其中盐基离子（用 M 代表）对酸起缓冲作用，而氢离子对碱起缓冲作用。

$$\boxed{土壤胶体}—M + HCl \Longrightarrow \boxed{土壤胶体}—H + MCl$$

$$\boxed{土壤胶体}—H + MOH \Longrightarrow \boxed{土壤胶体}—M + H_2O$$

土壤胶体的数量和盐基交换量越大，土壤的缓冲能力就越强。一般，土壤缓冲能力为腐殖质土＞黏土＞砂土。若向砂土中掺入黏土或施入有机肥，都可有效地提高砂土的缓冲能力。在交换量相等的条件下，盐基饱和度越高，土壤胶体上吸附的阳离子越多，土壤对酸的缓冲能力越大；反之，盐基的饱和度越低，土壤胶体上吸附的 H^+ 或 Al^{3+} 越多，土壤对碱的缓冲能力越

高。

土壤溶液中的铝离子在 pH<5 时，能形成多核羟基络合物，对碱的缓冲能力更强。因为铝离子有 6 个水分子环绕着，当加入碱性物质使土壤中 OH^- 增多时，铝离子周围的 6 个水分子有 1~2 个水分子解离出 H^+，与加入的 OH^- 中和生成水，即

$$2Al(H_2O)_6^{3+} + 2OH^- \Longrightarrow [Al_2(OH)_2(H_2O)_8]^{4+} + 4H_2O$$

而水分子解离出来的 OH^- 则留在铝离子周围，这种带有 OH^- 的铝离子很不稳定，通过羟基桥联而生成二核羟基络合物、4 核羟基络合物等，具体可见图 4-4 所示，可多达 10 个铝离子相互聚合成的多核羟基络合物。聚合铝离子数越多，解离的 H^+ 越多，对碱的缓冲能力就越强。但 pH>5.5 时，开始形成 $Al(OH)_3$ 沉淀，而失去缓冲能力。

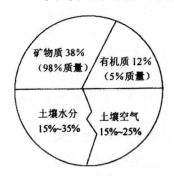

矿物质 38%（98% 质量）　有机质 12%（5% 质量）

土壤水分 15%~35%　土壤空气 15%~25%

图 4-4　铝离子的多核羟基络合物

土壤的缓冲作用为植物生长和土壤生物的活动创造了比较稳定的生活环境，它是土壤的重要性质之一。

4. 土壤的氧化还原性

氧化还原反应是土壤中无机物和有机物发生迁移转化并对土壤生态系统产生重要影响的化学过程。土壤环境氧化或还原某种元素的能力可用土壤的氧化还原电位(E)值来衡量。可表示为

$$氧化剂 + ne \Longrightarrow 还原剂$$
$$E = E^{\ominus} + \frac{0.059}{n}\lg\frac{[氧化剂]}{[还原剂]}$$

土壤中的主要氧化剂有：土壤中的氧气、NO_3^- 和高价金属离子（如 $Fe(\text{III})$、$Mn(\text{IV})$、$V(\text{V})$）等。主要还原剂有：有机质和低价金属离子。此外，土壤中植物的根系和土壤微生物也是土壤发生氧化还原反应的重要参与者。它们分别构成下列主要的氧化还原平衡体系

$$
\begin{array}{ccc}
 & \text{氧化态} & \text{还原态} \\
\text{铁体系} & Fe^{3+} & \rightleftharpoons Fe^{2+} \\
\text{锰体系} & Mn^{4+} & \rightleftharpoons Mn^{2+} \\
\text{硫体系} & SO_4^{2-} & \rightleftharpoons H_2S \\
\text{氮体系} & NO_3^- & \rightleftharpoons NO_2^- \\
 & NO_3^- & \rightleftharpoons N_2 \\
 & NO_3^- & \rightleftharpoons NH_4^+ \\
\text{有机碳体系} & CO_2 & \rightleftharpoons CH_4
\end{array}
$$

由于土壤中氧化物质和还原物质十分复杂,因此以氧化剂和还原剂的浓度比来计算土壤的实际氧化还原电位 E 值是很困难的。主要以实际测得的 E 值为区别土壤氧化还原状况的指标。根据实测结果,旱地土壤的 E 值大致为 $+400\sim+700$ mV,而水田土壤大致为 $+300\sim+200$ mV。但是在土壤中的不同位置,E 值是不同的,表层土壤的 E 值较高,而底层土壤的 E 值较低。根据土壤的 E 值可以确定土壤中有机物和无机物处于何种价态。

土壤的氧化还原反应在土壤化学过程中占有极为重要的地位。土壤氧化还原反应是元素迁移转化的一类重要化学反应,这种反应可以改变离子的价态,因此,氧化还原反应强烈地影响某些元素及其化合物的溶解度,从而改变着元素的迁移能力。对于多数变价元素来说,它们的高价离子化合物的溶解度一般较小,而低价离子的化合物则较易溶解,在溶液中又较为稳定。所以这些元素的低价离子比高价离子更易迁移。且氧化还原反应影响着各种元素的存在价态。而植物所需的氮素和各种矿质养料大多需要呈氧化状态才能被吸收利用,因此,为了保证土壤有效养分的供应,应使土壤的 E 值保持在适当高的水平上,一般土壤 E 值在 $200\sim700$ mV时,养分供应正常,植物根系生长发育良好。

氧化作用可使土壤酸化,这是由于土壤中强碱性的氧化亚铁氧化成为弱碱性的氧化铁,氧化锰氧化变为酸性的二氧化锰,微酸性的硫化氢氧化变为硫酸的缘故。相反,还原作用则可增强土壤碱性。上述各反应示意如下

$$FeO \rightleftharpoons Fe_2O_3$$
$$MnO \rightleftharpoons Mn_2O_3 \rightleftharpoons MnO_2$$
$$H_2S \rightleftharpoons SO_2 \rightleftharpoons SO_3 \rightleftharpoons H_2SO_4$$

而影响土壤氧化还原平衡体系的因素有:

(1)土壤含水量。土壤的 E 值随着土壤含水量的变化而变化。主要原因有二:一是土壤含水量影响土壤通气状况;二是土壤水分影响土壤生物的活性,从而改变土壤空气组成。

(2)土壤通气状况。土壤的 E 值主要决定于土壤空气状况。土壤通气良好,土壤空气含氧量高,和它相平衡的土壤溶液中氧的浓度也相应提高,土壤的 E 值显著增大;通气不良时,土壤 E 值明显下降,土壤呈还原状态。

(3)微生物活动。微生物的活动需要氧,这些氧可能是气体氧,也可能是化合态氧。微生物活动越强烈,耗氧就越多,使土壤溶液中的氧压降低,或使还原物质的浓度相应增加,土壤的 E 值因而降低。

(4)植物根系的代谢作用。植物根系的分泌物可以直接或间接地影响到根际的 E 值。植

物根系一般能分泌出有机酸等有机物质,造成根际微生物强烈活动的条件,这些分泌物本身也有一部分直接参与根际土壤的氧化还原反应。因此,一般旱作物的根际土壤 E 值要低于根际外土壤 $50\sim100$ mV。而水生作物如水稻,根系具有分泌氧的能力,因此,根际土壤的 E 值反而高于根际外土壤。

(5)易分解有机质的含量。有机质的分解主要是耗氧过程,故易分解有机物含量越多,耗氧也越多,土壤 E 值因而降低。

(6)易氧化或易还原的无机物质含量。土壤中易氧化的无机物质越多,则土壤的还原性越强;反之,易还原的无机物质越多,则氧化性越强。

(7)土壤 pH 值。土壤 pH 值对 E 值具有重要影响。由于土壤的氧化还原总有氢离子参加. 即

$$氧化剂+ne+mH^+ \Longleftrightarrow 还原剂+yH_2O$$

在 25℃时,其关系式为

$$E=E^\ominus+\frac{0.059}{n}\lg\frac{[氧化剂]}{[还原剂]}-0.059PH$$

即 E 会随着 pH 值的增大而降低。

4.2　土壤环境污染

土壤环境污染是指有毒有害物质通过一定途径(人为影响、意外事故或自然灾害)进入土壤并积累到超过一定浓度使土壤环境质量下降,土壤的结构和功能遭到破坏,直接或间接地危害人类的生存和健康的现象。

衡量土壤环境质量是否恶化的标准是土壤环境质量标准。土壤环境污染的实质是通过各种途径输入的环境污染物,其数量和速度超过了土壤自净作用的数量和速度,破坏了自然动态平衡。其后果是导致土壤自然正常功能失调,土壤质量下降,影响到作物的生长发育以及产量和质量的下降,也包括由于土壤污染物质的迁移转化引起大气或水体污染,通过食物链,最终影响人类的健康。

4.2.1　土壤环境污染概述

土壤环境背景值是指未受人类活动(特别是人为污染)影响的土壤环境本身的化学元素组成及其含量,它与地壳岩石圈的化学组成及岩石风化成土过程有关。当前几乎已没有不受人类活动影响的土壤,因此,土壤环境背景值只是代表土壤环境发展中阶段性的、相对意义上的数值。

当污染物进入土壤后,就能经生物和化学降解变为无毒无害物质;或通过化学沉淀、配合和螯合作用、氧化—还原作用变为不溶性化合物;或是被土壤胶体吸附较牢固、植物较难加以利用而暂时退出生物小循环,脱离食物链或被排除至土壤之外。此外,还有各种各样的微生物,它们产生的酶对各种结构的分子分别起到特有的降解作用。这些条件加在一起,使得土壤呈现一定的缓冲和净化能力。土壤的这种自身更新能力,称为土壤的自净作用。

土壤的物质组成和其他特性、污染物的种类与性质共同决定了土壤的自净能力。不同土

壤的自净能力(即对污染物质的负荷量或容纳污染物质的容量)是不同的。土壤对不同污染物质的净化能力也是不同的。一般来说,土壤自净的速度是比较缓慢的,污染物进入土壤后更加难以去除。

针对土壤中的污染物而言,土壤环境单元所容许承纳的污染物质的最大数量或负荷量就是指土壤环境容量。

$$土壤环境容量=土壤污染起始值-土壤所含污染物的本底值;$$

若以土壤环境标准作为土壤污染起始值(即土壤环境的最大允许极限值),则

$$土壤的环境容量=土壤环境标准值-土壤的本底值。$$

此值为土壤环境的基本容量,又称土壤环境的静容量。不同土壤其环境容量是不同的,同一土壤对不同的污染物的容量也不同。

在污染物进入土壤后的积累过程中,其积累受到土壤的环境地球化学背景与迁移转化过程的影响和制约。考虑到土壤的自净作用和污染物的输入与输出、吸附与解吸、沉淀与溶解、累积与降解作用等过程,同时这些过程都处于动态变化中,其结果都会影响污染物在土壤中的最大容纳量。

通常可根据污染物性质,可把土壤污染物质大致分为无机污染物和有机污染物两大类,主要污染物如下:

1)氮素和磷素化学肥料;

2)重金属,如砷、镉、汞、铬、铜、锌、铅等;

3)放射性元素如铯、锶等;

4)有机物质,难降解有机物如有机氯类农药,多氯联苯、石油等,可降解有机物,酚和洗涤剂等,其中数量较大而又比较重要的是化学农药,如有机磷和有机氮、苯氧羧酸类等;

5)生物类污染物,有害微生物类如肠细菌、炭疽杆菌、破伤风杆菌、肠寄生虫(蛔虫)、霍乱弧菌、结核杆菌等;

6)此外,在某些条件下,土壤中有机物分解产生 CO_2、CH_4、H_2S、H_2、NH_3 和 N_2 等气体(其中 CO_2 和 CH_4 是主要的)也会成为土壤的污染物。

4.2.2 土壤污染的主要途径

污染物质可以通过多种途径进入土壤,主要发生类型可归纳为四种:

(1)大气污染型

污染物质来源于被污染的大气,其污染特点是以大气污染源为中心呈环状或带状分布,长轴沿主风向伸长。污染的面积、程度和扩散的距离,取决于污染物质的种类、性质、排放量、排放形式及风力大小等。大气污染型的土壤污染特征是:污染物质主要集中在土壤表层,其主要污染物是大气中二氧化硫、氮氧化物和飘浮颗粒物等,它们通过沉降和降水而降落地面。大气中的二氧化硫等酸性氧化物使雨水酸度增加形成酸雨,从而引起土壤酸化,破坏土壤的结构、肥力及生态系统的平衡。大气的各种飘尘中含有重金属、非金属等有毒有害物质及放射性散落物等多种物质,它们会造成土壤的多种污染。例如,冶金工业烟囱排放的金属氧化物粉尘,在重力作用下以降尘形式进入土壤,形成以排污工厂为中心、半径为 $2\sim3\ km$ 范围的点状污染;汽油中添加的防爆剂四乙基铅随废气排出污染土壤,行车频率高的公路两侧常形成明显的

铅污染带。

（2）水污染型

城乡工矿企业废水和生活污水,未经处理,不实行清污分流,就直接排放,使水系和农田（土壤）遭到污染。特别是在水源不足的地区,引用污水灌溉,常使土壤受到重金属、无机盐、有机物和病原体的污染。尽管污灌使生物生长获得了水分和部分营养物质,但也使大量污染物质进入土壤,进而影响到作物、蔬菜的质量。污灌土壤的污灌物质一般集中于土壤表层,但随着污灌时间的延长,污染物质也可由上部土体向下部土体扩散和迁移,以至达到地下水深度。水污染型的污染特点是沿河流或干支渠呈枝形片状分布。

（3）固体废弃物污染型

主要是工厂的尾矿废渣、污泥和城市垃圾等直接或间接影响土壤。在堆积场所,土壤直接受到污染,自然条件下的二次扩散又会形成更大范围的污染,导致粮食、蔬菜、水体的污染,直接危害到人畜的安全和健康。

（4）农业污染型

污染物主要来自施入土壤的化肥和农药,其污染程度与化肥、农药的数量、种类、利用方式及耕作制度等有关。有些农药如有机氯杀虫剂在土壤中长期残留,并可在生物体内富集。氮、磷等化学肥料,凡未被植物吸收利用和未被根层土壤吸附固定的养分都在根层以下积累或转入地下水,成为潜在的环境污染物。残留在土壤中的农药和氮、磷等化合物在地面径流或土壤风蚀时,就会向其他地方转移,扩大土壤的污染范围。

（5）生物污染型

生物污染型是指一个或几个有害的生物种群从外界环境侵入土壤并大量繁殖,引起土壤质量下降,不仅破坏原来的生态平衡,还会对动植物和人体健康以及生态系统造成不良影响。生物污染分布最广的是由肠道致病性原虫和蠕虫类所造成的污染,全世界有一半以上人口受到一种或几种寄生蠕虫的感染,尤其是热带地区最严重。欧洲和北美较温暖地区的寄生虫发病率也很高。

上述土壤污染类型是相互联系的,它们在一定的条件下可以相互转化。固体废弃物污染型可以转化为水污染型和大气污染型,农业污染型则是包含了固体废弃物污染型、大气污染型及水污染型的综合污染。

4.2.3　土壤污染的特点

（1）土壤污染具有隐蔽性和滞后性

土壤污染不同于大气、水和固体废弃物污染,它往往要通过对土壤样品进行分析化验和农作物的残留检测,甚至通过研究对人畜健康状况的影响才能确定,从产生污染到出现问题通常会滞后较长的时间。如日本的"痛痛病"经过了 $10\sim20$ 年之后才被人们所认识。

（2）土壤污染具有累积性

由于污染物质在土壤中不容易扩散、稀释和迁移,使得污染物质在土壤中不断积累而超标,同时也使土壤污染具有很强的地域性。

（3）土壤污染具有不可逆转性

重金属对土壤的污染基本上是一个不可逆转的过程,许多有机化学物质的污染也需要较长的时间才能降解。譬如:被某些重金属污染的土壤可能要 100~200 年时间才能够恢复。

(4)土壤污染具有难治理性

土壤污染一旦发生,仅仅依靠切断污染源的方法往往也很难恢复,治理污染土壤通常成本较高,治理周期较长。

4.3　污染物在土壤中的迁移转化

4.3.1　重金属在土壤中的迁移转化

随着工业、城市污染的加剧和农用化学物质种类、数量的增加,土壤重金属污染日益严重。土壤重金属污染是指由于人类活动使某一区域土壤的重金属含量明显高于原生含量并造成生态环境质量恶化的现象。重金属是指相对密度大于 5.0 的金属,如铜(Cu)、铅(Pb)、锌(Zn)、铁(Fe)、钴(Co)、镍(Ni)、锰(Mn)、镉(Cd)、汞(Hg)、钼(Mo)、金(Au)、银(Ag)等,约有 45 种。重金属中 Mn、Cu、Zn 等是生命活动所需要的微量元素,但是大部分重金属并非生命活动所必需,如 Hg、Pb、Cd 等。在环境污染方面所指的重金属多指 Hg、Cd、Ph、Cr 以及类金属 As 等生物毒性显著的元素;其次是指有一定毒性的一般元素,如 Zn、Cu、Ni、Co、Sn 等。对于铁和锰,由于其在土壤中含量较高,因而一般认为它们不是土壤污染元素,但在强还原条件下,铁和锰所引起的毒害亦应该引起足够的重视。

与大多数土壤污染的过程相似,重金属进入土壤的途径主要有随着大气沉降(包括自然的和人为的,即由宇宙天体作用及地球上各种地质作用而使某些重金属元素进入大气中,以及工业生产、汽车尾气排放及汽车轮胎磨损产生的大量含重金属的有害气体和粉尘等)进入土壤、随污水进入土壤、随固体废弃物进入土壤、随农用物资进入土壤、随城市化过程进入土壤。土壤一旦遭受重金属污染就很难恢复,尤其要特别关注 Cd、Hg、Cr、Ph、As、Ni、Zn、Cu 等对土壤的污染,因为这些元素在过量情况下有较大的毒性,且在土壤中有移动性差、滞留时间长、不能被微生物降解的特点,并可经水、植物等介质最终影响人类健康。

1.重金属在土壤中的赋存形态

由于土壤组成的复杂性和土壤物理化学性状(pH、E_h 等)的可变性,造成了重金属在土壤环境中的赋存形态的复杂性和多样性。

最近,大多数研究工作者在进行土壤中重金属形态分组分析时,用不同的浸提剂连续抽提,可以将土壤环境中重金属赋存形态分为:①水溶态(以去离子水浸提);②交换态(如以 $MgCl_2$ 溶液为浸提剂);③碳酸盐结合态(如以 NaAc—HAc 为浸提剂);④铁锰氧化物结合态(如以 $NH_2OH-HCl$ 为浸提剂);⑤有机结合态(如以 H_2O_2 为浸提剂);⑥残留态(如以 $HClO_4-HF$ 消化,1:1 盐酸浸提剂)。由于水溶态一般含量较低,又不易与交换态区分,常将水溶态合并到交换态之中。

上述不同赋存形态的重金属,其生理活性和毒性均有差异。其中以水溶态、交换态的活性和毒性最大;残留态的活性、毒性最小;而其他结合态的活性、毒性居中。研究资料表明,在不同的土壤环境条件下,包括土壤类型、土地利用方式(水田、旱地、果园、牧场、林地等),以及土壤的 pH 值、E_h、土壤无机和有机胶体的含量等因素的差异,都可以引起土壤中重金属元素赋存形态的变化,从而影响到作物对重金属的吸收,使受害程度产生差别。

2.重金属污染特点

重金属污染的共同特点是具有隐蔽性、长期性和不可逆性。具体表现有:由于土壤环境的不同,金属的表现状态也不同;形态不同,毒性也不同,如离子态的毒性大于结合态,有机态的毒性大于无机态;价态不同毒性也不同,如甲基汞的毒性比无机汞大得多,Cr^{6+} 的毒性比 Cr^{3+} 大,As^{3+} 的毒性比 As^{3+} 大,Hg^{2+} 的毒性大于 HgO,亚砷酸盐的毒性比砷酸盐大 60 倍。几乎所有过渡金属都能形成金属羰基化合物,某些单核和双核二元金属羰基化合物及其物理性质都具挥发性,其蒸气剧毒。

土壤中重金属在自然环境中不会失却,而以迁移的方式发生变化。重金属迁移是指其在自然环境中随着时间的改变而发生的空间位置的改变。土壤重金属迁移性大小决定了重金属在环境中的存在形式、富集状况和潜在生态危害程度。土壤中的重金属由于无机及有机胶体对阳离子的吸附、代换、络合及生物作用的结果,大部分被固定在耕作层中,一般很少迁移至 40 cm 以下。但砷在土壤中的动态行为与铜、铅等有所不同,在含有大量铁、铝组分的酸性(pH 值为 5.3~6.8)红壤中,砷酸根可与之生成难溶盐类而富集于 30~40 cm 耕作层。在土壤剖面中,重金属无论是其总量还是存在形态,均表现出明显的垂直分布规律。灌溉污水中的汞呈溶解态和络合态,进入土壤后 95% 被土壤矿质胶体和有机质迅速吸附或固定,它一般累积在土壤表层,在剖面上分布自上而下递减,土壤中的重金属有向根际土壤迁移的趋势,且根际土壤中重金属的有效态含量高于土体。物理化学迁移是指重金属以简单离子、络离子或可溶性分子,在环境中通过一系列物理化学作用(水解、氧化、还原、沉淀、溶解、络合、螯合、吸附作用等)所实现的迁移与转化过程。这是重金属在水环境中的最重要迁移转化形式。物理化学行为多具可逆性,属于缓冲型污染。

重金属产生毒性效应的含量范围低,一般重金属产生毒性的范围大约在 1~10 mg/L 之间,毒性较强的金属如汞、镉等产生毒性的质量浓度范围为 0.01~0.001 m/L。

微生物不仅不能降解重金属,相反地某些重金属元素可在微生物作用下转化为金属有机化合物,产生更大的毒性。例如,汞在甲基钴胺素存在下能转化为毒性更大的甲基汞。生物体对重金属有富集作用。生物体从环境中摄取重金属,可经过食物链的生物放大作用,逐级在较高的生物体内成千上万倍地富集起来。重金属可通过粮食、地下水、蔬菜等多种途径进入人体,从而对人体健康产生不利的影响。有些重金属对人体的积累性危害影响往往需要一二十年才显示出来。

3.重金属在土壤中迁移转化的一般规律

重金属在土壤环境中的迁移转化过程按其特征常分为物理迁移、物理化学迁移、化学迁移和生物迁移。

(1)物理迁移

土壤溶液中重金属离子可以通过多种方式被吸附于土壤胶体表面上或被包含于矿物颗粒内,并随土壤中水分的流动发生机械位移,特别是在多雨地区的坡地土壤,这种随水冲刷的机械迁移更加突出,在干旱地区,这些胶体物质或矿物颗粒可以随扬尘再次进入环境体系中,随风迁移。

(2)物理化学迁移和化学迁移

土壤环境中的重金属污染物能以离子交换吸附,或络合、螯合等形式和土壤胶体相结合,或发生溶解与沉淀反应。

1)重金属和无机胶体的结合重金属与土壤无机胶体的结合通常分为两种类型:非专性吸附,即离子交换吸附;专性吸附,是土壤胶体表面与被吸附离子间通过共价键、配位键而产生的吸附。

2)重金属和有机胶体的结合重金属可被土壤有机胶体络合或螯合,或者吸附于有机胶体的表面。尽管土壤中有机胶体的含量远小于无机胶体的含量,但是其对重金属的吸附容量远远大于无机胶体。

3)溶解和沉淀作用是土壤重金属在土壤中迁移的重要形式,实际为各种重金属难溶电解质在土壤固相和液相之间的离子多相平衡。

(3)生物迁移

生物迁移主要是指植物通过根系从土壤中吸收某些化学形态的重金属,并在植物体内积累的过程。生物迁移造成了植物的污染,但如果利用某些植物对重金属的超积累,反而有利于土壤的净化。植物根系对重金属的生物迁移受多种因素影响,其中主要影响因素有:重金属的存在形态,土壤条件包括 pH、E_h、土壤矿物组成及土壤种类等,不同作物种类和伴随离子也会影响污染物在土壤中的迁移。除了植物,土壤微生物的吸收以及土壤动物的啃食也是生物迁移的一种途径。

4.主要重金属污染物在土壤中的迁移转化

(1)汞污染物在土壤中的迁移转化

汞在自然环境中的本底值不高,一般在 $0.1\sim1.5$ mg/kg。主要来自岩石风化,人为源主要来自含有农药的施用,污水灌溉,有色金属冶炼生产和使用汞的企业排放的工业"三废"。随着工业的发展,汞的用途越来越广,导致大量的汞由于应用而进入环境。

汞是一种对动植物及人体无生物学作用的有毒元素。在正常的土壤 E_h 值和 pH 值范围内,汞以零价态存在于土壤中,由于汞在常温下有很高的挥发性,除部分存在于土壤中外,还以蒸气形态挥发进入大气圈,参与全球的汞蒸气循环。

在各种含汞化合物中,甲基汞和乙基汞的毒性最强。各种形态的汞在一定的土壤条件下可以相互转化。

土壤中的腐殖质和粘粒对汞有很强的吸附力,进入土壤的汞由于吸附等作用使绝大部分汞积累在耕层土壤,不易向深层迁移,除沙土或土层极浅的耕地以外,汞一般不会通过土壤污染地下水。粘土矿物对 $HgCl_2$ 的吸附顺序是伊利石>蒙脱石>高岭石;对醋酸汞的吸附顺序是蒙脱石>水铝英石>高岭石。pH 值等于 7 时,无机胶体对汞的吸附量最大,而有机胶体在pH 值较低时,就能达到最大的吸附量。非离子态汞也可被胶体吸附。此外,当土壤溶液中有Cl^- 存在时,可以显著减弱对 Hg^{2+} 的吸附,例如盐渍土会生成溶解度很低的 $Hg_2Cl_2/HgCl_2$ 和不溶性的 HgS。可是,由于含有大量的 Cl^- 而生成 $HgCl_4^{2-}$,可大大提高汞的迁移力。在酸性土壤中有机质以富里酸为主,它与汞络合和吸附时,也可以成溶解状态迁移。

植物对汞的吸收与土壤中汞含量有关,试验证明,水稻生长的"米汞"和"土汞"之间生物吸收富集系数为 0.01。土壤中汞及其化合物可以通过离子交换与植物的根蛋白进行结合,发生凝固反应。汞在作物不同部位的累积顺序为根>叶>茎>种子。不同作物对汞的吸收和积累能力是不同的,在粮食作物中的顺序为水稻>玉米>高粱>小麦。不同土壤中汞的最大允许量是有差别的,如酸性土壤为 $0.5×10^{-6}$,石灰性土壤为 $1.5×10^{-6}$。如果土壤中的汞超过此值,就可能生产出对人体有毒的"汞米"。

阳离子态汞易被土壤吸附,许多汞盐如磷酸汞、碳酸汞和硫化汞的溶解度亦很低。在还原条件下,Hg^{2+} 与 H_2S 生成极难溶的 HgS;金属汞也可被硫酸还原细菌变成硫化汞;所有这些都可阻止汞在土壤中的移动。当氧气充足时,硫化汞又可慢慢氧化成亚硫酸盐和硫酸盐。以阴离子形式存在的汞,如 $HgCl_3^{-}$、$HgCl_4^{2-}$ 也可被带正电荷的氧化铁、氢氧化铁或粘土矿物的边缘所吸附。分子态的汞,如 $HgCl_2$,也可以被吸附在 Fe、Mn 的氢氧化物上。$Hg(OH)_2$ 溶解度小,可以被土壤强烈的保留。由于汞化合物和土壤组分间强烈的相互作用,除了还原成金属汞以蒸气挥发外,其他形态的汞在土壤中的迁移很缓慢。在土壤中汞主要以气相在孔隙中扩散。总体而言,汞比其他有毒金属容易迁移。当汞被土壤有机质螯合时,亦会发生一定的水平和垂直移动。

汞是危害植物生长的元素。土壤中含汞量过高,它不但能在植物体内积累,还会对植物产生毒害。通常有机汞和无机汞化合物以及蒸气汞都会引起植物中毒。例如,汞对水稻的生长发育产生危害。中国科学院植物研究所水稻的水培实验表明,采用汞的质量浓度 $0.074~\mu g/mL$ 的培养液处理水稻,产量开始下降,秕谷率增加;以质量浓度 $0.74~\mu g/mL$ 的处理时,水稻根部已开始受害,并随着试验含量的增加,根部更加扭曲,呈褐色,有锈斑;以质量浓度为 $7.4~\mu g/mL$ 的处理时,水稻叶子发黄,分蘖受抑制,植株高度变矮,根系发育不良。不同植物对汞的敏感程度有差别。例如,大豆、向日葵、玫瑰等对汞蒸气特别敏感;纸皮桦、橡树、常青藤、芦苇等对汞蒸气抗性较强;桃树、西红柿等对汞蒸气的敏感性属中等。

汞进入植物主要有两条途径:一是通过根系吸收土壤中的汞离子,在某些情况下,也可吸收甲基汞或金属汞;其次是喷施叶面的汞剂、飘尘或雨水中的汞以及在日夜温差作用下土壤所释放的汞蒸气,由叶片进入植物体或通过根系吸收。由叶片进入到植物体的汞,可被运转到植株其他各部位,而被植物根系吸收的汞,常与根中蛋白质发生反应而沉积于根上,很少向地上部分转移。

植物吸收汞的数量不仅决定于土壤含汞量,还决定于其有效性。汞对植物的有效性和土壤氧化还原条件、酸碱度、有机质含量等有密切关系。不同植物吸收积累汞的能力是有差异的,同种植物的各器官对汞的吸收也不一样。植物对汞的吸收与土壤中汞的存在形态有关。

土壤中不同形态的汞对作物生长发育的影响存在差异。土壤中无机汞和有机汞对水稻生长发育影响的盆栽实验表明,当汞含量相同时,汞化合物对水稻生长和发育的危害为:醋酸苯汞>$HgCl_2$>HgO>HgS。HgS 不易被水稻吸收。即使是同一种汞化合物,当土壤环境条件变化时,可以不同的形态存在,对作物的有效性也就不一样。

(2)镉污染物在土壤中的迁移转化

地壳中镉的平均含量为 0.2 mg/kg,土壤中的含量介于 0.01～0.70 mg/kg 之间。镉通常与锌共生,并与锌一起进入环境。环境中约 70% 的镉积累在土壤中,15% 存在于枯枝落叶中,迁移到水体中的镉约占 3.4%。镉污染来源主要是铅、锌、铜的矿山和冶炼厂的废水、尘埃和废渣,电镀、电池、颜料、塑料稳定剂和涂料工业的废水等;农业上,施用的磷肥也会带来镉污染。我国某些工业区天然土壤中的镉的含量已经超过背景值 100 倍左右,最高的酸溶性镉高达 130 mg/kg,直接影响当地的农作物生长。

土壤中镉的存在形态可大致分为水溶性镉和非水溶性镉。

镉在土壤溶液中以简单离子或简单配离子的形式存在,如 Cd_2^+、$CdCl^+$、$CdSO_4$、$CdSO_4$、$CdOH^+$、、$Cd(NH_3)^{2+}$、$Cd(NH_3)_2^{2+}$ 等,但是从 Cd^{2+} 到 Cd 的反应不存在,只能以 Cd^{2+} 和其他化合物之间进行迁移转化。土壤中呈吸附交换态的镉所占比例较大,这是因为土壤对镉的吸附能力很强。

由于土壤对镉的吸附速度快、吸附能力强,所以土壤中呈现吸附交换态的镉所占比例很大。但土壤胶体吸附的镉一般随 pH 值的下降其溶出率增加,当 pH=4 时,溶出率超过 50%,而当 pH=6 时,大多数土壤对镉的吸附率在 80%～95% 之间,并依下列顺序下降:

腐殖质土壤>重壤质冲积土>壤质土>砂质冲积土。

可见有机胶体对镉在土壤中的积累有密切关系。对累积于土壤表层的镉由于降水作用,其可溶态部分随水流动则可能发生水平迁移,因而进入界面土壤和附近的河流或湖泊,造成次生污染。

土壤中的镉对植物的生长不是必需的,但是它非常容易被植物吸收。只要土壤中镉的含量稍有增加,就会使植物体内镉的含量相应增高。与铅、铜、锌、砷及铬等相比较,土壤镉的环境容量要小得多,这是土壤镉污染的一个重要特点。

进入植物中的镉,主要累积于根部和叶部,很少进入果实和种子中。日本伊藤秀文等人做的水稻水培实验表明:水稻对镉的富集作用很强,即使在低于水环境标准含量下,其生长也会受到影响,并生产出高镉含量的污染米。污染地水稻其各器官对镉的浓缩系数按根>杆枝>叶鞘>叶身>稻壳>糙米的顺序递减,水溶液中镉浓度为 0.0082 mg/L 时,糙米中镉含量可达 4.2 mg/kg。镉在植物体内可取代锌,破坏参与呼吸和其他生理过程的含锌酶的功能,从而抑制植物生长并导致其死亡。

在土壤环境中,凡是能影响到镉在土壤中的形态的因素,都可以影响镉的生物迁移。例如,酸度增大,水溶态镉浓度相对增加,进入植物体内的镉也会增加。因此,土壤增施石灰、磷酸盐类化学物质可以相对减少植物对镉的吸收,降低生物体内的迁移效应。另外,土壤中的伴生离子如 Zn^{2+}、pb^{2+}、Cu^{2+}、Mn^{2+} 等的交互作用也会影响镉的生物迁移。

土壤中镉污染对动物的影响,主要是通过食用镉污染后的食物或饮用水引起的。镉进入动物体后,一部分与血红蛋白结合,另一部分与低分子金属硫蛋白结合,然后随血液分布到各内脏器官,最终主要蓄积于肾和肝中。镉中毒症状主要表现为动脉硬化性肾萎缩或慢性球体肾炎等。此外,摄入过量的镉,可使镉进入骨质并取代骨质中的部分钙,造成骨骼软化和变形,严重者可引起自然骨折,甚至死亡。随着研究进一步深入,发现镉有“三致”作用以及引起高血压、肺气肿等病症。

(3)砷污染物在土壤中的迁移转化

砷的迁移转化吸附于粘粒表面的交换性砷,可被植物吸收;难溶性砷很难为作物吸收,积累在土壤中,是"不可给态"或"固定态"的砷。在一定的条件下,促进砷向固定态转化,增加这一部分砷的比例可以减轻砷对作物的毒害,并可提高土壤的净化能力。

水溶性砷在土壤中含量很少,常少于 $1mg/L$,其数值与土壤的氧化还原电位及土壤中总砷量呈显著相关。砷在土壤溶液中迁移过程中可与其他组分发生一系列化学反应,如与碱金属化合其反应如下:

$$As_2O_3 + 3H_2O \rightarrow 3H_3AsO_3$$
$$As_2O_3 + 6NaOH + H_2O \rightarrow Na_3AsO_3 + 4H_2O$$

砷与碱土金属化合,可生成亚砷酸盐,如 $Ca_3(AsO_3)_2$;砷与重金属化合,也形成亚砷酸盐类,如 $FeAsO_3$。除碱金属与砷反应生成的化合物溶解度较大,易于迁移外,砷与碱土金属、重金属形成的亚砷酸盐溶解度较小,限制了砷在溶液中的迁移,有利于土壤的净化。

土壤中的砷,特别是排污进入土壤的砷,主要累积于表层,难于向下移动。砷是动植物所不需要的元素,但砷属于生物累积元素,在作物体中砷的累积程度高于汞。土壤中吸附态砷可转化为溶解态的砷化物,这个过程与土壤 pH 值和氧化还原条件有关。如土壤 E_h 降低,pH 值升高,砷溶解度显著增加。在碱性条件下,土壤胶体的正电荷减少,对砷的吸附能力也就降低,可溶性砷含量增加。由于 AsO_4^{3-} 比 AsO_3^{3-} 容易被土壤吸附固定,如果土壤中砷以 AsO_3^{3-} 一状态存在,砷的溶解度相对增加。土壤中 AsO_4^{3-} 与 AsO_3^{3-} 之间的转化取决于氧化还原条件。旱地土壤处于氧化状态,AsO_3^{3-} 可氧化成 AsO_4^{3-};而水田土壤处于还原状态,大部分砷以 AsO_3^{3-} 形态存在,砷的溶解度及有效性相对增加,砷害也就增加。此外,AsO_3^{3-} 对作物的危害比 AsO_4^{3-} 更大。

土壤微生物也能促进砷的形态变化。有学者分离出 15 个系的异养细菌,它们可把 AsO_3^{3-} 氧化为 AsO_4^{3-}。土壤微生物还可起气化逸脱砷的作用。盆栽实验发现,施砷量和水稻吸收砷及土壤残留量之和有一个很大差值,认为由于砷霉菌对砷化合物有气化作用,使这部分砷还原为 AsH_3 等形式,从土壤中气化逸脱。此外,土壤微生物还可使无机砷转化为有机砷化物。

磷化合物和砷化合物的特性相似,因此,土壤中磷化合物的存在将影响砷的迁移能力和生物效应。一般土壤吸附磷的能力比砷强,致使磷能夺取土壤中固定砷的位置,砷的可溶性及生物有效性相对增加。磷可被土壤胶体中铁、铝所吸附,而砷的吸附主要是铁起作用;另外,铝对磷的亲和力远远超过对砷的亲和力,被铝吸附的砷很容易被磷交换取代。

由此可见,砷与镉、铬等的性质相反;当土壤处于氧化状态时,它的危害比较小;当土壤处于淹水还原状态时,AsO_4^{3-} 还原为 AsO_3^{3-},加重了砷对植物的危害。因此,在实践中,对被砷污染的水稻土,常采取措施提高土壤的氧化还原电位或加入某些物质,以减轻砷对作物生长的危害。

一般认为砷不是植物必需的元素。低含量砷对许多植物生长有刺激作用,高含量砷则有危害作用。砷中毒可阻碍作物的生长发育。研究表明:土壤含砷为 $25~\mu g/g$ 或 $50~\mu g/g$ 时,可使小麦分别增产 8.7% 和 20%;含砷达 $100~\mu g/g$ 时,则严重影响小麦生长;含砷 $200 \sim 1000~\mu g/g$ 时,小麦全部死亡。不同砷化物对作物生长发育的影响是有差别的。如有机砷佬÷物易被水稻吸收,其毒性比无机砷大得多,即使是无机砷,AsO_3^{3-} 对作物的危害比 AsO_4^{3-} 大。作物对砷的吸收累积与土壤含砷量有关,不同植物吸收累积砷的能力有很大的差别,植物的不同部位吸收累积的砷量也是不同的。砷进入植物的途径主要是根、叶吸收。植物的根系可从土壤中吸收砷,然后在植株内迁移运转到各个部分;有机态砷被植物吸收后,可在体内逐渐降解为无机态砷。同重金属一样,砷可以通过土壤植物系统,经由食物链最终进入人体。

（4）铬污染物在土壤中的迁移转化

土壤中铬的背景值大约在 $70\sim200$ mg/kg 之间,土壤类型不同,其含量差异很大。土壤中铬的污染主要来源于三氧化铬工业的"三废"排放,通过大气污染的铬污染源主要是铁铬工业、耐火材料及燃料燃烧等排放的铬。通过水体污染进入土壤的铬污染源来自电镀、金属酸洗、皮革鞣制、铬酸盐生产等工业排放的污水灌溉或污泥施用等。

铬是一种变价元素,在土壤中铬通常以三价铬（Cr^{3+}、CrO_2^-、$Cr(OH)_3$）和六价铬化合物（CrO_4^-、$Cr_2O_7^{2-}$;）存在。其中 $Cr(OH)_3$ 的溶解性较小,是铬最稳定的存在形式。土壤中铬可在三价和六价间相互转换。在土壤正常的 pH 值和巨值范围内,铬能以 4 种价态 Cr^{3+}、CrO_4^-、CrO_4^{2-} 和 $Cr_2O_7^{2-}$ 存在。而水溶性六价铬的含量一般较低,但六价铬的毒性远大于三价铬的毒性。铬的迁移转化主要受土壤 pH 值、有机质及 E_h 值的制约。六价铬化合物可以存在于弱酸性和弱碱性土壤中,在强酸性土壤中很少存在。因为六价铬化合物的存在必须具有很高的氧化—还原电位（pH $=4$,$E_h>0.7$ V 时）,而土壤一般不存在这样高的电位。例如,当 pH>4 时,三价铬溶解度下降;在 pH 为 5.5 时,则全部沉淀在弱酸性和弱碱性土壤中,有六价铬化合物存在。如在 pH$=8$、$E_h=400$ mV 的荒漠土壤中,有可溶性的铬钾石（K_2CrO_4）存在。土壤中的有机质如腐殖质具有很强的还原能力,能很快地把六价铬还原为三价铬,一般当土壤有机质含量大于 2％时,六价铬就几乎全部被还原为三价铬。

土壤中铬也可部分呈吸附交换态存在。土壤胶体对 Cr^{3+} 有较强的吸附能力,黏土矿物晶格中的 Al^{3+} 甚至可以被 Cr^{3+} 交换,可以使土壤中的迁移能力及其可溶性降低。带负电荷的胶体可以交换吸附以阳离子形式存在的三价铬离子,而带正电荷的胶体可以交换吸附以阴离子存在的铬离子,但是六价铬离子的活性很强,一般不会被土壤强烈吸附,因而在土壤中较易迁移。

受铬污染的土壤,有些会随风力和表层土壤迁移进入大气中,也可以由于植物吸收再通过食物链进入人体。铬对植物的毒性主要发生在根部,98％的铬主要保留在根部。土壤中的 Ca^{2+} 可促进植物对六价铬的吸收,同时 SO_4^{2-} 能抑制植物对六价铬的吸收,因此降低铬在土壤中的潜在毒性。

（5）铅污染物在土壤中的迁移转化

进入土壤的 Pb^{2+} 容易被有机质和粘土矿物所吸附。不同土壤对铅的吸附能力如下:黑土（771.6 $\mu g/g$）＞褐土（770.9 $\mu g/g$）＞红壤（425.0 $\mu g/g$）;腐殖质对铅的吸附能力明显高于粘土矿物。铅也和配位体形成稳定的金属配合物和螯合物。土壤中铅主要以 $Pb(OH)_2$、$PbCO_3$、$PbSO_4$ 固体形式存在,而在土壤溶液中可溶性铅的含量很低,故土壤中铅的迁移能力较弱,生物有效性较低。当土壤 pH 值降低时,部分被吸附的铅可以释放出来,使铅的迁移能力提高,生物有效性增加。

植物对铅的吸收与累积决定于土壤中铅的含量、土壤条件及植物的种类与部位,还有叶片的大小和形状。铅进入植物体的途径,一是被植物根部吸收,二是被叶面所吸收。被植物吸收和输送到地上部的铅,取决于植物种类和环境条件,但吸收的铅主要集中在根部。土壤条件不同,植物对铅的吸收也不尽相同。如在酸性土壤中,植物对铅的吸收累积大于在碱性土壤中。土壤中其他元素可以与铅发生竞争而被植物吸收。例如,在石灰性土壤中,钙与铅竞争而被植物根系吸收。一般有钙存在时,由于钙与铅的竞争作用,铅被吸收在酶化学结构不重要的位置上,即使植物体内铅的含量较高,也没有明显的毒性。又如,当土壤中同时存在铅和镉时,镉可能降低作物中铅的含量,而铅会增加作物体中镉含量。因此,影响植物体对铅的吸收累积是复杂的。

铅不是植物生长发育的必需元素。铅进入植物的过程主要是非代谢性的被动进入植物根内。铅在环境中比较稳定,一定含量的铅对作物生长不会产生危害。作物受铅的毒害依其对铅的敏感程度而异。如大豆对铅的危害比较敏感。而土壤中铅含量高能抑制水稻生长,主要表现在叶片的叶绿素含量降低,影响光合作用,延缓生长,推迟成熟而导致减产。因此一般情况下,土壤铅含量增高会引起作物产量下降,在严重污染地区,则能使植物的覆盖面大大减少;而在另一些情况下,生长在严重污染地区的植物,往往具有耐高含量铅的能力。作物吸收铅与土壤铅含量之间的关系目前还没有一致的结论。

4.3.2　农药在土壤中的迁移转化

农药主要是指除草剂、杀虫剂、杀菌剂、杀螨剂、杀鼠剂、杀线虫剂以及动、植物生长调节剂等。

从防治病虫害和提高农作物产量需要的角度看,使用农药确实取得了显著的经济效益。但由于农药在环境中残留毒害作用,对生态环境产生了许多有害的作用与影响,如降低浮游生物的光合作用;使益鸟、益虫大量减少;害虫由于农药的选择压力获得了抗药能力等等。所以,农药污染现已成为全球性的环境问题。进入土壤的农药除了被吸附外,还可通过挥发、扩散和迁移的形式进入大气,引起大气污染,或随水迁移、扩散而进入水体,引起水体污染。

化学农药在土壤中的迁移是指农药挥发到气相的移动以及在土壤溶液中和吸附在土粒上的扩散、迁移,是化学农药从土壤进入大气、水体和生物体的重要过程。由于土壤中农药的迁移,可导致大气、水和生物的污染,因此近年来,对土壤中化学农药的迁移性十分重视,许多国家都规定,在农药注册时,必须提供化学农药在土壤中迁移的评价资料。

农药的挥发能力主要与蒸气压有关,滞留在土壤溶液中的能力主要与溶解度有关,在气液两相间的扩散能力与分配系数有关,具体可见表 4-5 所示。

表 4-5　影响农药迁移能力的农药药性参数

农　药	蒸气压/Pa	温度/℃	溶解度/$(\mu g/mL)$	分配系数 D
二溴乙烷一	1466	30	4.3×10^3	40
氟乐灵	0.013	25	0.58	3.2×10^2
乙拌磷	0.024	20	15	5.5×10^3
乐果	1.13×10^{-3}	20	3×10^4	2.5×10^8
西马津	8.13×10^{-7}	20	5	7.4×10^7

由此可见,不同农药的迁移能力相差悬殊。分配系数 D 可被定义为平衡时农药在土壤空气和土壤溶液间的浓度比。

$$D = \frac{c_w}{c_a}$$

式中，c_w——水相农药浓度；c_a——气相中农药浓度。

一般物质在气相中的扩散能力约是液相中的 10^4 倍，所以当 $D > 10^6$ 时，以液相扩散为主；当 D 在 $10^4 \sim 10^6$ 之间时，其迁移方式以水、气相扩散并重；当 $D < 10^4$ 时，以气相扩散为主。

1. 土壤对农药的吸附作用

进入土壤的农药通过物理吸附、物理化学吸附、氢键结合和配价键结合等形式吸附在土壤颗粒的表面，而使农药残留于土壤中。农药在土壤环境中的物理与物理化学行为在很大程度上受土壤中的吸附与解吸能力所制约。土壤对农药的吸收不仅会影响农药在土壤中的挥发与移动性能，而且还会影响到农药在土壤中的生物与化学降解特性。因此，研究农药在土壤中的吸附与解吸能力是评价农药在环境中行为的一个重要指标。

吸附的机理在于土壤溶液中农药分子和胶体之间产生不同类型的键。已知的土壤吸刚农药的机理有以下几种。

（1）范德华尔力吸附。非离子型农药分子在土壤吸附剂上呈非解离状态的吸附。例如，土壤有机物质对西维因和对硫磷的吸附。

（2）通过疏水型相互作用产生的吸附。土壤有机质分子疏水部分和农药的非极性或极性基团结合。例如，DDT 和其他有机氯农药在土壤有机物质上的吸附就属于这种类型的结合，据认为基于这种机理产生的农药吸附不决定于土壤的 pH。

（3）借助氢键产生的吸附。当吸附质和吸附剂具有 NH、OH 或 O、N 原子时易形成氢键，氢原子在两个带负电荷的原子之间形成桥，其中之一靠价键结合，另一个则靠静电力结合。对吸附在粘土矿物上的农药分子来说，这种机制是最重要的。土壤有机物质对三氮苯以及粘土矿物对有机农药的固定都是通过氢键实现的。

（4）通过电子从供体向受体的传递产生的吸附。这种机制有助于土壤胶体和以联吡啶阳离子为基础的除草剂形成络合物。例如形成敌草快—蒙脱石和对草快—蒙脱石络合物。

（5）离子交换式吸附。这种吸附发生在呈阳离子态存在的化合物或通过质子化而获得正电荷的化合物。它易与土壤有机质和粘土矿物上阳离子起交换作用，这种吸附是以离子键相结合。有机物质和粘土矿物对敌草快和对草快等除草剂的吸附就是通过离子交换实现的。

（6）通过形成配位键和配位体交换产生的吸附。当过渡型金属离子成为土壤胶粒表面上的吸附中心时，可以观测到这种吸附。

这种吸附对土壤中某些农药的行为具有显著影响。例如，蒙脱石对对硫磷和 2,4-D 酸的吸附，就是借助氢键通过与金属阳离子形成配位键产生的。

农药被土壤胶体吸附后，移动性和生理毒性随之发生变化。例如，除草剂百草枯和杀草快被土壤吸附后，在水中的溶解度和生理活性就大大降低。有些药剂被吸附在粘粒表面发生催化降解而失去毒性。所以，土壤对农药的吸附作用，在某种意义上就是土壤对有机毒物的净化和解毒作用。但是，这种净化作用大多是不稳定的，不彻底的。例如，当吸附的某种农药被土壤溶液中的其他物质重新交换出来时，即又恢复了原来的生理活性。

土壤对农药吸附力的强弱既决定于土壤特性，也决定于农药本身的性质。土壤有机质和各种粘土矿物对农药的吸附能力一般按下列顺序递减:有机胶体＞蒙脱石类＞伊利石类＞高岭石类。

不同类型的化学农药对吸附作用的影响也很大。一般来说,有机农药分子比较小(非聚合分子),若带负电荷,在有水的情况下,不易被土壤胶体吸附。但是,带有正电荷的农药,或者可以从介质中接受质子而质子化的农药,则可被强烈的吸附。在各种农药的分子结构中,凡带有 R_3N^+、$-CONH_2$、$-OH$、$-NHCOR$、$-NH_2$、$-OCOR$、$-NHR$ 等官能团的,都可被土壤强烈吸附,尤其是带$-NH_2$的化合物,被吸附力更强。经过对 16 种不同分子结构的均三氮杂苯类进行研究可以看出,在杂苯环第二位上带不同官能团的农药被钠饱和的蒙脱石吸附时,其吸附力依下列顺序递减:

$$-SC_2H_5 ＞ -SCH_3 ＞ -OCH_3 ＞ -OH ＞ -Cl$$

此外,在不同类型的农药品种中,农药相对分子质量越大,被吸附的能力愈强。农药的挥发性和溶解度愈小者,也愈易被土壤吸附。

土壤对农药吸附力的大小,关系到农药在土壤中的有效性,以及土壤对有毒药物的净化效果。土壤对农药的吸附力愈强,农药在土壤中的有效浓度愈低,因而对农药的净化效果愈好,可以减轻或消除农药对植物的污染。例如,有人曾用西玛律在砂土和黑钙土中做试验,结果在吸附力小的砂土上的吸附量只有在吸附量大的黑钙土上的 1.4%。因此,有人曾提议用施加活性炭等吸附剂的办法来消除土壤中农药对作物的污染危害。例如,在土壤中加入 0.4% 的活性炭时,豌豆从土壤中吸收艾氏剂的量就降低了 96%。由此可以证实,在土壤中添加一些强吸附剂,或增加砂土中粘土的比例,或增施有机肥料,则可减轻或消除土壤农药污染对作物的影响。但是,这种净化作用只是暂时的,而且是农药在土壤中的积累过程。

2.农药在土壤中的迁移

进入土壤环境中的农药可以通过挥发、扩散而迁移入大气,引起大气污染;或随水迁移、扩散(包括淋溶和水土流失)而进入水体,引起水体污染;也可通过作物的吸收,导致对农作物的污染,再通过食物链浓缩,进而导致动物和人体的危害。

(1)农药的挥发

由于分子热能引起分子的不规则运动而使得物质分子发生转移的过程就是挥发。不规则的分子运动使分子不均匀地分布在系统中,因而,引起分子由浓度高的地方向浓度低的地方迁移运动。挥发是以气态为主,但也可发生在气—液或气—固界面上。

众多研究证明,不仅易挥发的农药,而且不易挥发的农药(如有机氯农药)都可以从土壤表面挥发。对于低水溶性和持久性的化学农药,挥发是农药透过土壤,逸入大气的重要途径。喷施中或喷施后的农药,由于挥发,其损失量可占施用药质量的百分之几到 50% 以上。由于此类作用的显著性,已引起广泛的关注,现已对土壤中农药的蒸发损失机制做了大量的研究,并取得一定的进展。

(2)农药的扩散

农药在土壤中的移动是通过扩散和质体流动两个过程进行的。扩散是控制农药挥发的主要过程,农药在土壤的扩散决定于土壤特性,如水含量、紧实度、充气孔隙度、湿度以及某些农药的化学特性,如溶解度、蒸气压和扩散系数。扩散既能以气态发生,也能以非气态发生。

　　土壤中农药的扩散是以水为介质进行的。农药可直接溶于水中,也能悬浮于水中,或吸附于土壤固体微粒表面,或存在于土壤有机质中,随渗透水在土壤中沿土壤垂直剖面向下运动,扩散作用是农药在水与土壤颗粒之间吸附—解吸或分配的一种综合行为,它甚至能使农药进入地下水,造成污染。

　　农药的质体流动是由水或土壤微粒或者两者共同作用引起的物质流动,所以,质体流动的发生是由于外力作用的结果。质体被水流通过土壤转移决定于水流的方向和速度以及农药与土壤的吸附特征。水流通过土壤的剖面可能十分复杂,已经有一些能预测某一种农药的质体转移模型,模型涉及简单的水流系统。在稳定状态的土壤—水流状况下,农药通过多孔介质移动的一般方程为

$$\frac{\partial c}{\partial t} = D\frac{\partial^2 c}{\partial x^2} - v_0\frac{\partial c}{\partial x} - \beta \cdot \frac{\partial s}{\partial t}$$

式中, D ——扩散系数; v_0 ——平均的孔隙水速度; β ——土壤的密度; c ——溶液中农药的浓度; s ——吸附于土壤的农药浓度。

　　通过此方程,就可以基本了解农药在土壤中的迁移情况。

　　影响土壤农药挥发、扩散的主要因素是土壤水分含量、吸附作用、孔隙度和温度及农药本身的性质等。

　　1)土壤的吸附特性。

　　吸附作用是农药与土壤固相之间相互作用的主要过程。土壤是个非均质体系,其复杂性包括挥发物质通常可被土壤吸附,因此,扩散系数决定于土壤的特性。

　　农药在土壤中的移动性与土壤的吸附性能有关。农药在吸附性能较小的砂质土壤易随水迁移,而在黏质和富含有机质的土壤中则不易随水移动。

　　2)农药的物理与化学特性。

　　农药的物理与化学特性对挥发的影响非常大。农药的蒸气压越高,水溶解度越小,挥发速率越快。各类化学农药的蒸气压相差很大,有机磷和某些氨基甲酸酯类农药蒸气压相当高,而DDT、林丹等有机氯农药则比较低,所以前者挥发作用快于后者。

　　农药在土壤中的移动性与农药本身的溶解度密切相关,一些水溶性大的农药,则直接随水流入江河、湖泊;一些难溶性的农药,如DDT吸附于土壤颗粒表面,随雨水冲刷,连同泥沙一起流入江河。

　　另外,农药的剂型也影响农药的挥发。以菌达灭为例,颗粒剂菌达灭撒到干土表面时,几小时内几乎没有什么损失,但是当把菌达灭进行喷雾时,在雾滴风干之前所需的 10 min 内,农药的损失达到了 20%。

　　不同物理与化学特性的农药,其扩散行为不同。有机磷农药乐果和乙拌磷在砂壤土中的扩散行为是不同的。由于乙拌磷主要以蒸气形式扩散,而乐果则主要在溶液中扩散,所以乐果的扩散随土壤水分含量增加而迅速增大,而乙拌磷在整个含水范围内扩散系数变化很小。

　　3)温度。

　　通常当温度增高时,农药的蒸汽压显著增大。但温度增高亦可使土壤干燥,加强农药在土壤表面的吸附,而降低挥发损失。一般后者的效应大于前者,因此,温度增高的总效应是使农药在土壤水介质中的扩散系数增大。

4)气流移动。

气流速度可直接或间接地影响农药的挥发。如果空气的相对湿度不是 100%,那么增加气流就促进土壤表面水分含量降低,可以使农药蒸气更快地离开土壤表面,同时使农药蒸汽向土壤表面运动的速度加快(此时,气流的带走作用大于土壤的吸附作用)。

5)土壤含水量。

土壤水分对农药的吸附和挥发均有影响。当水分增加时,因水分与农药的竞争吸附,土壤对农药的吸附作用减弱,挥发作用增强;水分减少,土壤表面对农药的吸附作用增加,抑制了农药的挥发作用。这就是 DDT、狄氏剂等有机氯农药在相对湿度比较高的土壤中更易挥发的原因所在。

农药在土壤中的扩散确实存在气态和非气态两种扩散形式。在水分质量分数在 4%～20%之间,气态扩散占 50%以上;当水分质量分数超过 30%以上,主要为非气态扩散。在干燥土壤中没有发生扩散,扩散随水分含量的增加而变化。在水分质量分数为 4%时,无论总扩散或非气态扩散都是最大的;在 4%以下,随水分含量增大,两种扩散都增大;大于 4%,总扩散则随水分含量增大而减少;非气态扩散,在 4%～16%之间,随水分含量增加而减少;在 16%以上,则随水分含量增加而增大。

3.农药在土壤中的降解

农药在土壤中的降解包括光化学降解、化学降解和微生物降解等。

(1)光化学降解

土壤表面因受太阳辐射能和紫外线能而引起农药的分解,称为光化学降解。光分解现象,主要有异构化、氧化、水解和置换反应,大部分除草剂、DDT 以及某些有机磷农药等都能发生光化学降解作用。

通常认为,在光解过程中首先是光能使农药分子中的化学键断裂而形成自由基,这种自由基是异常活跃的中间产物。然后,自由基再与溶剂或其他反应物相作用,得到光解产物。这些光解作用是使其毒性降低。但是,也有的农药发生光化学反应而使毒性增大。例如,紫外线照射能使很多硫代磷酸酯类农药转变为毒性更强的化合物。这是由于光氧化或光异构化作用的结果。已经证明,甲基对硫磷、对硫磷、乐果、苯硫磷等,均能发生光化学变化使其毒性增大。

(2)化学降解

化学降解可分为催化反应和非催化反应。非催化反应包括水解、氧化、异构化、离子化等作用,其中以水解和氧化最为重要。

各种磷酸酯或硫代磷酸酯类农药,易受水解。其水解速率极为重要,因为它们一经水解就失去毒性和活性。农药的水解速率与化学结构及反应条件有关。在水溶液中,大多数有机磷农药的 pH 值在 1～5 之间最稳定,但是在碱性溶液中其稳定性低得多。例如,当 pH 值为 7～8 时,水解速率猛升,pH 值每增加一个单位,水解速率几乎增加 10 倍。温度的影响也很大,大约温度每升高 10℃,水解速率就加大 4 倍。

在碱性条件下的水解反应,实际上是羟基离子的催化水解作用。在土壤环境中,除碱性催化水解作用外,有机磷农药尚可受某些金属离子或金属离子与某些螯合剂结合的螯合物所催化水解。例如,土壤中的氨基酸与 Cu、R、Mn 等金属离子所组成的螯合物就是很好的有机磷农药水解的催化剂。

无机金属离子除能促进农药的水解外,还可促进某些氧化还原反应的进行。

(3)生物降解

化学农药对土壤微生物有抑制作用,同时,土壤微生物也会利用有机农药为能源,在体内酶或分泌酶的作用下,使农药发生降解作用,彻底分解成 H_2O 和 CO_2 等简单化合物,这是农药在土壤环境中的主要降解过程。土壤中种类繁多的生物,特别是数量巨大的微生物群落,对化学农药的降解贡献最大。已证实,有许多的细菌、真菌和放线菌能够降解一种乃至数种化学农药,细菌由于其生化上的多种适应能力以及易诱发突变等特性占了主要地位,其中又以假单胞菌属菌株最为活跃。各种微生物的协同作用,还可进一步增强降解潜力。

生物降解主要影响土壤中农药的行为和命运。一种化学物质,不论是持久的、短期的、迁移的、稳定的、吸附吸收的、活性的、非活性的还是最后产生残留问题的,都取决于土壤的微生物代谢作用。土壤中农药的降解作用常常经历一系列中间过程,形成一些中间产物,它们的毒性有时较母体物轻或者完全消失,有时则较母体的毒性更大。因此,深入了解农药降解作用是十分必要的。

土壤中农药微生物降解的反应是极其复杂的。目前,已知的化学农药微生物降解的机制主要有:氧化、还原作用,脱卤作用,腈、胺、酯的水解作用,脱烷基作用,环破裂作用,芳环羟基化作用和异构化作用等。微生物降解农药所需时间可能是几天到几个月,有时甚至长达几年,这决定于农药中有效成分的特性、微生物种类和土壤性质。

常见的有以下几种:

1)脱氯作用。有机氯农药 DDT 等化学性质稳定,在土壤中残留时间长,通过微生物作用脱氯,使 DDT 变成 DDD,或是脱氢脱氯变为 DDE,而 DDE 和 DDD 都可进一步氧化为 DDA。DDT 在好气条件下分解很慢,降解产物 DDE、DDD 的毒性虽比 DDT 低得多,但 DDE 仍然有慢性毒性,而且其水溶性比 DDT 大。对此类农药,要注意其分解产物在环境中的积累。

2)脱烷基作用。例如,三氯苯农药大部分为除草剂,微生物常使其发生脱烷基作用。不过这种作用并不伴随去毒作用。

3)酰胺、酯的水解。例如,磷酸酯农药对硫磷、马拉硫磷、苯酰胺类除草剂等,它们在土壤微生物作用下,引起酰胺和酯键发生水解,而很快被分解。又如,对硫磷在微生物作用下,只要几天时间就可被分解,毒性就基本消失。对这类农药,要注意使用过程中的急性中毒。

4)苯环破裂作用。许多土壤细菌和真菌都能使芳香环破裂,这是环状有机物在土壤中彻底降解的关键作用。在同类农药的化合物中,影响其降解速度的是这些化合物分子结构中的取代基的种类、数量、位置以及取代基团分子的大小。取代基的数量愈多,基团的分子愈大,就愈难分解。据研究,由于取代基的位置不同,其分解难易也有差别,如带有 C—Cl 键的卤代化合物中,由于取代基的位置不同而影响分解的难易;在苯酚类化合物中,间位上有氯原子的卤化衍生物最难分解,邻位次之,对位最易分解;在脂肪类化合物中,α 位置和 β 位置上卤化的容易在微生物作用下起脱卤反应,取代基的位置对分解速度的影响程度比取代基数量的影响程度要大。

微生物降解农药的途径可分为酶促作用和非酶促作用,非酶促作用是指微生物通过其生命活动改变了物理和化学环境,如通过 pH 值的改变及增加土壤胶体对农药的吸附作用等方式,从而间接作用于农药。微生物降解农药的本质是酶促催化反应,参与催化的酶主要有加氧酶、脱氢酶、过氧化物酶、裂解酶等,其作用方式有两种:一是农药通过微生物分泌的胞外酶降解;二是农药被微生物吸收到其细胞后由胞内酶降解。

综上所述微生物在农药降解中主要发挥如下两种作用:一是矿化作用。有许多有机农药是天然化合物的类似物,某些微生物具有降解它们的酶系。它们可以作为微生物的营养源而被微生物分解利用,生成无机物、CO_2 和 H_2O。矿化作用是最理想的降解方式,因为农药被完全降解成无毒的无机物。二是共代谢作用。有些合成的化合物不能被微生物降解,但若有另一种可供碳源和能源的辅助基质存在时,它们则可被部分降解,这个作用称为共代谢作用。它在农药的微生物降解过程中发挥着主要的作用。

4.农药在土壤中残留

农药在土壤中残留的含义是指农药使用后残存于土壤中的农药原体、有毒代谢物、降解物阳杂质的总称。虽经挥发、淋溶、降解等作用而使农药的一部分消失,但仍有一些残留在土壤。

化学农药污染土壤的程度可以用其残留特性表示,即残留量和残留期。残留的数量称为戈留量。在一般情况下主要是指农药原体的残留量和具有比原体毒性更高或相当毒性的降解戈留物的残留量。农药在土壤中的残留期常用半衰期和残留期表示。半衰期是指施药后附着土壤的农药,因降解等原因含量减少一半所需的时间。残留期是指施于土壤的农药因降解亭原因含量减少 $75\% \sim 100\%$ 所需的时间。表 4-6 列出若干农药的半衰期。

表 4-6　农药的半衰期

农药名称	半衰期/a	农药名称	半衰期/a
含 Pb、Cu、As 的农药	10～30	三氮苯类除草剂	1～2
DDT、六六六、狄氏剂	2～4	苯氧羧酸类除草剂	0.2～1
有机磷类农药	0.02～0.2	磺酰脲类除草剂	0.3～0.8
2,4-D,2,4,5-T	9.1～0.4	氨基甲酸酯类农药	0.02～0.1

从表 4-6 可见,各类化学农药由于化学结构和性质不同,在土壤中的残留期差别悬殊,半衰期相差可达几个数量级。铅、砷等制剂几乎将永远残留在土壤中,有机氯农药在土壤中的残留期也很长久,这些农药虽已被禁用,但在环境中的残留量仍十分可观。其次是均三氮苯类、取代脲类和苯氧乙酸类除草剂残留期一般在数月至一年左右;有机磷和氨基甲酸酯类杀菌剂残留期一般很短,只有几天或几周,故在土壤中很少积累。

表中所列出的半衰期有很大的变动范围。这表明,各种农药在土壤中残留时间的长短,除主要决定于农药本身的理化性质外,还与土壤质地、有机质含量、酸碱度、水分含量、土壤微生物群落、耕作制度和作物类型等多种因素有关。例如,土壤 pH 值较高时,一般农药的消失速度均较快。1605 在碱性土壤中的残留量比在酸性土壤中少 $20\% \sim 30\%$。此外,一般当土壤水分适宜、温度较高时,农药的残留期均相对较短。这种农药对植物的有效性与土壤的 pH 值、光照及温度等生态因素有关。

对土壤中农药残留的动态研究发现,土壤中存在着结合态农药残留物,其数量占到农药施用量的 7%~~90%。因此,提出了农药的键型残留问题。有些农药施于土壤中,其农药分子本身及分解代谢的中间产物如苯胺以及衍生物能与土壤有机物结合,生成稳定的键型残留物,并能长期残留于土壤中,而不为一般有机溶剂所萃取。这种结合态的农药残留物的生物效应、毒性及其对土壤性质和环境的影响,目前知之甚少。因此,关于农药及其分解的中间产物在土壤中的键型残留问题,引起了环境科学工作者的重视。

大量研究表明,农药在土壤中的残留是导致农药对环境造成污染和生物危害的根源。当土壤中农药残留积累到一定程度,便会对土壤生物造成不同程度的毒害。如影响微生物的功能,抑制微生物的呼吸作用,使硝化作用受到阻碍,改变微生物及土壤动物种类、数量,抑制或者促进农作物或其他植物的生长,提早或推迟成熟期等;土壤中的残留农药还可通过挥发、扩散、质流产生转移,污染大气、地表水体和地下水;并可通过生物富集和食物链使农药的残留浓度在生物体内富集,最终危及人体健康。因此,农药在土壤中的残留性引起人们高度的关注。

农药在土壤中残留时间的长短,对环境保护工作与植物保护工作两者的意义是不同的。对于环境保护来说,希望各种农药的残留期越短越好。但是,从植物保护的角度来说,如果残留期太短,就难以达到理想的防治效果。因此,对于农药残留期的评价,要从防止污染和提高药效两方面来衡量,两者不能偏废。从理想来说,农药的毒性、药效保持的时间能长到足以控制目标生物,又衰退得足够快,以致对非目标生物无持续影响,并免于环境遭受污染。

土壤微生物的种群、数量、活性等均对农药的残留期产生很大影响。设法筛选和培育能够分解某种农药的微生物,然后将此微生物施放入土壤,并创造良好的土壤环境条件,以促进微毕物的繁殖和增强活性。乃是消除土壤农药污染的重要措施。

4.4 土壤污染的防治

污染物可以通过多种途径进入土壤,引起土壤正常功能的变化,从而影响植物的正常生长和发育。然而,土壤对污染物也能起净化作用,特别是进入土壤的有机污染物可经过扩散、稀释、挥发、化学降解及生物化学降解等作用而得到净化。如果进入土壤中的污染物在数量和速度上超过土壤的净化能力,即超过土壤的环境容量,最终将导致土壤正常功能失调,阻碍作物正常生长。

土壤环境容量是指土壤环境单元在一定时限内遵循环境质量标准,既保证农产品的产量和生物学质量,同时也不使环境污染时,土壤所能容纳的污染物的最大数量或最大负荷量。

土壤与植物的生命活动紧密相连,污染物可通过土壤—植物系统及食物链,最终影响人体健康,因而土壤污染的防治十分重要。首先要控制和消除污染源,对已经污染的土壤,要采取一切有效措施,消除土壤中的污染物,或控制土壤污染物的迁移转化,使其不能进入食物链。

控制和消除土壤污染源是防止污染的根本措施。控制土壤污染源,即控制进入土壤中污染物的数量和速度,使其在土体中缓慢自然降解,以免产生土壤污染。主要可从如下几方面加强污染土壤的防治措施。

1.控制和消除工业"三废"的排放

在工业方面,应认真研究和大力推广闭路循环和清洁工艺,以减少或消除污染源,对工业

"三废"及城市废物不能任意堆放,必须处理与回收,即进行废物资源化。对排放的"三废"要净化处理,控制污染物的排放数量和浓度。

我国水资源短缺,分布又不均匀,近几年来水体污染日益严重,以致农业用水也甚为紧张。因此,我国许多地方已发展了污水灌溉。这一方面解决了部分农田用水,另一方面,污水中虽含有相当多的肥料成分,但也可以导致土壤污染。因此利用污水灌溉和施用污泥时,首先要根据土壤的环境容量,制定区域性农田灌溉水质标准和农用污泥施用标准,要经常了解污水中污染物质的组分、含量及其动态。必须控制污灌水量及污泥施用量,避免盲目滥用污水灌溉引起土壤污染。

2. 土壤污染监测、预测和评价系统

在土壤环境标准或基准和土壤环境容量的基础上,加强土壤环境质量的调查、监测和预控,建立系统的档案材料。在有代表性的地区定期采样或定点安置自动监测仪器,进行土壤环境质量的测定,以观察污染状况的动态变化规律。分析影响土壤中污染物的累积因素和污染趋势,建立土壤污染物累积模型和土壤容量模型,预测控制土壤污染或减缓土壤污染的对策和措施。

3. 施用化肥和农药

为防止化学氮肥和磷肥的污染,应控制化肥、农药的使用,研究制定出适宜用量和最佳施用方法,以减少在土壤中的累积量,防止流入地下水体和江河湖泊进一步污染环境。为防止化学农药的污染,禁止或限制使用剧毒、高残留农药,如有机氯农药;发展高效、低毒、低残留农药,如除虫菊酯、烟碱等植物体天然成分的农药。积极推广应用生物防治措施,大力发展微生物与激素农药,同时,应研究残留农药的微生物降解菌剂,使农药残留降低到国家标准以下。探索和推广生物防治病虫害的途径,开展生物上的天敌防治法,如应用昆虫、细菌、霉、病毒等微生物作为病虫害的天敌。还应开展害虫不孕化防治法。

4. 土壤环境容量、增强土壤净化能力

增加土壤有机质含量,采用砂土掺黏土或改良砂性土壤等方法,可增加或改善土壤胶体的性质,增加土壤对有毒物质的吸附能力和吸附量,从而增加土壤环境容量,提高土壤的净化能力。分析、分离或培养新的微生物品种以增加微生物对有机污染物的降解作用,也是提高土壤净化能力极为重要的环节。

5. 其他措施

施用化学改良剂,如抑制剂和强吸附剂以阻碍重金属向作物体内转移。采取生物改良措施,通过植物的富集而排除部分污染物,包括种植对重金属吸收能力极强的作物,如黄额蛇草对重金属的吸收量比水稻高 10 倍,种植这些非食用性作物,在一定程度上可排除土壤中的重金属。控制氧化还原条件以减轻重金属污染的危害。改变耕作制,如对已被有机氯农药污染的土壤,可通过旱作改水田或水旱轮作的方式加快土壤中有机氯农药的分解与去除。

第5章 污染物在生物体内的迁移转化

5.1 毒理学与生态毒理学

5.1.1 毒物与毒理学

1. 毒物

毒物是指进入生物机体后能使体液和组织发生生物化学变化,干扰或破坏机体的正常生理功能,并引起暂时性或持久性的病理损害,甚至危及生命的物质。毒物可以是固体、液体和气体,在与机体接触或进入机体后,能与机体相互作用,发生物理或生物化学反应。毒物与非毒物之间并不存在绝对界限。区分一种外源性化学物质是否有毒,必须充分考虑到与其接触的剂量和途径。日常生活中的非毒物质,甚至生命必需的营养物质,如水、维生素以及生命必需的微量元素等,当大量进入机体时也会引起损害作用;而有毒的物质在极其微量时对机体也可能不产生毒害作用。

根据作用机体的主要部位,毒物可分为作用于神经系统、造血系统、心血管系统、呼吸系统、肝、肾、眼、皮肤的毒物等;根据作用性质,可分为刺激性、腐蚀性、窒息性、致突变、致癌、致畸、致敏的毒物等;此外,还有其他的分类方法。

2. 毒理学

毒理学是一门研究毒物对生物体的负面效应的基础科学。不同毒物或同一毒物在不同条件下的毒性,常有显著的差异。影响毒物毒性的因素很多,而且很复杂。概括来说有:毒物的化学结构及理化性质(如毒物的分子立体构型、分子大小、官能团、溶解度、电离度、脂溶性等),毒物所处的集体因素(如基体的组成、性质等),机体暴露于毒物的状况(如毒物剂量、浓度、机体暴露的持续时间、频率、总时间、机体暴露的部位及途径等),生物因素(如生物种属蝉翼、年龄、体重、性别、遗传及免疫情况、营养及健康状况等),生物所处的环境(如温度、湿度、气压、季节及昼夜节律的变化、光照、噪声等)。其中,关键因素之一是毒物的剂量(浓度)。这是因为毒物毒性在很大程度上取决于毒物进入机体的数量,而后者又与毒物剂量(浓度)紧密相关。

(1)剂量—效应

剂量从理论上来说,应当指有毒物在生物体的作用点上的总量。但实际上,这个“总量”是难以定量求得的。因此,往往采用生物体单位体重暴露的毒物的量表示。毒物对生物的毒性效应差异很大,这些差异包括能观察到的毒性发作的最低水平、有机体对毒物小增量的敏感度、对大多数生物体发生最终效应(特别是死亡)的水平等。生物体内的一些重要物质,如营养性的矿物质过高或过低都可能有害。以上提到的因素可以用剂量—效应关系来描述,该关系是毒物学最重要的概念之一。图 5-1 中给出了一般化的剂量—效应曲线。

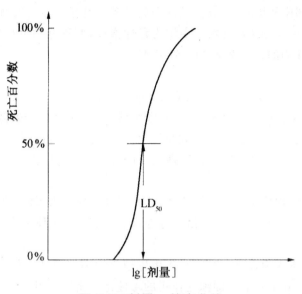

图 5-1　剂量—效应曲线

注:其中效应为死亡,纵坐标为生物体累计死亡的百分数

图 5-1 中的 S 型曲线的中间点对应的剂量是杀死 50％的目标生物体的统计估计剂量。定义为 LD_{50},称为半致死剂量。试验生物体死亡 5％和 95％的估计剂量,通过在曲线上分别读 5％(ID_5)和 95％(LD_{95})死亡的剂量水平得到。S 形曲线较陡,说明 LD_5 和 LD_{95} 的差别较小。

根据一个平均大小的人致命剂量,尝试剧毒物质是致命的。而对于毒性很大的物质,一点毒物的量也许有相同的作用。然而,毒性小的物质也许需要很多才能达到相同的效果。当两种物质存在实质性的 LD_{50} 差异,就说具有较低 LD_{50} 的物质毒性更大。这样的比较必须假定进行比较的两种物质的剂量—效应曲线具有相似的斜率。到现在为止,毒性被描述为极端作用,即有机体的死亡。但是大多数情况下,较低的毒害作用表现得更为明显。一种毒物的剂量—效应能被建立,通过逐渐加大剂量,从无作用到有作用、有害,甚至致死量的水平。若该曲线的斜率低,则表明该毒物具有较宽的有效剂量范围。

(2)联合作用

现实环境中一般都会同时存在着多种污染物质,他们对机体同时产生的毒性,有别于其中任一单个污染物质对机体引起的毒性。两种或两种以上的毒物,同时作用于机体所产生的综合毒性成为毒物的联合作用。毒物联合作用通常分为四类。

1)协同作用。

指联合作用的毒性,大于其中各个毒物成分单独作用毒性的总和。就是说,其中某一毒物成分能促进机体对其他毒物成分的吸收加强、降解受阻、排泄迟缓、蓄积增多或产生高毒改写物等,使混合物毒性增加,如四氯化碳与乙醇、臭氧与硫酸气溶胶等。若以死亡率作为毒性的观察指标,两种毒物单独作用的死亡率分别为 M_1 和 M_2,则其协同作用的死亡率为 $M > M_1 + M_2$。

2)相加作用。

指联合作用的毒性,等于其中各毒物成分单独作用的毒物的总和,即其中各毒物成分之间均可按比例取代另一毒物成分,而混合物毒性均无变化。当各毒物成分的化学结构相近,性质相似,对机体作用的部位及机理相同时,其联合的结果往往呈现毒性相加作用。例如,丙烯腈与乙腈,稻瘟净与乐果等。如果以死亡率作为毒性指标,两种毒物单独作用的死亡率分别是 M_1 和 M_2,则其相加作用的死亡率为 $M=M_1+M_2$。

3)拮抗作用。

指联合作用的毒性,小于其中各毒物成分单独作用毒性的总和。就是说,其中某一毒物成分能促进机体对其他毒物成分的降解加速、排泄加快、吸收减小或产生低毒代谢物等,使混合毒性降低。例如,二氯乙烷与乙醇,亚硝酸与氯化物,硒与汞,硒与镉等。如果以死亡率作为毒性指标,两种毒物单独作用的死亡率分别是 M_1 和 M_2,则其相加作用的死亡率为 $M<M_1+M_2$。

凡是能使一种化学物质毒性减弱的物质称为拮抗物,如硒为汞的拮抗物,正是这种拮抗作用,使得某些汞污染严重的地区因为有硒的存在未能形成汞对人体的严重影响。

4)独立作用。

各毒物对机体的进入途径、作用部位、作用机理等均不相同,因而在其联合作用中各毒物生物学效应彼此无关,互不影响。即独立作用的毒性低于相加作用,但高于其中单项毒物的毒性,如苯巴比妥与二甲苯。如果以死亡率作为毒性指标,两种毒物单独作用的死亡率分别是 M_1 和 M_2,则其独立作用的死亡率为 $M=M_1+M_2(1-M_1)$。

确定联合作用类型,目前尚无标准方法。常用的方法有:过筛试验。将联合作用物按相加作用预测的半数致死量 LD_{50} 给予实验动物,其死亡率大于或等于 80% 为协同作用,小于或等于 30% 为拮抗作用,在两者之间为相加作用;等效应图法。用作图的方法评定甲、乙两种毒物的联合作用;计算法。运用相加作用的数学模式,计算出混合毒物的 LD_{50} 预期值 P,并求出它与 LD_{50} 的实测值 Q 的比值。当 P/Q 值在 1 左右的一定范围内为相加作用,小于此范围为拮抗作用,大于此范围为协同作用;统计学处理。将单项毒物进行毒性试验的结果与联合毒性试验的结果进行统计学的显著性检验,根据差别有无显著性来确定联合作用的类型;⑤如实验结果非常明显,可直接描述,综合分析,作出判断。由于影响联合作用的因素很多,因此所得实验结果不可轻易外延。

毒物及代谢产物与机体靶器官的受体之间的生物化学反应及机制,是毒作用的启动过程,在毒理学和毒理化学中占重要的地位。毒作用的生化反应及机制内容很多,常见的"三致"作用,即因环境因素引起的使机体致突变、致畸和致癌作用。

(1)致突变作用

生物细胞内 DNA 发生改变从而引起的遗传特性突变的作用称为致突变作用。具有致突变的污染物质称为致突变物。致突变作用使副本或母本配子细胞中的脱氧核糖核酸(DNA)结构发生根本变化,这种突变可遗传给后代。致突变作用分为基因突变和染色体突变两种。突变结果不是产生了与意图不符的酶,就是导致酶的基本功能完全丧失。突变可以使个体生物之间产生差异,有利于自然选择和最终形成最适宜生存的新物种。然而大多数的突变是有害的,因此可以引起突变的致突变物受到特殊的关注。

致突变作用是毒理学和毒理化学中一个很重要的课题,人和哺乳动物的性细胞如果发生突变,可以影响妊娠过程,导致不孕和胚胎早期死亡等;体细胞的突变,可能是形成癌肿的基础。

常见的具有致突变作用的环境污染物质有:亚硝胺类、苯并[a]芘、甲醛、苯、砷、铅、烷基汞化合物、甲基对硫磷、敌敌畏、百草枯、黄曲霉霉素 B_1 等。

(2)致畸作用

人或动物在胚胎发育过程中由于各种原因所形成的形态结构异常,成为先天性畸形或畸胎。导致畸胎的四种主要因素为病毒、放射性、药物和化学品。母体营养缺乏或内分泌障碍等可引起先天性畸形。

具有致畸作用的污染物质称为致畸物。截至 20 世纪 80 年代初期,已知对人的致畸物约有 25 种,对动物的致畸物约有 800 多种。不同致畸物对于胚胎发育各个时期的效应,往往具有特异性,他们的致畸机制也不完全相同。一般认为致畸物的致畸生化机制可能有以下几种:突变引起胚胎发育异常;胚胎细胞代谢障碍;细胞死亡和增值速度减慢;胚胎组织发育过程不协调。

(3)致癌作用

体细胞失去控制的生长现象称为癌症。能在动物和人体中引起癌症的化学物质称为致癌物。致癌物根据性质可分为化学致癌、物理致癌物(如 X 射线、放射性核素氡)和生物性致癌物(如某些致癌病毒)。据估计,人类癌症 80%~85% 与化学致癌物有关,在化学致癌物中又以合成化学物质为主。因此,化学品与人类癌症的关系密切,受到多门学科和公众极大关注。图 5-2 为致癌物或其前体物导致癌症的示意图。

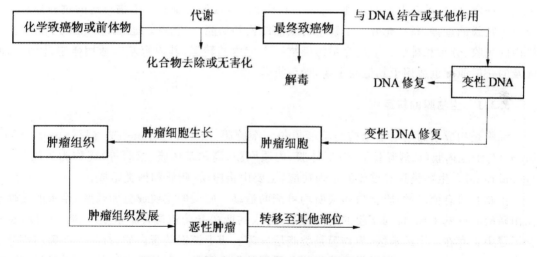

图 5-2　致癌物或其前体物导致癌症的过程

化学致癌物的致癌机制非常复杂,仍在研讨之中。关于遗传性致癌物的致癌机制,一般认为有两个阶段:第一是引发阶段,即致癌物与 DNA 反应,引起基因突变,导致遗传密码改变。第二是促长阶段,主要是突变细胞改变了遗传信息的表达,增殖为肿瘤,其中恶性肿瘤还会向机体其他部位扩展。

5.1.2　生态毒理学

生态毒理学(Ecotoxicology)由 Truhaut 在 1969 年首次提出,定义为毒理学的一个分支,是研究天然的或人工合成的物质以及其他因素对生物个体、种群、群落以及生态系统的毒性效应。生态毒理学是一门随着生态和环境问题的日益突出而产生的交叉学科。生态毒理学的核心是生态毒理效应,即有毒有害物质对生命有机体危害的程度与范围的研究。它运用多学科(生态学、毒理学、化学、医学、数学和生物技术)理论来揭示各种复杂的生态健康和环境健康问题。

毒物对生态系统(Ecosystem)和生态系统中的生物有显著的影响,即:生态毒理效应。例如,在一个小的池塘的生态系统中,添加到水中的硫酸铜可以使水中的微藻致死,而微藻是生态系统中食物链(food chain)的基础,因此生态系统遭到了破坏。这个例子可以认为是生态学(Ecology)和毒理学之间的交互作用。这些交互作用可能是十分复杂的,包括很多的生物,也可能包括食物链和复杂的食物网。例如,持久性的有机卤化物可以通过食物锌存生物体内达到很高的浓度而发挥它们的毒害效应。

5.2　生物转运

所谓生物转运(biological transport)是指污染物在生物体内的吸收、分布和排泄过程主要依据物理学规律,具有类似的机理,其本身不发生结构改变的统称。生物转运的过程都是反复通过生物膜的过程,只有充分地了解生物膜的结构和功能,才能更好地理解外源化学物质在机体内的吸收、分布和排泄。下面介绍污染物在人体内的转运,其内容基本适用于哺乳动物,而涉及的一般原理也适用于其他的生物,如鱼类等。

5.2.1　生物膜的转运

细胞是构成生命的基本结构与功能单位。细胞膜(cell membrane)或质膜(plasma membrane)与细胞内膜(如线粒体膜、叶绿体膜、内质网膜、高尔基体膜、核膜等)统称为生物膜(biomembrane)。生物膜具有重要的生理功能,主要由蛋白质、脂质和糖类组成。

生物膜具有流动性,膜蛋白和膜脂均可侧向运动。脂质的主要成分为磷脂,亲水的极性基团由磷酸和碱基组成,排列于膜的内外表面;疏水的两条脂肪链端伸向膜的中部。所以,在双分子层中央存在一个疏水区,生物膜是类脂层屏障。膜上镶嵌的蛋白质,有附着在磷脂双分子层表面的表在蛋白,有深埋或贯穿磷脂双分子层的内在蛋白。有的蛋白质是物质转运的载体,有的是接受化学物质的受体,有的是能量转换器,还有的是具有催化作用的酶。因此,生物膜在生态毒理学研究中具有重要地位,许多物质的毒性作用与生物膜有关,因为它控制着外源物质及其代谢产物的进出细胞。

物质通过生物膜的方式称为生物转运,可分为三类:被动转运,特殊转运和膜动转运。

(1)被动转运

被动转运(passive transport)的特点是生物膜对物质的转运不起主动作用,是一种纯物理化学过程。被动转运又可分为:简单扩散和滤过两种方式。

1)简单扩散。

大部分外源化学物质通过简单扩散(simple diffusion)进行生物转运。生物膜两侧的化学物质从浓度高的一侧向浓度低的一侧扩散,称为简单扩散。大部分外源化学物质主要借助简单扩散通过生物膜的脂质双分子层。

扩散速率服从费克定律:

$$\frac{\mathrm{d}Q}{\mathrm{d}t} = -DA\frac{\Delta c}{\Delta x} \qquad (5-1)$$

式中, $\frac{\mathrm{d}Q}{\mathrm{d}t}$ ——物质膜扩散速率,即 d£间隔时间内垂直方向通过膜的物质的量; Δx ——膜厚度; Δc ——膜两侧物质的浓度梯度; A ——扩散面积; D ——扩散系数。

影响简单扩散主要有如下几个因素:

·生物膜两侧化学物质的浓度梯度(concentration gradient)越大,化学物质通过膜的速度越快,反之亦然。

·一般化学物质的脂/水分配系数(lipid/water partition coefficient)越大,越容易通过生物膜。因此,水溶性的化合物一般不易通过简单扩散进入细胞,如:葡萄糖、氨基酸、钠离子和钾离子等。但是,脂/水分配系数过大而水溶性极低的物质,也不易通过简单扩散进行跨膜转运,如磷脂。

·化学物质的解离度和体液的 pH。许多化学物质如弱酸、弱碱的盐类,在溶液中呈离子态时脂溶性低,不易通过生物膜;而非离子状态的脂溶性高,较易通过生物膜。因此,物质在体液中的解离度越大,就越难通过简单扩散的方式通过生物膜。体液的 pH 可影响弱酸(如苯甲酸等有机酸)和弱碱(如苯胺等有机碱)的解离度。当 pH 降低时,弱酸类化合物的非离子型百分比增加,易于简单扩散通过生物膜,而弱碱类化合物的离子型百分比增加,不易通过生物膜;当体液偏碱时,则发生与上述过程相反的过程。

化学物质简单扩散不需要耗能,不需要载体参与,没有特异性选择、竞争性抑制及饱和现象。

2)滤过。

滤过(filtration)是外源化学物质通过生物膜上的亲水性孔道的过程。生物膜中具有带极性、常含有水的微小孔道,称为膜孔。直径小于膜孔的水溶性物质,可借助膜两侧的静水压及渗透压,以水作为载体,经膜孔通过生物膜。一些水溶性的物质可以通过滤过完成生物转运过程。

(2)膜动转运

少数物质与膜上某种蛋白质具有特殊的亲和力,当其与膜接触后,可改变这部分膜的表面张力,引起膜的外包或内陷而被包围进入膜内,固体物质的这一转运称为胞吞(phagocytosis),液体物质的这一转运称为胞饮(pinocytosis)。因此,膜动转运(cytosis)对体内外源化学物质的消除具有重要的意义,例如白细胞吞噬微生物,肝脏网状内皮细胞对有毒异物的消除都与此有关。膜动转运也需要消耗能量。

总之,物质通过生物膜的方式取决于膜内外环境、膜的性质和需转运物质的结构。

(3)特殊转运

有些化合物不能通过简单扩散或滤过作用进行跨膜转运,它们必须通过生物膜上的特殊转运系统完成转运过程。特殊转运的特异性较强,只能转运具有一定结构的化合物,而且必须借助载体或运载系统完成。特殊转运(specialized transport)根据机理可以分为:主动转运和易化扩散。

1)主动转运。

在消耗一定的代谢能量条件下,物质由低浓度处向高浓度处转运以通过生物膜的过程,称为主动转运(active transport)。其主要特点是:

·需要有载体的参加。载体一般是生物膜上的蛋白质,可与被转运的化学物质形成复合物,然后将化学物质运到生物膜另一侧并将化学物质释放。与化合物结合时载体构型发生改变,但组成成分不变,释放化学物质后,又恢复原有构型,以进行再次转运。

·化学物质逆浓度梯度转运,需要消耗一定的能量,一般所需要的能量来自于 ATP。代谢抑制剂可以阻止此转运过程。

·载体对转运的化学物质具有选择性,必须具有一定基本结构的化学物质才能被转运,结构稍有改变,即可影响转运过程。

·载体有一定的容量限制,当化学物质达到一定的浓度时,载体可以饱和,转运量达到极限值。

·若两种化学物质结构相似,转运载体相同,则这两种化学物质之间出现竞争抑制。

主动转运在代谢物排出、营养物吸收以及维持细胞内多种离子的正常浓度等方面具有重要意义。在正常生理状况下,神经细胞膜内 K^+ 浓度远远高于膜外介质中的浓度;Na^+ 与此相反。保持细胞内正常生理功能必需的 Na^+、K^+ 浓度主要通过 Na^+-K^+-ATP 酶转运载体(钠钾泵)来维持。又如铅、镉、砷等化合物,可通过肝细胞的主动转运进入胆汁并排出体外。

2)易化扩散。

不易溶于脂质的物质,利用特异性蛋白载体由高浓度向低浓度处移动的过程,称为易化扩散(facilitated diffusion),又称载体扩散。由于不需逆浓度梯度由低浓度处向高浓度处移动,所以不消耗代谢能量。由于利用载体,生物膜具有一定主动性或选择性,但又不能逆浓度梯度,故又属于扩散性质。水溶性葡萄糖由胃肠道进入血液、由血浆进入红细胞并由血液进入神经组织都是通过易化扩散。它受到膜特异性载体及其数量的制约,因而呈现特异性选择,类似物质竞争性抑制和饱和现象。

5.2.2 吸收

吸收(absorption)是污染物质从机体外通过生物膜进入血液的过程。以人体为例,主要通过呼吸道、消化道和皮肤三条途径吸收。

(1)呼吸道吸收

空气中的污染物主要从呼吸道侵入机体。从鼻腔到肺泡的整个呼吸道各部分由于结构不同,对毒物的吸收情况也不同,愈入深部,因接触面积越大,停留时间越长,吸收量越大。因此,呼吸道吸收是以肺泡吸收为主。以人体为例,肺泡数约 3 亿个,表面积达 $50\sim100$ m。相当于皮肤吸收面积的 50 倍左右。肺泡周围布满长约 2000 km 的毛细血管网络,血液供应很丰富,毛细血管与肺泡上皮细胞膜很薄,仅 1.5 μm 左右,有利于外来化学物质的吸收。因此,气

体污染物如 CO、NO_2、SO_2，挥发性物质如苯、四氯化碳的蒸气及气溶胶硫酸烟雾等经肺吸收的速度很快，仅次于静脉注射。

气态物质到达肺泡后，主要经简单扩散通过呼吸膜而进入血液，其吸收速度受多种因素的影响，主要是肺泡和血液中物质的浓度（分压）差。按扩散规律，气体从高分压处向低分压处通透，分压差愈大，吸收愈快。随着吸收量的增加，分压差逐渐减少，吸收速度随之减慢。当呼吸膜两侧的分压达到动态平衡时，吸收量不再增加，此时气体在血液内的浓度（饱和浓度）与其在肺泡空气中的浓度之比称为该气体的血/气分配系数。此系数愈大的气体越易被血液吸收。除血/气分配系数外，吸收速度还取决于气体在血液中的溶解度、肺的通气量和血流量。

颗粒物质的吸收主要取决于颗粒的大小，直径大于 10 μm 的颗粒，因重力作用迅速沉降，吸入后因慢性碰撞而大部分黏附在上呼吸道；直径为 5～10 μm 的颗粒因沉降作用，大部分被阻留在气管和支气管；直径为 1～5 μm 的颗粒可随气流到达呼吸道深部，并有部分到达肺泡；直径小于 1 μm 的颗粒可在肺泡内扩散而沉积下来。因此随空气吸入的颗粒物并非都被吸收。呼吸系统对吸入颗粒有两种清除机理：黏液—纤毛运载系统清除和肺泡清除。到达肺泡的颗粒物质可通过下列途径消除：直接从肺泡吸收入血液；随黏液咳出或咽入胃肠道；游离的或被吞噬的颗粒物可通过肺的间质进入淋巴系统；有些颗粒可长期留在肺泡内，形成肺泡灰尘病灶或结节。

（2）消化道吸收

消化道吸收是吸收污染物的主要途径。水和食物中的有害物质主要是通过消化道被人体吸收。消化道的任何部位都有吸收作用，主要的吸收部位在小肠，其次是胃。因肠道黏膜上有绒毛，可增加小肠吸收面积，大多数化学物质在消化道中以简单扩散方式被吸收。因此，污染物的脂溶性越高在小肠内的浓度越高，被小肠吸收也越快。另外，血液流速越大，则膜两侧的污染物质的浓度梯度越大，机体对污染物的吸收速率越大。相反，一些极性污染物，因其脂溶性小，在被小肠吸收时经膜扩散成了限速因素，对血液流速影响不敏感。

由于许多酸、碱性有机化学物质在不同 pH 溶液中的解离度是不同的，故在胃肠道不同部位的吸收有很大差别。

（3）皮肤吸收

皮肤是保护机体的有效屏障，外源化学物质一般不易穿透。但不少化合物可通过皮肤吸收引起毒性作用。例如，四氯化碳可通过皮肤吸收而引起肝损害；某些有机磷农药可经皮肤吸收，引起人体中毒。

环境毒物经皮肤吸收主要通过两条途径：一是表皮；二是毛囊、汗腺和皮脂腺等皮肤附属器。外源化学物质依靠简单扩散通过表皮，再经真皮乳头层的毛细血管进入血液。细胞间隙是电解质经皮肤进入机体的主要途径，相对分子质量较低的非电解质经过细胞进入体内。一般相对分子质量大于 300 的物质不易通过无损伤的皮肤。具有一定的水溶性的脂溶性化合物，如苯胺可为皮肤迅速吸收，而水溶性很差的脂溶性的苯，经皮肤吸收量较少。经毛囊吸收的物质不经过表皮屏障，化学物质可直接通过皮脂腺和毛囊壁进入真皮。电解质和某些金属，特别是汞，在紧密接触毛囊后可被吸收。

5.2.3 分布与存储

1.分布

吸收入血液的化学物质仅少数呈游离状态,大部分与血浆蛋白结合,经血液运送到各器官和组织。因此,分布的开始阶段,主要取决于机体不同部位的血流量,血液供应愈丰富的器官,化学物质的分布愈多,故像肝脏这样血液丰富的器官,化学物质可达很高的起始浓度。但随着时间的延长,化学物质在器官和组织中的分布,愈来愈受到化学物质与器官亲和力的影响而形成化学物质的再分布(redistribution)过程。

(1)污染物在植物体内的分布

许多污染物质都是通过植物的土壤——植物系统进入生态系统的。由于污染物质在生物链中的积累直接或间接地对陆生生物造成影响,因而植物对污染物质的吸收被认为是污染物在食物链中的积累并危害陆生动物的第一步。

植物吸收污染物后,其污染物在植物体内的分布与植物种类、吸收污染物的途径等因素有关。

植物从大气中吸收污染物后,污染物在植物体内的残留量常以叶部分布最多。例如,在含氟的大气环境中种植的番茄、茄子、黄瓜、菠菜、青萝卜、胡萝卜等蔬菜体内氟的含量分布符合此规律。

植物从土壤和水体中吸收污染物,其残留量的一般分布规律是:根>茎>叶>穗>壳>种子。例如,在被镉污染的土壤中种植的水稻,其根部的镉含量远大于其他部位。

试验表明,植物的种类不同,对污染物的吸收残留量的分布也有不符合上述规律的。例如,在被镉污染的土壤中种植的萝卜和胡萝卜,其根部的含镉量低于叶部。

(2)污染物在动物体内的分布

污染物质在动物体内的分布过程主要包括吸收分布和排泄。下面以人为例介绍污染物质在动物体内的分布过程。这些基本原理适用于哺乳动物以及其他一些动物(如鱼类)。

1)吸收。

污染物质进入人体被吸收后,一般通过血液循环输送到全身。血液循环把污染物质输送到各器官(如肝、肾等),对这些器官产生毒害作用;也有些毒害作用如砷化氢气体引起的溶血作用,在血液中就可以发生。污染物质的分布情况取决于污染物与机体不同部位的亲和性,以及取决于污染物质通过细胞膜的能力。脂溶性物质易于通过细胞膜,此时,经膜通透性对其分布影响不大,组织血流速度是分布的限制因素。污染物质常与血液中的血浆蛋白质结合,这种结合呈现可逆性,结合与解离处于动态平衡。只有未与蛋白结合的污染物质才能在体内组织进行分布。因此与蛋白结合率不高的污染物,在低浓度下几乎全部与蛋白结合存留于血浆中。但当其浓度达到一定水平,未被结合的污染物质剧增,快速向机体组织转运,组织中该污染物质明显增加,而与蛋白结合率低的污染物质随浓度增加,血液中未被结合的污染物质也逐渐增加,故对污染物质在体内分布的影响不大。由于亲和力不同,污染物质与血浆蛋白的结合受到其他污染物质及机体内源性代谢物质置换竞争的影响,该影响显著时,会使污染物质在机体内的分布有较大的改变。

在这里,血脑屏障特别值得一提,因为它是阻止已进入人体的有毒污染物质深入到中枢神经系统的屏障。与一般的器官组织不同,中枢神经系统的毛细血管管壁内皮细胞互相紧密相连、几乎没有空隙。当污染物质由血液进入脑时,必须穿过这一血脑屏障。此时污染物质的经膜通透性成为其转运的限速因素。高脂溶性低解离度的污染物质经膜通透性好,容易通过血脑屏障,由血液进入脑部,而非脂溶性污染物质很难人脑。因此,对于一些损害人体其他部位的有毒害物质,中枢神经系统能够局部地得到特殊的保护。

2)排泄。

排泄(excretion)是外源化学物质及其代谢产物向机体外转运的过程。排泄器官有肾、肝胆、肠、肺、外分泌腺等,排泄的主要途径是经肾随尿液排出和经肝随同胆汁通过肠道随粪便排出。肾脏是最主要的排泄器官,经肾随尿液排出的化学物质数量超过其他各种途径排出化学物质的总和。但其他各种特殊途径往往对特殊化合物的排泄具有特殊的意义。例如,由肺随呼气排出 CO_2,由肝随胆汁排泄 DDT 和铅。

肾排泄是使污染物质通过肾随尿而排出的过程。肾排泄是污染物通过肾而随尿液排出的过程。其主要排泄机理有三个:肾小球被动滤过、肾小管的重吸收和肾小管排泌。肾小球毛细血管壁有许多较大的膜孔,大部分污染物质都能从肾小球滤过;但是,相对分子质量过大的或与血浆蛋白结合的污染物质,不能滤过,能留在血液中。一般来说,肾排泄是污染物质的一个主要的排泄途径。

污染物质的另一个重要排泄途径,是肝胆系统的胆汁排泄。经过肝脏随同胆汁排出体外是外源化学物质在体内消除的一种途径,其作用仅次于肾脏。来自胃肠的血液携带着所吸收的化合物先通过门静脉进入肝脏,然后流经肝脏再进入全身循环。化合物在肝脏中先经过生物转化,形成的一部分代谢产物,可被肝细胞直接排入胆汁,再混入小肠随粪便排出体外。外源化学物质随同胆汁进入小肠后,有两种去向:一是一部分随胆汁混入粪便直接排出体外;另一部分脂溶性的、易被吸收的化合物及其代谢产物,可在小肠中重新被吸收,再经门静脉系统返回肝脏,再随同胆汁排泄,即进行肠肝循环。肠肝循环具有重要的生理学意义,可使一些机体需要的化合物被重新利用,例如各种胆汁酸平均有 95% 被小肠壁重吸收,并再被利用。在毒理学方面则由于毒物的重吸收,使其在体内停留时间延长,毒性作用也将增强。例如,甲基汞主要通过胆汁从肠道排出,由于肝肠循环,其生物半减期平均达 70 天;因而在治疗水俣病时,常利用泻剂或口服多硫树脂,使其与汞化合物结合以阻止汞的重吸收,并促进排出。

还有经肺随同呼气排泄,许多气态外来化合物可经呼吸道排出体外。如一氧化碳、某些醇类和挥发性有机化合物都可通过简单扩散方式经肺排泄。排泄的速度主要取决于气体在血液中的溶解度、呼吸速度和流经肺部的血液速度。

其他排泄途径,例如,外源化学物质还可经其他途径排出体外。例如,经胃肠排泄,随同汗液和唾液排泄,随同毛发和指甲脱落排除,随同乳汁排泄等。许多外来化合物可通过简单扩散进入乳汁。有机氯杀虫剂、乙醚、多卤联苯、咖啡碱和某些金属都可随同乳汁排出。

2. 存储

进入血液的化学物质,大部分与血浆蛋白或体内不同组织结合,在特定的部位累积而浓度较高。该部位称为靶部位，即靶组织或靶器官。但化学物质对这些部位所产生的毒性作用并不相同。有的部位化学物质含量较高，且可直接发挥其毒作用，如甲基汞积聚于脑，百草枯积聚于肺，均可引起这些组织的病变。有的部位化学物质含量虽高，但未显示明显的毒作用，称为贮存库(storage depot)，主要有以下几种：

(1)血浆蛋白

进入血液中的化学物质可以与血液中的蛋白质(尤其是白蛋白)结合，与蛋白质结合的化学物质不易通过细胞膜进入靶器官产生毒性作用，也影响其贮存、转化和排泄等过程，使血浆蛋白成为最重要的贮存库。化学物质与血浆蛋白的这种结合是可逆的非共价结合，结合的化合物可以解离出来，随血液循环进行分布或再分布。不同的化学物质与血浆蛋白的结合是有竞争性的，一种已被结合的化学物质，可被结合力更强的化学物质所取代，使原来结合的化学物质解离出来而呈现毒性。例如，农药DDT的代谢产物DDE能竞争性置换已与白蛋白结合的胆红素，使其在血液中游离，出现黄疸。

(2)肝和肾

肝和肾组织的细胞中含有特殊的结合蛋白，能将血浆中与蛋白结合的有毒物质夺取过来。例如，肝细胞中有一种配体蛋白，能与多种有机酸、有机阴离子、皮质类固醇及偶氮染料等结合，使这些物质进入肝脏。肝和肾中还含有巯基氨基酸蛋白，能与锌和镉等重金属结合，称为金属硫蛋白。肝和肾既是许多外来化学物质的贮存库，又是体内代谢转化和排泄的重要器官。

(3)脂肪组织

许多环境化学物质是脂溶性的，易于分布和蓄积在脂肪组织内。如各种有机氯农药(氯丹、DDT、六六六等)和有机汞农药(西力生、赛力散等)。

(4)骨骼组织

由于骨骼组织中某些成分与某些污染物有特殊亲和力，因此这些物质在骨骼中的浓度很高，如氟化物、铅、锶等能与骨基质结合而贮存其中。据分析，体内90%的铅贮于骨骼中。

有毒物质在体内的贮存具有双重意义：一方面对急性中毒具有保护作用，因它降低了毒物在体液中的浓度；另一方面贮存库可能成为一种在体内提供毒物的来源，具有慢性致毒的潜在危害。如铅的毒作用部位在软组织，贮存于骨内具有保护作用，但在缺钙、体液pH下降或甲状旁腺激素溶骨作用的情况下，可导致骨内铅重新释放至血液而引起中毒。

总之，污染物质在动物体内的分布是一个复杂的过程。具体的污染物在进入体内的途径以及在体内的分布、代谢、储存和排泄过程见图5-3所示。污染物质在动物体内的分布直接影响着污染物质对动物的毒害作用。

各种物质进入生物体内，即参加生物的代谢过程，其中生命必需的物质，部分参与了生物体的构成，多余的必需物质和非生命所需的物质中，易分解的经代谢作用很快排出体外，不易分解、脂溶性高、与蛋白质或酶有较高亲和力的，就会长期残留在生物体内。随着摄入量的增大，它在生物体内的浓度也会逐渐增大。污染物质被生物体吸收后，它在生物体内的浓度超过环境中该物质的浓度时，就会发生生物富集、生物放大和生物积累现象，这三个概念既有联系又有区别。

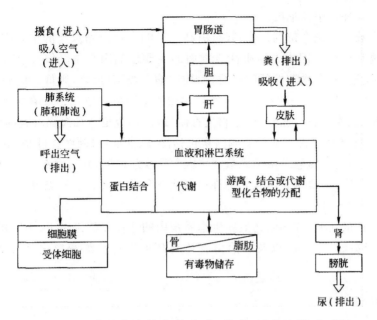

图 5-3　污染物在人体内的分布、代谢、储存和排泄过程

5.3　富集、放大和积累

5.3.1　污染物的富集

许多污染物在生物体内的浓度远远大于其在环境中的浓度,并且只要环境中这种污染物继续存在,生物体内污染物的浓度就会随着生长发育时间的延长而增加。对于一个受污染的生态系统而言,处于不同营养级上的生物体内的污染物浓度,不仅高于环境中污染物的浓度,而且具有明显的随营养级升高而增加的现象。

生物个体或处于同一营养级的许多生物种群,从周围环境中吸收并积累某种元素或难分解的化合物,导致生物体内该物质的平衡浓度超过环境中浓度的现象,叫生物富集,又叫生物浓缩。

污染物如要沿着食物链的积累,需满足以下三个条件:

1)污染物在环境中必须是比较稳定的;

2)污染物必须是生物能够吸收的;

3)污染物在生物代谢过程中不易被分解。目前最典型的还是 DDT 在生态系统中的转移和积累。

生物富集用生物浓缩系数表示,即生物机体内某种物质的浓度和环境中该物质浓度的比值。其表达式为:

$$BCF = \frac{c_b}{c_e}$$

式中 BCF——生物浓缩系数;c_b——某种元素或难降解物质在机体中的浓度;c_e——某种元

素或难降解物质在环境中的浓度。

生物浓缩系数可以是个位到万位,甚至更高。影响生物浓缩系数的主要因素是物质本身的性质以及生物和环境等因素。物质性质方面的主要影响因素是降解性、脂溶性和水溶性。一般降解性小、脂溶性高、水溶性低的物质,生物浓缩系数高;反之,则低。例如,虹鳟对 $2^,2^,$,$4,4L$ 四氯联苯的浓缩系数为 12400,而对四氯化碳的浓缩系数是 17.7。在生物特征方面的影响因素有生物种类、大小、性别、器官、生物发育阶段等,如金枪鱼和海绵对铜的浓缩系数,分别是 100 和 1400。在环境条件方面的影响因素包括温度、盐度、水硬度、pH 值、含氧量和光照状况等。例如,翻车鱼对多氯联苯浓缩系数在水温 5℃时为 6.0×10^3,而在 15℃时为 5.0×10^4,水温升高,相差显著。一般重金属元素和许多氯化碳氢化合物、稠环、杂环等有机化合物具有很高的生物浓缩系数。

生物富集作用的研究,在阐明物质在生态系统内的迁移和转化规律、评价和预测污染物进入生物体后可能造成的危害,以及利用生物体对环境进行监测和净化等方面,具有重要的意义。

5.3.2　污染物的放大

生物放大(biomagnification)是指在生态系统中,由于高营养级生物吞食低营养级生物,使某些元素或难降解性物质在生物机体中的浓度随营养级的提高而逐步增大的现象。生物放大因子(biomagnification factor,BMF)是指污染物在一个特定的营养级水平的生物体内的浓度与较低营养级水平的生物体内的浓度之比。一般来讲,较低营养级的生物会被较高营养级的生物捕食,顶级营养者必须吃掉相当于本身体重很多倍的食物来维持其存活、繁殖以及生长。生物放大的结果使食物链上高营养级生物体中这种物质的浓度显著地超过环境浓度。

生物放大专指具有食物链关系的生物来谈的,如果生物之间不存在食物链关系,则用生物富集或生物积累来解释。20 世纪 70 年代初期,不少科学家在研究农药和重金属的浓度在食物链上逐级增大的现象时,多将这种现象称为生物富集或生物积累。1973 年起,科学家们才开始用生物放大一词,并将生物富集作用、生物积累和生物放大三者的概念区分开来。研究生物放大,特别是研究各种食物链对哪些污染物具有生物放大的潜力,对于确定环境中污染物的安全浓度等,具有重要的意义。

如果有机物不能够被有机体代谢,生物放大基本上就可以用 $\lg K_{ow}$ 来预测。Connolly 建议,$\lg K_{ow} > 4$ 的时候,生物放大是可能的;Thomann 指出 $\lg K_{ow}$ 在 $5 \sim 7$ 的范围,可以作为可被生物放大的化合物的范围;$\lg K_{ow}$ 在 5 以下时,较低的吸收效率和较高的消除速率将限制生物放大的能力;$\lg K_{ow}$ 在 7 以上时,对较低营养级如浮游植物,则具有较小的同化效率,导致较小的 BCF,阻碍了生物放大。Russell 等发现白鲈摄食银侧美洲鳞时,$\lg K_{ow}$ 在 6.1 以上时容易被生物放大图 5-4 所示。

生物放大现象不仅可以发生在水生食物链中,也可以发生在陆生食物链中。最近的研究表明,部分弱疏水性的化学物质(如氯苯、林丹)的 $\lg K_{ow} < 5$,没有发现在水生食物链中的生物放大现象,但是在加拿大的陆生食物链中却发现了其生物放大的现象。实际上,对于陆生食物链,正辛醇/空气分配系数(K_{ow})是一个重要的参数。Kelly 等人(2007)研究表明,难降解且中等疏水性物质($\lg K_{ow}$ 为 $2 \sim 5$)在水生食物网中不会生物放大,但可能在陆生动物(包括人)食

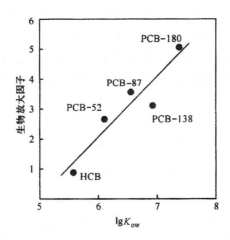

图 5-4　生物放大因子和 $\lg K_{ow}$ 之间的关系

物网中被生物放大,主要在于这些化合物具有较大的 $\lg K_{oa}$ 值和较低的通过呼吸释放污染物的速率。图 5-5 给出了具有不同的 K_{ow} 和 K_{oa} 范围的化学物质,在不同类型食物链中的生物放大能力。对于 $2 < K_{ow} < 5$ 和 $\lg K_{oa} > 6$ 的化学物质,其在陆生动物中生物放大作用应该引起关注。这些具有较低的 $\lg K_{oa}$ 和较高的 $\lg K_{oa}$ 值的化学物质,占商业上所使用的有机化学物质的 1/3,是具有潜在的生物积累性的物质,值得进一步的监管和评价。

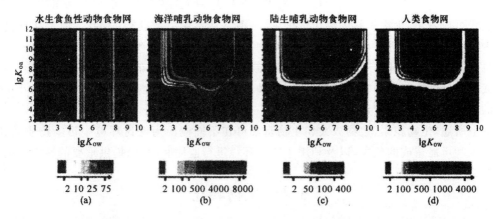

图 5-5　化学物质的 K_{ow}(x 轴)和 K_{oa}(y 轴)值对生物放大的影响(z 维代表等高线)

(数值代表化学物质的浓度在食物网的顶级营养者体内和最低营养级体内相比的放大倍数)

　　由于生物放大作用,进入环境中的污染物,即使是微量的,也会使生物尤其是处于高营养级的生物受到毒害,甚至会影响到人类的健康。然而影响生物放大的因素是多种多样的,并不是在所有的条件下都能发生生物放大现象。深入研究生物放大作用,特别是研究各种食物链对哪些污染物具有生物放大的潜力,对于评价化合物的生态风险和健康风险有着重要的意义。

5.3.3　污染物的积累

　　生物积累是生物从周围环境中和食物链蓄积某种元素或难降解物质,使其在机体中的浓度超过周围环境中浓度的现象。生物放大和生物富集都是生物积累的一种方式。生物积累也用生物浓缩系数来表示。生物浓缩系数与生物体特性、营养等级、食物类型、发育阶段、接触时间、化合物的性质及浓度有关。通常,化学性质稳定的脂溶性有机污染物如 DDT、PCBs 等很容易在生物体内积累。相关实验证明在代谢活跃期内的生物积累过程中,生物浓缩系数是不断增加的。因此,任何机体在任何时刻,机体内某种元素或难降解物质的浓度水平取决于摄取和消除这两个相反过程的速率,当摄取量大于消除量时,就会发生生物积累。下面对此以水生生物为例进行研究。

水生生物对某物质的积累微分方程可以表示为:

$$\frac{\mathrm{d}c_i}{\mathrm{d}t} = k_{ai}c_w + a_{i,i-1}W_{i,i-1}c_{i-1} - (k_{ei} + k_{gi})c_i$$

式中 c_w ——生物生存水中某物质浓度;c_i ——食物链 i 级生物中该物质浓度;c_{i-1} ——食物链 $i-1$ 级生物中该物质浓度;$W_{i,i-1}$ —— i 级生物对 $i-1$ 级生物的摄取率;$a_{i,i-1}$ —— i 级生物对 $i-1$ 级生物中该物质的同化率;k_{ai} —— i 级生物对该物质的吸收速率常数;k_{ei} ——是 i 级生物中该物质消除速率常数;k_{gi} —— i 级生物的生长速率常数。

上式表明,食物链上水生生物对某种物质的积累速率等于从水中的吸收速率加上从食物链上的吸收速率减去其本身的消除和稀释速率。

生物积累达到平衡时,即 $\frac{\mathrm{d}c_i}{\mathrm{d}t} = 0$,上式则变成为:

$$c_i = \left(\frac{k_{ai}}{k_{ei} + k_{gi}}\right)c_w + \left(\frac{a_{i,i-1}W_{i,i-1}}{k_{ei} + k_{gi}}\right)c_{i-1}$$

从式可以看出,生物积累的物质浓度中,一项是从水中摄取获得的,另一项是从食物链的传递中获得的。两相进行比较,可以看出生物富集和生物放大对生物积累的贡献。

科学研究还发现环境中物质的浓度对生物积累的影响不大,但在生物积累过程中,不同种生物或同一种生物不同器官和组织,对同一种元素或物质的平衡浓缩系数的数值,以及达到平衡时的时间可以有很大区别。

综上所述,生物积累、生物放大和生物富集可在不同侧面为探讨环境中污染物质的迁移、排放标准和可能造成的危害,以及利用生物对环境进行监测和净化,提供重要的科学依据。

5.4　生物转化

外来物质进入生物体后,在机体酶系统的代谢作用下转变成水溶性高而易于排出体外的化合物的过程称为生物转化。此过程包括氧化、还原、水解和结合等一系列化学反应。通过生物转化,污染物的毒性也随之改变。对于污染物在环境中的转化,微生物起关键作用。这是因为它们大量存在于自然界,生物转化呈多样性,又具有大的比表面积、繁殖迅速、对环境条件适应性强等特点。因此,了解污染物质的生物转化,尤其是微生物转化,有助于深入认识污染物质在环境中的分布与转化规律,为保护生态提供理论依据;并可有的放矢地采取污染控制及治理的措施,开发无污染新工艺,具有重要的实用价值。

5.4.1 概述

1.微生物的生理特征

（1）微生物的种类

环境中的微生物可以分为三类：细菌、真菌和藻类。

细菌是生物的主要类群之一，属于细菌域。细菌是所有生物中数量最多的一类，个体非常小，目前已知最小的细菌只有 0.2 μm 长，因此大多只能在显微镜下看到它们。细菌一般是单细胞，细胞结构简单，缺乏细胞核、细胞骨架以及膜状胞器，细菌具有许多不同的代谢方式。一些细菌只需要二氧化碳作为它们的碳源，被称作自养生物。那些通过光合作用从光中获取能量的，称为光合自养生物。那些依靠氧化化合物获取能量的，称为化能自养生物。另外，一些细菌依靠有机物形式的碳作为碳源，称为异养生物。

真菌是类似于植物但缺乏叶绿素的非光合生物，通常是丝状结构。像细菌一样都是分解者，就是一些分解死亡生物的有机物的生物。真菌对环境最终的作用是分解植物的纤维素。

藻类植物是植物界中没有真正根、茎、叶分化，能进行光能自养生活，其生殖器官由单细胞构成，能进行无机化能营养。藻类的营养方式也是多种多样，例如，有些低等的单细胞藻类，在一定的条件下能进行有机光能营养、无机化能营养或有机化能营养。但从绝大多数的藻类来说，它和高等植物一样，都能在光照条件下，利用二氧化碳和水合成有机物质，以进行无机光能营养。

（2）微生物的生长规律

微生物的生长规律可以用生长曲线表现出来。细菌的繁殖一般以裂殖法进行。在增殖培养中，细菌和单细胞藻类个体数的多少是时间的函数。图 5-6 给出了细菌的生长曲线。它反映了细菌在一个新的环境中生长繁殖直至衰老死亡的过程。

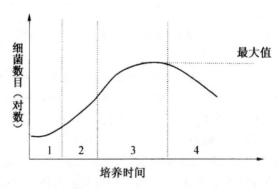

1—停滞期；2—对数增长期；3—静止期；4—内源呼吸器

图 5-6 细菌的生长曲线

从微生物生长曲线可以看出，随着时间的不同，微生物的繁殖速度也不同。微生物的生长曲线大致可以分为四个阶段，即停滞期、对数增长期、静止期和内源呼吸期。

1)停滞期。停滞期几乎没有微生物的繁殖,是因为微生物必须适应新的环境。在此期间,菌体逐渐增大,不分裂或很少分裂。也有的不适应新的环境而死亡,故微生物的增长速度较慢。

2)对数增长期。随着微生物对新的环境的适应,且所需营养非常丰富,因此微生物的活力很强,新陈代谢十分旺盛,分裂繁殖速度很快,总菌数以几何级数增加。

3)静止期。当微生物的生长遇到限值因素时,对数期终止,静止期开始。在静止期中,微生物的总数达到最大值,微生物的增殖速率和死亡率达到一个动态平衡。静止期可以持续很长时间,也可以时间很短。

4)内源呼吸期。这个时期,环境中的食物已经耗尽,代谢产物大量积累,对微生物生长的毒害作用也越来越强,使得微生物的死亡率逐渐大于繁殖率。同时微生物的养料只能依靠菌体内原生质的氧化,来获得生命活动所需的能量,最终导致环境中的微生物总量逐渐减少。

根据微生物的生长繁殖规律可以通过不断补充食料,人为地控制微生物的生长周期。例如,控制微生物在对数增长期,微生物对环境中的污染物降解速度快,降解能力强。若控制在静止期,则微生物的生长繁殖对营养及氧的需求量低,微生物对环境中污染物降解彻底,去除率高。

2.生物酶概述

酶是生物催化剂,能使化学反应在生物体温度下迅速进行。因此可以把酶定义为:由细胞制造和分泌的、以蛋白质为主要成分的、具有催化活性的生物催化剂。绝大多数的生物转化是在机体的酶参与和控制下完成的。依靠酶催化反应的物质叫底物。在生物酶作用下,底物发生的转化反应称为酶促反应。各种酶都有一个活性部位,活性部位的结构决定了该种酶可以和什么样的底物相结合,即对底物具有高度的选择性或专一性,形成酶底物的复合物。复合物能分解生成一个或多个与起始底物不同的产物,而酶不断地被再生出来,继续参加催化反应。酶催化反应的基本过程如下:

$$酶 + 底物 \rightleftharpoons 酶 - 底物复合物 \rightleftharpoons 酶 + 产物$$

注意上述反应过程是可逆的。

酶的催化作用的特点在于:第一是专一性,也就是一种酶只能对一种底物或一类底物起催化作用,而促进一定的反应,生成一定的代谢产物。例如,脲酶仅能催化尿素水解,但对包括结构与尿素非常相似的甲基尿素在内的其他底物均无催化作用。又如蛋白酶只能催化蛋白质水解,但不能催化淀粉水解。第二是酶的催化作用具有高效性。例如,蔗糖酶催化蔗糖水解的速率较强酸催化速率高 2×10^{12} 倍。第三是酶具有多样性,酶的多样性是由酶的专一性决定的,因为在生物体内存在各种各样的化学反应,而每一种酶只能催化一种或一类化学反应,这就决定了酶的多样性。第四是生物酶的催化需要温和的外界条件。酶是蛋白质,因此环境条件(诸如强酸、强碱、高温等激烈条件)可以改变蛋白质的结构或化学性质,从而影响酶的活性。酶催化作用一般要求温和的外界条件,如常温、常压、接近中性酸碱度。

有的酶需要辅酶(助催化剂),不同的辅酶由不同的成分构成,包括维生素和金属离子。辅酶起着传递电子、原子或某些化学基团的功能。辅酶与蛋白质成分构成酶的整体。蛋白质成分起着专一性和催化高效率的功能。只有与蛋白质成分有机地结合在一起,才会具有酶的催化作用。因此,如果环境因素损坏了辅酶,也会影响酶的正常功能。

酶的种类很多。根据酶的催化反应的类型,可将酶分成氧化—还原酶、转移酶、水解酶、裂解酶、异构酶和合成酶。

5.4.2　微生物对有机污染物的降解作用

1.耗氧有机污染物质的微生物降解

耗氧有机污染物质是生物残体、排放废水和废弃物中的糖类、脂肪和蛋白质等较易生物降解的有机物质,包括糖类、蛋白质、脂肪及其他有机物质。有机物质通过生物氧化以及其他的生物转化,可以变成更小更简单的分子。这一过程称为有机物质的生物降解,如果有机物质能降解为二氧化碳、水等简单的无机化合物,则为彻底降解;否则为不彻底降解。

耗氧有机污染物质的微生物降解,广泛发生于土壤和水体之中。

(1)糖类的微生物降解

糖类通式为 $C_x(H_2O)_y$,分成单糖、二糖和多糖三类。单糖中以戊糖和己糖最重要,通式分别为 $C_5H_{10}O_5$ 和 $C_6H_{12}O_6$,戊糖主要是木糖及阿拉伯糖,己糖主要是葡萄糖、半乳糖、果糖等。二糖是由两个己糖缩合而成,通式 $C_{12}H_{22}O_{11}$,主要有蔗糖、乳糖和麦芽糖。多糖是己糖自身或其与另一单糖的高度缩合产物,葡萄糖和木糖是最常见的缩合单体。多糖中以淀粉、纤维素和半纤维素最受环境工作者的关注。糖类降解的过程如下:

1)多糖水解成单糖。多糖在生物酶的催化下,水解成二糖或单糖,而后才能被微生物摄取进入细胞内。其中的二糖在细胞内继续在生物酶的作用下降解成单糖。降解产物中最重要的单糖是葡萄糖。

$$(C_6H_{10}O_5)n + \frac{n}{2}H_2O \rightarrow \frac{n}{2}C_{12}H_{22}O_{11}$$

$$淀粉 \xrightarrow[淀粉糖化酶]{水解} 乳糖$$

$$纤维素 \xrightarrow[纤维素水解酶]{水解} 纤维二糖$$

2)单糖酵解成丙酮酸。细胞内单糖不论在有氧氧化或在无氧氧化条件下,都可经过相应的一系列酶促反应形成丙酮酸。这一过程称为单糖酵解。葡萄糖酵解的总反应式为:

$$C_6H_{12}O_6 \xrightarrow{乳酸菌} 2H_3C-CHOH-COOH$$

$$H_3C-CHOH \xrightarrow{酶和辅酶} CH_3-COCOOH-H_2O$$

3)丙酮酸的转化。在有氧氧化条件下,丙酮酸通过酶促反应转化成乳酸和乙酸等,最终氧化成为二氧化碳和水。

$$CH_3COCOOH + \frac{5}{2}O_2 \xrightarrow[乙酰辅酶]{[O]} CH_3CH(OH)COOH$$

在无氧氧化条件下丙酮酸往往不能氧化到底,只能氧化成各种酸、醇、酮等。这一过程称为发酵。糖类发酵生成大量有机酸,使 pH 值下降,从而抑制细菌的生命活动,属于酸性发酵,发酵具体产物决定于产酸种类和外界条件。

在无氧氧化条件下,丙酮酸通过酶促反应往往以其本身作受氢体而被还原成为乳酸,如下式所示。

$$CH_3COCOOH + 2[H] \xrightarrow[\text{厌氧}]{\text{乳酸菌}} CH_3CH(OH)COOH$$

或以其转化的中间产物作受氢体,发生不完全氧化生成低级的有机酸、醇及二氧化碳等,见下式。

$$CH_3CH(OH)COOH \longrightarrow CO_2 + CH_3CHO$$
$$CH_3CHO + 2[H] \longrightarrow CH_3CH_2OH$$

总反应 $\quad CH_3COCOOH + 2[H] \xrightarrow[\text{酵母菌}]{\text{兼性厌氧}} CO_2 + CH_3CH_2OH$

从能量角度来看,糖在有氧条件下分解所释放的能量大大超过无氧条件下发酵分解所产生的能量,由此可见,氧对生物体有效地利用能源是十分重要的。

2.脂肪的微生物降解

脂肪由脂肪酸和甘油合成。常温下呈固态的是脂,多来自动物,而呈液态的是油,多来自植物。微生物降解脂肪的基本途径如下:

(1)脂肪水解成脂肪酸和甘油

脂肪在胞外水解酶催化下水解为脂肪酸及甘油。生成的脂肪酸链长大多为 12~20 个碳原子,另外还有含双键的不饱和酸。脂肪酸及甘油能被微生物摄入细胞内继续转化。

$$\begin{array}{l} CH_2OOCR \\ | \\ CHOOCR' \\ | \\ CH_2OOCR'' \end{array} + 3H_2O \longrightarrow \begin{array}{l} CH_2OH \\ | \\ CHOH \\ | \\ CH_2OH \end{array} + \begin{array}{l} RCOOH \\ R'COOH \\ R''COOH \end{array}$$

式中,R、R′、R″是有机基团,它们可能是很大的碳链。

(2)甘油的转化

甘油在有氧或无氧氧化条件下,均能被相应的一系列酶促反应转变成丙酮酸。丙酮酸进一步转化在前面已经叙及,简言之,在有氧条件下是变成二氧化碳和水,而在无氧氧化条件下通常是转变为简单有机酸、醇和二氧化碳等,如下式所示。

$$\begin{array}{l} CH_2OH \\ | \\ CHOH \\ | \\ CH_2OH \end{array} \longrightarrow CH_3COCOOH + 4[H]$$

(3)脂肪酸的转化

在有氧氧化条件下通过酶促反应最后生成二氧化碳和水。在无氧的条件下,脂肪酸通过酶促反应,其中间产物不被完全氧化,形成低级的有机酸、醇和二氧化碳。

3.蛋白质的微生物降解

蛋白质的主要组成元素为碳、氢、氧和氮,有些还含硫、磷等元素。蛋白质是一类由 α-氨基酸通过肽键联结成的大分子化合物。在蛋白质中有 20 多种 α-氨基酸。一个氨基酸的羧基与另一个氨基酸的氨基脱水形成酰胺键(—CO—NH—C—)就是肽键。通过肽键由两个、三个三个以上氨基酸的结合,以此成为二肽、三肽和多肽。多肽分子中氨基酸首尾相互衔接,形成的大分子长链成为肽链。多肽与蛋白质的主要区别,不在于分子量的多少,而是多肽中的肽链没有一定的空间结构,蛋白质分子的长链却卷曲折叠成各种不同的形态,呈现各种特有的空间结构。微生物降解蛋白质的途径是:

(1)蛋白质水解成氨基酸

蛋白质相对分子质量很大,不能直接进入细胞内,故蛋白质先由胞外水解酶催化水解成氨基酸,随后再进入细胞内部。

$$H_2N-\underset{R}{\underset{|}{C}}H-\underset{\parallel}{\underset{O}{C}}-\underset{H}{\underset{|}{N}}-\underset{R'}{\underset{|}{C}}H-COOH \xrightarrow{\text{水解酶}} R-\underset{NH_2}{\underset{|}{C}}HCOOH + R'-\underset{NH_2}{\underset{|}{C}}HCOOH$$

（蛋白质）　　　　　　　（氨基酸）　　　　（氨基酸）

(2)氨基酸转化成脂肪酸

各种氨基酸在细胞内经酶的作用,通过不同的途径转化成相应的脂肪酸,随后脂肪酸经前面所讲述的过程转化成二氧化碳和水。

$$R-\underset{NH_2}{\underset{|}{C}}H-COOH + H_2O \longrightarrow R-\underset{OH}{\underset{|}{C}}H-COOH + NH_3$$

$$R-\underset{NH_2}{\underset{|}{C}}H-COOH + O_2 \longrightarrow R-\underset{OH}{\underset{|}{C}}H-COOH + NH_3 + CO_2$$

$$R-CH_2-\underset{NH_2}{\underset{|}{C}}H-COOH \longrightarrow RCH=CH-COOH + NH_3$$

蛋白质通过微生物作用,在有氧氧化下可被彻底降解为二氧化碳、水和氨(或铵离子),而在无氧氧化下通常是酸性发酵,生成简单有机酸、醇和二氧化碳等,降解不彻底。应当指出,蛋白质中含有硫的氨基酸有半胱氨酸、胱氨酸和蛋氨酸,它们在有氧氧化下还可形成硫酸,在无氧氧化下还有硫化氢产生。

在无氧氧化的条件下,糖类、脂肪和蛋白质都可借助产酸菌的作用降解成简单的有机酸、醇等化合物。如果条件允许,这些有机化合物在产氢菌和产乙酸菌的作用下,可被转化成乙酸、甲酸、氢气和二氧化碳,进而经产甲烷菌的作用产生甲烷。复杂的有机物质这一降解过程,称为甲烷发酵或沼气发酵。在甲烷发酵中一般以糖类的降解率和降解速率最高,其次是脂肪,最低的是蛋白质。

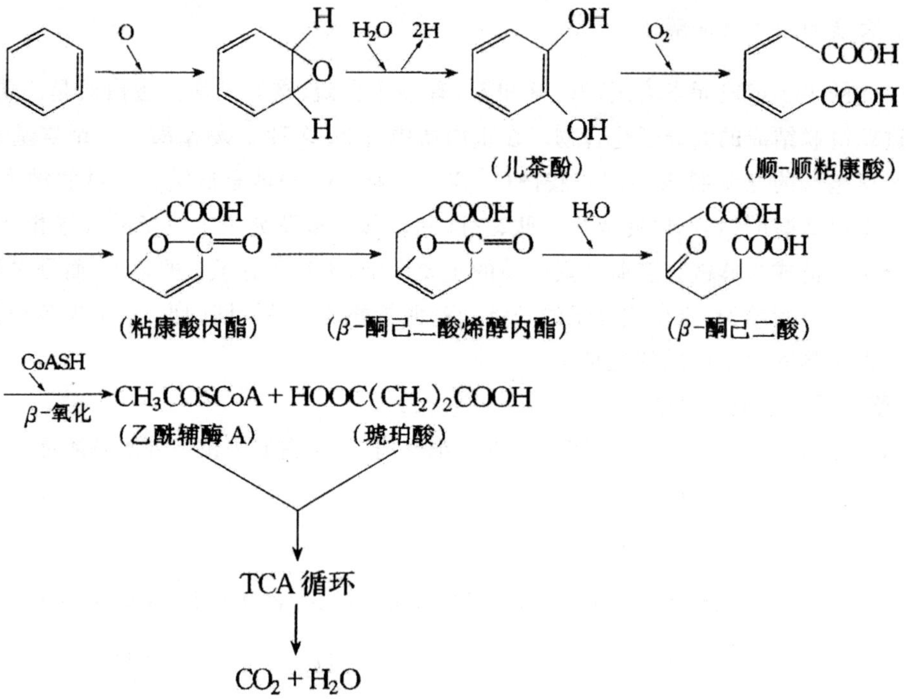

（儿茶酚）　　　　　　（顺-顺粘康酸）

（粘康酸内酯）　　　　（β-酮己二酸烯醇内酯）　　　　（β-酮己二酸）

$$\xrightarrow[\beta\text{-氧化}]{\text{CoASH}} CH_3COSCoA + HOOC(CH_2)_2COOH$$
（乙酰辅酶 A）　　　　（琥珀酸）

TCA 循环

$$CO_2 + H_2O$$

4.有毒有机污染物的微生物降解

从物质生物转化的类型,机体内酶的种类、分布和外界影响等方面考虑,可以对有机毒物的生物降解途径作出一定的估计。然而,每种物质的生物转化途径一般都包含着一系列连续反应,转化途径也往往多样且可交错,要作出确切判定,只能通过实验确定。

(1)烃类

烃类的微生物降解,在解除碳氧化合物环境污染方面起着重要的作用。烃类的微生物降解较难,且速度较慢,但比化学氧化作用快 10 倍左右。其基本规律是,直链烃易于降解,支链烃稍难一些,芳烃更难,环烷烃的生物降解最困难;在烷烃中,正构烷烃比异构烷烃容易降解,支链比支链烷烃容易降解;在芳香类中,苯的降解要比烷基苯类及多环化合物困难。

以甲烷为例,反应如下:

$$CH_4 \xrightarrow{\text{细胞色素酶}} CH_3OH \xrightarrow{\text{脱氢酶}} HCHO \xrightarrow{\text{脱氢酶}} H_2O + CO_2$$

碳原子数大于 1 的正烷烃,其最常见的降解途径是:通过烷烃的末端氧化,或次末端氧化,或双端氧化,逐步生成醇、醛及脂肪酸。而后再经相应的酶促反应,最终降解成二氧化碳和水。

烯烃的微生物降解途径主要是烯的饱和末端氧化,再经与正烷烃相同的途径成为不饱和脂肪酸。或是不饱和末端双键氧化成为环氧化合物,然后形成饱和脂肪酸,经相应的酶促反应,最终降解成二氧化碳和水。

芳烃的微生物降解,以苯为例反应如下:

形成的邻苯二酚在氧化酶的作用下,转化为琥珀酸或丙酮酸,最后转化为二氧化碳和水。

（2）农药

进入环境中的农药，首先对环境中的微生物有抑制作用，与此同时，环境中微生物也会利用这些有机农药为能源进行降解作用，使各种有机农药彻底分解为二氧化碳而最后消失。农药的生物降解对环境质量的改善十分重要。用于控制植物的除草剂和用于空盒子昆虫的杀虫剂，通常对微生物没有任何有害影响。然而有效的杀菌剂则必然具有对微生物的毒害作用。环境中微生物的种类繁多，各种农药在不同的条件下，分解形式多种多样，主要有氧化、还原、水解、脱卤及脱烃等作用。环境中农药的降解是由其中一种或多种完成的。现就一些典型的农药降解途径作一具体说明。

1）2,4-D 乙酯的生物降解。

苯氧乙酸及其衍生物常作为除草剂使用，其中 2,4-D 乙酯生物的降解途径如图 5-7 所示。其他此类农药的降解途径与其类同。

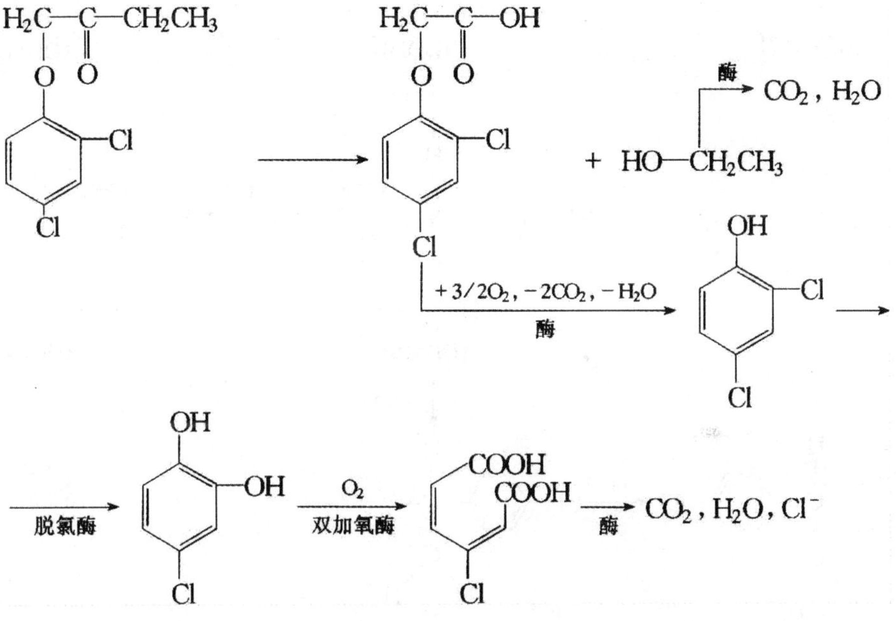

图 5-7　微生物降解 2,4-D 乙酯的基本途径

2）DDT 农药的生物降解。

DDT 是一种人工合成的高效广谱有机氯杀虫剂，被广泛用于农业、畜牧业、林业及卫生保健事业。一直以来，人们认为 DDT 之类的有机氯农药是低度安全的，后来发现其理化性质稳定，在食品和自然界中可以长期残留，在环境中能通过食物链大大浓集；进入生物体后，因脂溶性强，可长期在脂肪组织中蓄积。因此，对使用有机氯农药所造成的环境污染和对人体健康的潜在危险才日益引起人们的重视和不安。此外，由于长期使用，一些虫类对其产生了耐药性，导致使用剂量越来越大，造成了全球性的环境污染问题。有鉴于此，DDT 已经被包括我国在内的许多国家禁止使用。但由于其不易降解，在环境中仍然有大量的残留。

DDT 虽然有较为稳定的理化性质，但在环境中和生物体内仍然可以进行生物降解，其降解途径如图 5-8 所示。

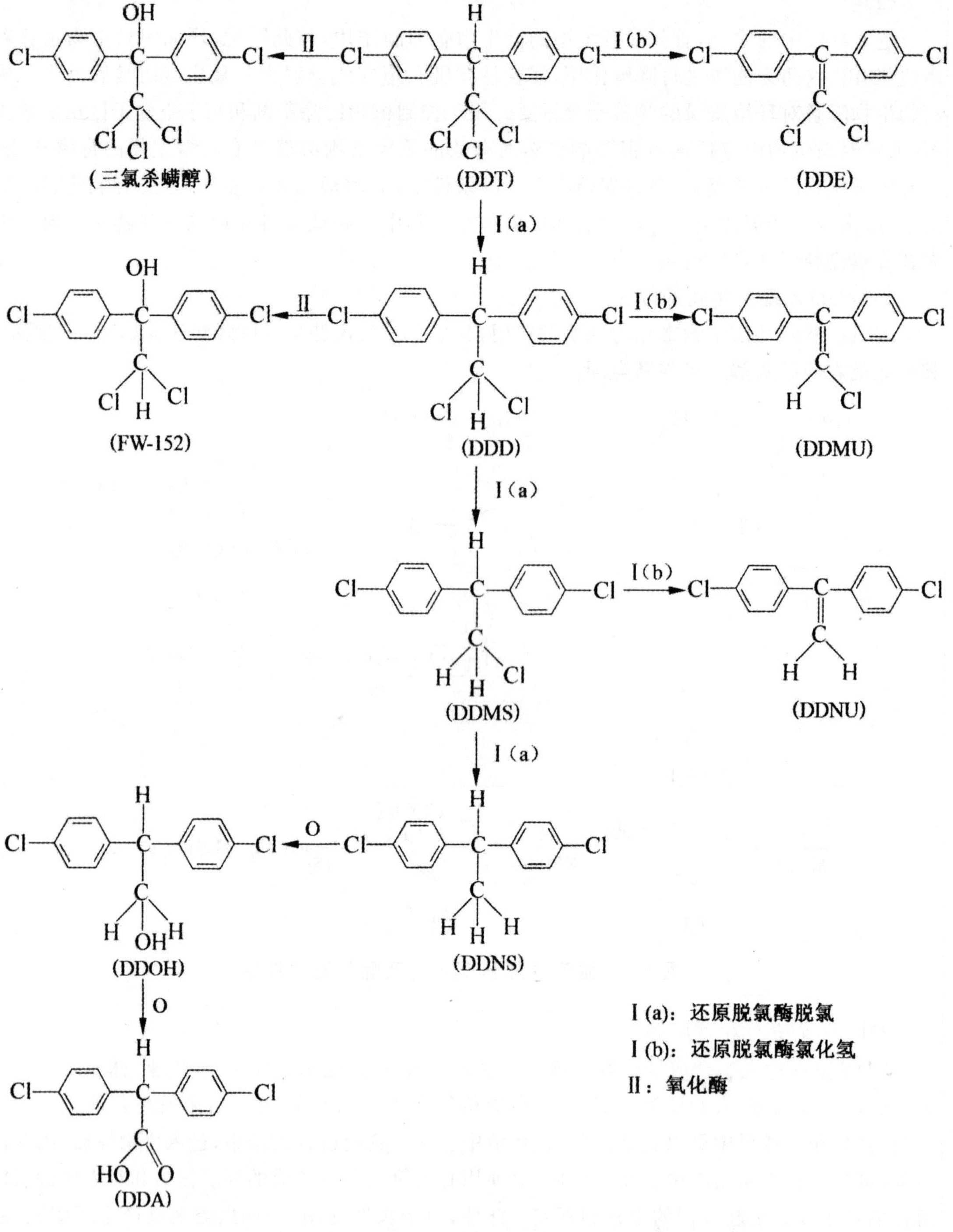

I (a)：还原脱氯酶脱氯

I (b)：还原脱氯酶氯化氢

II：氧化酶

图 5-8 微生物降解 DDT 的简要图示

5.4.3　微生物对金属污染物的降解作用

根据甲基供体提供甲基的三种方式,甲基化反应也分为碳负离子、碳正离子和自由基迁移三种机理。已经证明碳负离子和自由基的迁移反应是甲基钴胺素甲基化反应的主要机理,而S—腺苷甲硫氨酸与碘甲烷则主要采取碳正离子迁移的形式。

1.碳负离子迁移

对金属而言,采用哪种反应方式主要取决于它的氧化态。处在高氧化态的金属、非金属没有孤对电子,可作为亲电试剂参加反应,机理多采用碳负离子进移途径。以汞为例加以说明,Hg^{2+}进攻甲基钴胺素的 Co—C 键,使之发生异裂,而甲基负离子基团则迁移到汞上得到CH_3Hg^+,同时一分子水进入钴的第五个配位点形成水合钴胺素。最后,辅酶甲基四氢叶酸将正甲基离子转于五配位钴氨素,并从其一价钴上取得两个电子,以负甲基离子与之络合,完成甲基钴氨素的再生,使汞的甲基化能够继续进行,具体可见图 5-9 所示。同理,在上述过程中以甲基汞取代汞离子的位置,便可形成二甲基汞$(CH_3)_2Hg$。二甲基汞的生成速率比甲基汞约慢 6×10^3 倍。二甲基汞化合物挥发性很大,容易从水体逸至大气。因为 Hg^{2+} 是良好的亲电试剂,它也能同时与甲基钴胺素的半族 5,6—二甲基苯并咪唑上的氮发生反应。

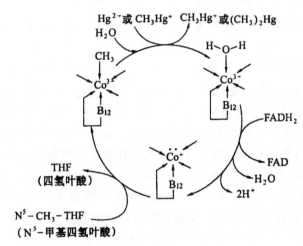

图 5-9　汞的生物甲基化途径

(摘自:戴树桂.环境化学.1997)

2.碳正离子迁移

对有孤对电子可用的金属元素多采用碳正离子途径,即金属元素作为亲核试剂参加反应。例如砷的微生物甲基化的基本途径,如图 5-10 所示,其中,甲基供体是相应转移酶的辅酶 S—腺苷甲硫氨酸,它起着传递正甲基离子的作用。正甲基离子先进攻由砷酸盐还原得到的亚砷酸盐中砷,取得其外层孤对电子,以负甲基离子与之结合,形成砷为五价的一甲基胂酸盐。照此类推依次生成二甲基胂酸盐和三甲基胂氧化物,后者进一步还原成三甲基胂。另外,也可由二甲基胂酸盐还原成二甲基胂。

$$H_3AsO_4 \xrightarrow{2e} H_3AsO_3 \xrightarrow{CH_3^+} CH_3AsO(OH)_2 \xrightarrow{2e} CH_3As(OH)_2 \xrightarrow{CH_3^+}$$

$$(CH_3)_2AsO(OH) \xrightarrow{2e} (CH_3)_2AsOH \xrightarrow{CH_3^+} (CH_3)_3AsO \xrightarrow{2e} (CH_3)_3As$$

图 5-10　砷的生物甲基化途径

3.自由基迁移

自由基迁移机理即金属元素与自由基反应,甲基自由基迁移到氧化还原电位较低的还原态元素上,如锡被甲基钴胺素甲基化就包括甲基钴胺素 Co—C 键的还原均裂、CH_3 自由基的迁移和 Co^{2+} 钴胺素的产生,同时 CH_3 自由基导致金属和非金属元素的单电子氧化,具体可见图 5-11 所示。

$$CH_3CoB_{12} + Sn(II) \longrightarrow CH_3Sn(III)^{\cdot} + CoB_{12}$$

$$CH_3Sn(III)^{\cdot} + O_2 \longrightarrow CH_3Sn(IV)^+ + O_2^-$$

或　　$$CH_3Sn(III)^{\cdot} + H_2OCoB_{12} \longrightarrow CH_3Sn(IV)^+ + H_2O + CoB_{12}^{\cdot}(厌氧)$$

图 5-11　锡的生物甲基化过程

自由基加成能否进行决定于金属元素从低价态到稳定氧化态的氧化是否容易发生。电对的还原电位可以表明该物质的热力学性质,包括它接受和提供电子的能力。据此,可以预测具有高的还原电位的物质是很好的氧化剂并可进行亲电反应,具有低还原电位的元素在一定范围内是很好的还原剂,可进行还原反应。因此,可以通过元素的氧化还原电位划分并预测反应机理是碳负离子迁移还是自由基迁移。通过对比能与甲基钴胺素反应的金属元素的氧化还原电位发现:元素电位大于$+0.8$ V,其电对中的高氧化态更易被甲基钴胺素以碳负离子迁移方式甲基化;元素电位低于$+0.8$ V,其电对中的低氧化态可与甲基钴胺素以自由基迁移方式反应。同时,有数据表明,有一组元素的还原电位在$+0.559 \sim +0.805$ V 之间,并不适于一般的划分标准,这些电位值集中在氧的附近,电对的两种氧化态都可出现甲基化反应。应用电位值对元素的甲基化行为进行预测,有利于甲基化反应机理的研究,以及新的可发生甲基化反应的元素的发现。

甲基化是许多金属、非金属元素参与生物地球化学循环的重要迁移转化过程,该过程对某些元素而言起到降低其毒性的作用。例如,As(V)甲基化产物的毒性要小于砷酸盐,但对另外一些元素则可以加强其毒性,如甲基汞的毒性就比相应的无机汞大得多。甲基汞脂溶性大,化学稳定性强,容易被生物吸收,难以代谢消除,能在食物链中逐级传递放大,是一种强有力的神经毒素,也是日本水俣病事件中的致病化合物。

生物甲基化被认为是微生物自身的解毒机制。例如,带一个甲基基团的甲基汞离子,既具有水溶性又具有脂溶性,使其易于随代谢产物排出细胞外,而二甲基汞在常温下为气体,不溶于水,生成后便扩散到周围的环境中了。因此,这两种形式均利于单细胞生物排除汞。但单细胞生物排出的甲基汞使甲基化过程对多细胞生物来说,成为毒性增强的过程。

汞、铅、砷等重金属元素大量进入到地表环境当中,在一定条件下经过甲基化或烷基化过程均可转化为有机金属化合物,造成严重的地方病和职业病,并可能存在对生物不良遗传影响的加合性,给生态环境造成难以修复的长期破坏。对甲基化行为的研究可以透彻地了解其反应机理,以及重金属的迁移转化过程,对生态环境污染的治理起到支持和指导的作用。

5.5　环境污染物对人体健康的影响

毒物是指进入生物机体后能使其体液和组织发生生物化学反应的变化,干扰或破坏生物机体的正常生理功能,并引起暂时性或持久性的病理损害,甚至危及生命的物质。这一定义受到很多的限制性因素的影响,如进入机体的物质数量、生物种类、生物暴露于毒物的方式等。例如,钙是人及生物所必需的一种营养元素,但是它在人体血清中的最适宜营养浓度范围是$90 \sim 95 \ mg/L$,如果超出这一范围,便会引起生理病理的反应,当血清中钙的含量过高时,发生钙过多症,主要症状是肾功能失常;而钙在血清中的含量过低时,又会发生钙缺乏症,引起肌肉痉挛、局部麻痹等。其他一些物质或元素也存在同钙一样的情况。不同的毒物或同一种毒物在不同的条件下的毒性是有差别的。影响毒物毒性的因素比较复杂,主要有毒物的化学结构及理化性质、毒物所处的基体因素、机体暴露于毒物的状况、生物因素、生物所处的环境等,其中最重要的是毒物的剂量(深度)。

5.5.1　有毒重金属对人体健康的影响

有毒重金属对人体健康的影响可以通过两种形态:化合态和元素态实现。下面主要讲述一些毒性较大的重金属。

(1)镉(Cd)

镉对几种重要的酶有负面影响,也能导致骨骼软化和肾损害。吸入镉氧化物尘埃或烟雾将导致镉肺炎,特征是水肿和肺上皮组织坏死。

(2)汞(Hg)

汞能通过呼吸道进入体内,通过血液循环进入脑组织渗透血脑屏障。汞破坏脑代谢过程导致颤动和精神病理特征,如胆怯、失眠、消沉和易怒等。二价汞离子(Hg^{2+})损害肾脏。有机金属汞化合物如二甲基汞毒性更大。

(3)铅(Pb)

铅分布广泛,形态有金属铅、无机化合物和金属有机化合物。铅有多种毒性效应,包括抑制血红素的合成,对中央和外围神经系统以及肾有负面效应,其有效毒效应已被广泛研究。

(4)铍(Be)

铍是一种毒性很强的元素,它最严重的毒性是铍中毒,即肺纤维化和肺炎。这种疾病能潜伏$5 \sim 20$年。铍是一种感光乳剂增感剂,暴露其中将导致皮肤肉芽肿病和皮肤溃烂。

一种重金属是否会使生物体中毒,与该重金属离子的性质、浓度、摄取方式、生物体的机体种类和健康状况等因素都有关系。

重金属可以通过消化道、呼吸道和皮肤吸收三个途径进入生物体内。当饮用水和食品遭到重金属污染时,可经由消化道进入人体,例如在有汞污染的水体中饲养鱼,鱼体内会富集甲基汞;土壤或灌溉水受到了镉污染,生长的稻米中镉含量会显著升高。对于挥发性较强的重金属化合物,如汞蒸气容易被人们吸收到体内,由于肺部阻挡金属入侵的机能不如消化道,因此造成的毒害往往更严重。使用含重金属化合物的物品和试剂,也可使重金属沾染到人的皮肤上,通过皮肤吸收到体内。

从分子水平上来概括重金属中毒的机理,主要有三种情况:①重金属妨碍了生物大分子的重要生物机能;②重金属取代了生物大分子中的必要元素;③重金属改变了生物大分子具有活性部位的构象。

无论通过何种方式进入生物体内,重金属都会很快被吸收到血液中,然后运送到各个内脏器官。有些脏器具有封闭金属离子的屏蔽作用,如血脑屏障、胎盘屏障,可对大脑和胎儿起到保护作用。细胞膜也具有一定的屏障作用。一般来说,重金属无机化合物不易通过这些屏障,而重金属有机化合物的有机基团部分增大了整个分子的脂溶性,使它们很容易穿过上述屏障,并在组织器官中蓄积,造成严重的毒害。迄今为止,在所有遭受重金属毒害的离子中,发生在日本的震惊世界的"水俣病"和"骨痛病"事件是最典型和影响最大的。这两次事件分别是由汞和镉两种重金属元素引起的,这两种金属也因此被列在重金属"五毒"之首。

5.5.2 有毒有机物对人体健康的影响

(1)烷烃

气态的甲烷、乙烷、丙烷、正丁烷和异丁烷被看成是简单的窒息剂,同空气混合减少了吸入空气中的氧气。与烷烃有关的最常见职业病是皮炎,它由皮肤脂肪部分分解引起,表现为发炎、干燥和鳞状皮肤。吸入 5～8 个碳的直链或支链烷烃蒸气会导致中枢神经系统消沉,表现为头昏眼花和失去协调性。暴露在正己烷和环己烷环境中将引起髓磷脂的丧失以及神经细胞轴突的衰退,这导致了神经系统多种失调,包括肌肉虚弱以及手脚感觉功能的削弱。在体内正己烷代谢为 2,5—己二酮。这种第一类反应的氧化产物能在暴露个体的尿液中观察到,被用作暴露正己烷的生物指示。

(2)苯

吸入体内的苯很容易被血液吸收,脂肪组织从血液中很强地吸收苯。苯具有独特的毒性,可能主要是由反应中生成的活泼短寿期的环氧化物引起的。苯的毒性包括对骨髓的损害。苯能刺激皮肤,逐渐的较高浓度地暴露能导致皮肤红斑、水肿和水泡等疾病。在 1 h 内吸入含 7 g/m³ 苯的空气将导致严重中毒,对中枢神经系统有致幻作用,逐渐表现为激动、消沉、呼吸停止以及死亡。吸入含 60 g/m³ 苯的空气,几分钟就能致死。长期暴露在低浓度苯环境中,可导致不规则的症状,包括疲劳、头疼和食欲不振。慢性苯中毒导致血液反常,包括白细胞降低、血液中淋巴细胞反常增加、贫血等,以及损害骨髓。苯还可以导致白血病和癌症的发生。

(3)苯酚

苯酚广泛地被用作伤口和外科手术的消毒剂,是一种原形质的毒物,能杀死所有种类的细胞。自从被广泛使用以来已经导致了惊人数目的中毒事件。苯酚的急性中毒主要是刺激中枢神经系统的作用,暴露 1.5 h 就会致死。苯酚急性中毒能导致严重的肠胃干扰、肾功能障碍、循环系统失调、肺水肿以及痉挛。苯酚的致命剂量可以通过皮肤吸收达到。慢性苯酚暴露会损害关键器官包括脾脏、胰腺和肾脏。其他酚类的毒理效应与苯酚类似。

（4）烯烃和炔烃

乙烯（C_2H_4）是一种广泛使用的气体，无色、略有芳香味，表现为简单窒息剂以及对动物有麻醉和对植物有毒害作用。丙烯（C_3H_6）的毒理性质与乙烯相似。无色无味的1,3—丁二烯对眼睛和呼吸道黏膜有刺激性；在高浓度情况下，能导致失去知觉甚至死亡。乙炔（C_2H_2）是无色有大蒜味的气体，它表现为窒息作用和致幻作用，导致头疼、头昏眼花以及胃部干扰。在这些效应中，某些可能是因为在商用产品中含有杂质。

（5）醇类

由于工业品和日常消费品的广泛使用，人们暴露于含甲醇、乙醇和乙二醇的环境中很普遍。甲醇能导致多种中毒效应，发生事故或作为饮料乙醇代用品摄入在代谢过程中氧化成甲醛和甲酸。除导致酸毒症外，这些产物影响中枢神经系统和视觉神经。急性暴露致命剂量起始表现为轻微醉意，然后是昏迷、心跳减缓、死亡。非致命暴露能使视觉神经系统和视网膜中心细胞退化从而导致失明。

乙醇通常通过胃和肠摄取，但也易以蒸气形式被肺泡吸收。乙醇在代谢中氧化比甲醇快，先氧化成乙醛，然后是二氧化碳。乙醇有多种急性效应，源于中枢神经系统消沉。乙醇达到一定浓度时会出现昏睡和陶醉，超过一定浓度时将会导致死亡。乙醇也有很多慢性效应，最突出的是酒精上瘾和肝硬化。

乙二醇可以刺激中枢神经系统，使之消沉，还能导致酸血症。

（6）醛和酮

醛和酮是含有羰基（—C＝O）的化合物。醛类中最重要的是甲醛。甲醛是一种具有辛辣、令人窒息气味的无色气体；常见的甲醛是被称为福尔马林的商品，含少量的甲醇。吸入暴露是因为由呼吸道吸入甲醛蒸气，其他暴露通常是因为福尔马林。连续长时间的甲醛暴露能引起过敏。对呼吸道和消化道黏膜有严重的刺激。动物实验发现甲醛可导致肺癌。甲醛的毒性主要是因为其代谢产物甲酸。

酮类比醛类的毒性小。有愉快气味的丙酮是一种致幻剂，可以通过溶解于皮肤的脂肪导致皮炎。人们对甲基乙基酮的毒性效应了解不多，被怀疑是导致鞋厂工人神经失调的原因。

（7）醚

一般醚类化合物毒性相对较低，因为含有活性较低的醚键（C—O—C），其中C—O键不易断裂。挥发性的乙醚暴露通常是通过吸入，进入体内的乙醚约80％不能代谢而通过肺排出体外。乙醚能使中枢神经消沉，是一种镇静剂，被广泛用作外科手术的麻醉剂，低剂量的乙醚能催眠、发醉和致昏迷，然而高剂量将会导致失去意识和死亡。

（8）硝基化合物

最简单的硝基化合物是硝基甲烷，为油状液体，能导致厌食、腹泻、恶心和呕吐，损害肾脏和肝脏。硝基苯为浅黄色油状液体，能通过各种途径进入体内，其中毒作用与苯胺类似，把红细胞转换成高血蛋白，使之失去载氧能力。

（9）甲苯

甲苯是无色液体，毒性中等，通过吸入或摄取进入体内；皮肤暴露的毒性低。低剂量的甲苯可引起头疼、恶心、疲乏以及协调性降低。大剂量的暴露能引起致幻效应，从而导致昏迷。

（10）多环芳烃

多环芳烃大部分被认为是致癌物质，最典型的多环芳烃是苯并［α］芘，其结构式如下。

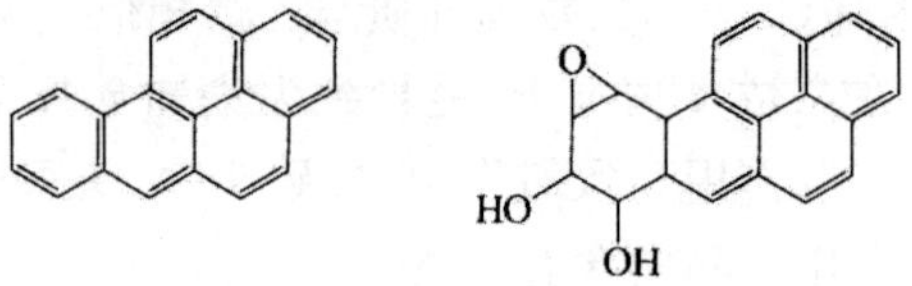

(a) 苯并 [a] 芘　　(b) 7, 8- 二醇 -9, 10- 环氧化产物

（11）羧酸

甲酸是一种相当强的酸，对组织有腐蚀性。尽管含有 4%～6% 的乙酸的醋是许多食物的调味品，但接触乙酸（冰醋酸）对组织腐蚀性极强。摄入或皮肤接触丙烯酸能使组织严重受损。

（12）萘

萘与苯的情况类似。萘的暴露能导致贫血，红细胞数、血色素和血细胞显著减少，尤其对于那些有先天遗传的易感人群。萘对皮肤有刺激性，对易感人群会引起严重的皮炎。吸入或摄取萘会引起头疼、意识混淆和呕吐。在严重中毒的情况下，会因肾衰竭而死亡。

第6章　典型化学污染物

6.1　重金属类污染物

在过去的一个多世纪里,人们合成了数以万计的化学品,这些合成化学品促进了人类社会的发展。但是,这些化学品一旦大量排放到环境中,就可能造成各种环境污染问题,威胁人类的健康和社会的可持续发展。事实上,在我们的身体中就可以找到数百种人造化学品的痕迹,虽然有些是无害的(或迄今为止被认为是无害的),但有些化学品却会给人类带来严重的危害。迄今为止有约 10 万种人工合成化学品被商业化使用。要想清楚了解每一种化学品对环境和人类的具体危害是非常困难的,于是,人们便将这些化学品列成清单,但是如何从成千上万种化学品中确定相对有限的优先污染物清单,则是一个非常复杂的科学问题。目前,优先污染物清单的确定主要考虑六个因素:数量、毒性、持久性、生物富集性、长距离迁移性和其他明显的不利影响,找出被认为是优先的污染物加以研究并控制其进入环境,这是有效的和可操作的研究方法。本章主要介绍几种代表性的金属及非金属类污染物、持久性有机污染物和典型毒害有机污染物,结合目前国际上的相关研究成果,就它们的结构、性质、毒性和环境行为进行介绍,并且对污染物的源解析方法作简要的说明。

重金属是具有潜在危害的重要污染物,重金属污染的威胁在于它不能被生物降解。相反,生物体内可以富集重金属,并且能将某些重金属转化为毒性更强的物质——有机重金属化合物。自从 20 世纪 50 年代日本出现水俣病和骨痛病,并且查明这是由于汞污染和镉污染所引起的"公害病"以后,重金属的环境污染问题受到人们极大的关注。

6.1.1　汞的污染

1.环境中汞的来源及分布

汞属于稀有分散的元素,它在自然界的分布广泛,但含量均较低。汞在大气中的背景浓度为 $1\sim10$ ng/m³;在天然水体中的含量一般不超过 1 μg/L;在岩石中的平均含量为 0.08 mg/kg;而大多数土壤中的含量在 0.1 mg/kg 以下。

环境中汞的人为污染源可分为工业污染源和生活污染源两大类。世界上大约有 80 多种工业把汞作为原料之一,或作辅助原料。在工业方面以前耗汞最多,而且产生的"三废"中汞含量也较高的是氯碱工业,原来的老工艺中用金属汞作流动阴极,每生产一吨苛性钠大约要消耗 $150\sim260$g 汞,且以残留于废盐水中的汞为最多(占 50％以上)。某些煤和其它化石燃料中存在高含量的元素汞,据估计,全世界每年约有 $1600\sim4000$ t 的汞是通过煤和其它化石燃料燃烧而释放到环境中来的,化石燃料是重要的汞污染源。

因为汞是亲硫族元素,在自然界中汞常伴生于铜、铅、锌等有色金属的硫化物矿床中。在这些金属冶炼过程中,汞大部分通过挥发作用进入废气中,因此,在这些金属冶炼厂附近的汞污染就相对地比较严重。另外,在仪表和电气工业中常使用金属汞;在纸浆造纸工业中常使用醋酸苯汞、磷酸乙基汞等作防腐剂。在这些工业中,汞蒸气污染和含汞废水污染也相对较为严重。

除工业污染源以外,日用品中也含有大量的汞,如电池、日光灯管、体温计等,因此,城市生活垃圾场中往往含有高量的汞。此外,汞的化合物也曾作为农药使用,主要有赛力散(醋酸苯汞)、西力生(氯化乙基汞)、富民隆(磺胺苯汞)、谷仁乐生(磷酸乙基汞)等。直到上个世纪50年代由于汞污染发生"水俣病"事件和瑞典使用含汞农药拌种,鸟食种子而大量死亡的事件发生后,人们认识到了汞污染的危害性,含汞农药的生产和使用才大大减少,许多国家已不再生产,并禁止在农业上使用。

2.汞及其化合物的性质

与其他重金属相比,汞的主要特点体现在能以零价形态存在于大气、土壤和天然水中。由于汞的电离势很高以及汞及其化合物非常容易挥发,所以汞转化为其他离子的趋势低于其他离子。汞有 0、+1、+2 三种价态,其化合物主要有一价和二价无机汞化合物(如 $HgCl_2$,HgS)以及二价有机汞化合物(如 CH_3Hg^+、$C_6H_5Hg^+$ 等)。与同族元素相比,汞具有以下的特殊性质。

汞及其化合物非常容易挥发。汞的挥发程度与其化合物形态及其在水中的溶解度、表面吸附和大气的相对湿度(RH)等因素密切相关,具体可见表 6-1 所示。

表 6-1 汞化合物的挥发性

化合物	条 件	大气中汞浓度/($\mu g/m^3$)
硫化物	干空气中,RH≤1%	0.1
	湿空气中,RH≤接近饱和	5.0
氯化物	干空气中,RH≤1%	2.0
碘化物	干空气中,RH≤1%	150
氟化物	干空气中,RH≤1%	8
	RH=70%的空气中	200
氯化甲基汞(液)	0.06%的 0.1 mol/L 的磷酸盐缓冲液中,pH=5	900
双氰胺甲基汞(液)	0.04%的 0.1 mol/L 的磷酸盐缓冲液中,pH=5	140
醋酸苯基汞(固体)	干空气中,RH<10%	22
	RH=30%的宅气中	140

续表

化合物	条　件	大气中汞浓度/ $(\mu g/m^3)$
硝基苯基汞(固体)	于空气中,RH≤1%	4
	湿空气中,RH 饱和	27

汞无论以何种形态存在,都非常容易挥发,单质汞是金属元素中唯一在常温下呈液态的金属。通常而言,有机汞的挥发性大于无机汞,而有机汞中又以甲基汞(CH_3Hg^+)和苯基汞($C_6H_5Hg^+$)的挥发性最大,无机汞中以碘化汞(HgI_2)挥发性最大,硫化汞(HgS)挥发性最小。另外,挥发性随湿度增大而增大。

汞化合物的溶解度差别较大。在 25℃汞元素在纯水中的溶解度为 60 $\mu g/L$,在缺氧水体中约为 25 $\mu g/L$ 汞易与配位体形成配合物。Hg^{2+} 在水体中易形成配位数为 2 或 4 的配合物,同时,Hg^{2+} 形成配合物的倾向小于 Hg^{2+} 在天然水中,Hg^{2+} 可与 Cl^- 形成相当稳定的配合物具体可见图 6-1 所示。

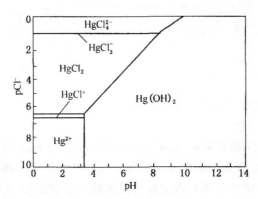

图 6-1　pH 值和 Cl^- 浓度对水体中 Hg 存在形态的影响

汞能与各种有机配位体形成稳定的配合物。例如,与含硫配位体的半胱氨酸形成稳定性极强的有机汞配合物,与其他氨基酸及含—OH 或—COOH 基的配位体形成相当稳定的配合物。此外,汞还能与微生物的生长介质强烈结合,这表明 Hg^{2+} 能进入细菌细胞并生成各种有机配合物。

如果环境中存在着亲和力更强或者浓度更大的配位体,汞的重金属难溶盐就会发生转化。相关研究数据表明,在 $Hg(OH)_2$ 与 HgS 溶液中,若水体中 Hg 的总浓度为 0.039 mg/L,则当环境中[Cl^-]=0.001 mol/L 时,$Hg(OH)_2$ 和 HgS 的溶解度分别增加 44 倍和 408 倍;当[Cl^-]=1 mol/L 时,由于高浓度的 Cl^- 与 Hg^{2+} 发生了较强的配合作用,其溶解度分别增加 10^5 倍和 10^7 倍。所以,河流中的汞进入海洋后浓度会发生变化,使得河口沉积物中汞含量明显降低。

另外,汞在环境中的存在和转化与环境(特别是水环境)中的氧化—还原电位 Eh 值和 pH 值有关。具体可见图 6-2 中可知,液态汞和某些无机汞化合物如(Hg^{2+}、$Hg(OH)_2$ 等),在较宽的 pH 值和氧化还原电位条件下是稳定的。

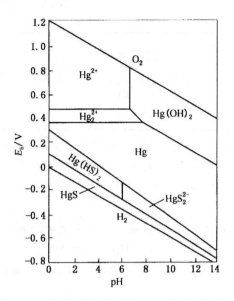

图 6-2　各种形态的汞在水中的稳定范围

(25℃,1.013×10⁵Pa,水中含 36 μg/L Cl⁻ 和 96 μg/L SO$_4^{2-}$ 的硫)

3.汞的迁移转化与循环

汞的迁移和转化作用主要有以下几点。

(1)汞的吸附作用

进入生态系统的汞处于吸附和解吸的动态平衡中,这种平衡控制着其在环境中的浓度、活性、生物有效性或毒性在生态系统中的迁移和在食物链中的传递。同时环境因子的类型、组分和性质以及汞本身的化学特性与环境中汞的吸附解吸动态有密切的关系,并直接影响到汞的环境风险。如汞可以和水中的各种胶体进行强烈的吸附反应;汞在土壤中的积累、迁移和转化受制于其在土壤体系中的生物、物理过程和氧化还原、沉淀溶解、吸附解吸、络合螯合和酸碱反应等化学过程。

(2)汞的配合反应

有机汞离子和 Hg^{2+} 可与多种配位体发生配合反应:

$$Hg^{2+}+nX^- \rightarrow HgX_n^{2-n}$$

$$RHg^{2+}+X^- \rightarrow RHgX$$

式中,X⁻ 为任意可提供电子对的配位基,如 Cl⁻、Br⁻、OH⁻、NH₃、CN⁻ 或 S²⁻ 等;R 为有机基团,如—CH₃、苯基等。另外,S²⁻、HS⁻、CN⁻ 及含有—HS 的有机化合物对汞离子的亲和力也很强,形成的化合物很稳定。

(3)汞的甲基化

1953 年日本熊本县水俣湾发现中枢神经性疾病,经过十多年分析研究,确认为由乙醛生产过程中排放的含汞废水造成的,即被称为世界八大环境公害事件之一的水俣病,这是世界上首次出现的重金属污染事件。

汞在特定的条件下(水体、沉积物、土壤及生物体中),可发生汞的甲基化。汞的甲基化产物有一甲基汞和二甲基汞。通过甲基钴氨素进行非生物模拟试验表明,一甲基汞形成速率是二甲基汞形成速率的 6000 倍。但是在硫化氢存在条件下,可以提高汞的完全甲基化。汞的甲基化反应使汞在环境中的迁移转化变得复杂。

(4)甲基汞脱甲基化与脱汞反应

对有机汞化合物中脱除汞的反应称脱汞反应。汞的甲基化既可以在厌氧条件下发生,也可在好氧条件下发生。试验证明,在某些细菌(如假单胞菌属等)降解作用下,湖底沉积物中的甲基汞可被转化为汞和甲烷,也可将 Hg^{2+} 还原为金属汞:

$$CH_3Hg^+ + 2H \rightarrow Hg + CH_4 + H^+$$

$$HgCl_2 + 2H \rightarrow Hg + 2HCl$$

甲基汞脱甲基化反应就是脱汞的途径之一。此外,通过酸解、微生物分解等反应也可脱除有机汞中的汞元素。例如,有机汞和有机汞盐中碳汞键被一元酸解离的反应如下:

$$R_2Hg + 2HX \rightarrow 2RHg + HgX_2$$

式中,X 为 Cl^-、Br^-、I^-、ClO_4^- 或 NO_3^-;R 为有机基团,如甲基、苯基等。

(5)汞的生物效应

由于烷基汞具有高脂溶性,同时其在水生生物体内分解速度很慢,因此,烷基汞比可溶性无机汞的毒性大 10～100 倍。水生生物富集烷基汞能力远大于富集非烷基汞的能力。甲基汞能与许多配位体基团结合,如鱼类对氯化甲基汞的浓缩系数是 3000,甲壳类可达 100000 倍。根据对日本水俣病的研究,中毒者发病时头发中汞含量为 200 ～ 1000 $\mu g/g$,最低值为 50 $\mu g/g$。图 6-3 和图 6-4 所示为汞及其化合物在各环境要素中的迁移、转化和循环。

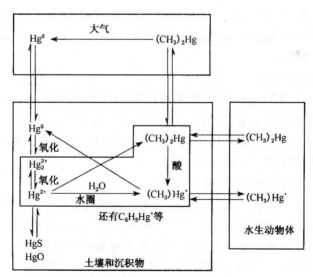

图 6-3　各种化学形态的汞在环境中的存在和迁移

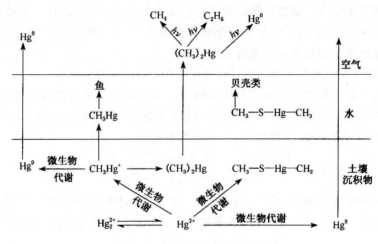

图 6-4　　汞循环的可能途径

4.汞污染的防治

对汞的污染必须采取以防为主、防治结合的综合措施。首先从工艺改革入手,采取替代物质,减少汞的使用量,从源头控制汞污染的产生,如采用毒性相对较小的迭氮化铅(PbN₃)替代火工品雷汞作起爆药,采用无汞电池代替含汞电池等。其次,淘汰落后工艺,如土法混汞炼金,由于点多面广,工艺落后,规模小,汞收集率很低,或者根本无回收措施,就产生大面积汞污染。此外,由于汞密度大,有流动性,在使用金属汞时,应尽量减少流散,万一不慎将汞撒落,应尽可能收集,并在可能遗留汞的地方覆盖上硫磺粉,使汞生成难溶的 HgS。储藏汞必须密封,防止汞的挥发引起汞蒸气中毒。

对含汞废水常用的处理方法有:

沉淀法:常用加入硫化物生成 HgS 沉淀的方法,并与重力沉降、过滤等分离法联用。

离子交换法:通常是在废水中通入氯气,使元素态汞氧化为离子态。此后加入氯化物,使汞进一步转化为络合阴离子状态,再用阴离子交换树脂去除,如氯碱工业含汞废水的处理。对含 Cl⁻ 不高的废水,则用阳离子交换树脂也行。

混凝法:常用的混凝剂有明矾、铁盐和石灰等。

吸附法:最常用吸附剂是活性炭。近来还采用一些具有强螯合能力的天然高分子化合物吸附处理含汞废水,如用腐殖酸含量高的风化烟煤和造纸废液制成的吸附剂;又如用甲壳素经再加工制得名为 Cllitosan 的高分子化合物,也可作为除汞的吸附剂。

还原法:将离子态汞还原为元素态后再过滤的方法。可采用的还原剂有 Al、Zn、$SnCl_2$、$NaBH_4$、N_2H_4 等。

以上处理方法中,离子交换法、铁盐或铝盐混凝法和活性炭吸附法都可使废水中含汞量降。

6.1.2　铅的污染

1. 环境中铅的来源与分布

铅是地壳中发现的含量最丰富的重金属元素之一,而土壤中通常含有 $2\sim200$ mg/kg 的铅,平均含量为 16 mg/kg。它在地球上属于分散元素,它的元素丰度在地壳中占第 35 位(13 mg/kg),在海洋中居第 46 位(0.03 μg/L)。铅在元素周期表中位于第Ⅳ族,外层轨道含有四个价电子,它常与电负性较大的元素共用电子,形成共价键。与同族元素碳、硅相比,铅的金属性更强,共价性显著降低,在许多碳、硅化合物中,相同的原子能够结合成键,铅不能,所以含铅的有机化合物数量不多,并且其稳定性也较差。但一般来说,芳基铅化合物比烷基铅化合物稳定,并且随着有机基团的增多,稳定性提高。

铅及其化合物是现代社会重要的工业原料,广泛应用于各个领域。目前铅对环境的污染主要是由废弃的含铅蓄电池和汽油防爆剂对土壤、水源和大气的污染所导致。全世界每年使用铅约 4×10^6 t,这些铅约有 1/4 被重新回收利用,其余大部分以各种形式排放到环境中造成环境污染,因而也引起食品的铅污染。大气中的铅 80% 来自汽车的尾气,因而在城市交通繁忙的中心地带,大气含铅量是农村地区的 $60\sim300$ 倍。饮用水中的铅主要来自河流、岩石、土壤和大气沉降。含铅的工业废水、废渣的排放以及含铅农药的使用也能严重污染局部地面水或地下水。由于"酸雨"的影响,城市或工业区饮用水的 pH 值较低,酸性水是铅的溶剂,它能缓慢溶解出含铅金属水管中大量的铅,进而污染水源。土壤中的铅污染主要由汽油燃烧和冶炼烟尘以及矿山、冶炼废水引起,因此,在城市、矿山、冶炼厂附近的土壤中含铅量都比较高。栽培的植物利用根系吸收土壤中的铅,当土壤中的铅浓度增加时,也会使植物的铅含量增高。所吸收的铅主要集中于根部,通常散布在空气中的铅也可以通过叶片上张开的气孔进入叶内。由于铅的广泛分布和利用,以及铅的半衰期较长(9 a),在食物链中产生生物富集作用,对食品造成严重的污染,在所有食品甚至在远离工业区的地区所生产的食物中均可测出铅的存在。我国传统食品——皮蛋由于在加工中使用了 PbO,往往有很高的铅含量。由于铅在社会各个生产领域的广泛应用,铅以各种形式排放到环境的大气、土壤、水中,造成一系列循环污染。

2. 铅及其化合物的性质

铅在地球上属分散元素,在岩石、土壤、空气、水体和各环境要素中均有微量分布。

(1)铅的溶解度很小

在大部分天然水中铅的含量在 $0.01\sim0.1$ μg/L 之间,水中含铅 0.03 μg/L。

铅在活泼性顺序中位于氢之上,能缓慢溶解于非氧化性稀酸中;也易溶于稀 HNO_3 中;加热时可溶于 HCl 和 H_2SO_4;有氧存在的条件下,还能溶于乙酸,所以常用乙酸浸取处理含铅矿石。

易溶于水的铅盐有硝酸铅、醋酸铅等。但大多数铅化合物难溶于水、磷酸盐,如硫化物、氢氧化物及硫酸盐等皆为难溶铅盐,它们的溶解度数据如表 6-2 所示。

表 6-2　难溶铅化合物的溶解度

化合物	溶解度/(g/100 g H_2O)	温度/℃	溶度积/Ksp	温度/℃
$PbCO_3$	4.8×10^{-6}	18	3.3×10^{-14}	18
$PbCrO_4$	4.3×10^{-6}	18	1.8×10^{-10}	18
$Pb(OH)_2$	—	—	2.8×10^{-16}	25
$Pb(PO_4)_2$	1.3×10^{-5}	20	1.5×10^{-22}	18
PbS	4.9×10^{-12}	18	3.4×10^{26}	18
$PbSO_4$	4.5×10^{-3}	18	1.1×10^{-8}	18

(2)铅有多种价态

在天然水和天然环境中,Pb 常以 +2 价的化合物出现。在简单化合物中,只有少数几种 +4 价铅化合物(如 PbO_2)是稳定的。水环境的氧化—还原条件一般不影响 Pb 的价态发生改变。

(3)金属性强,共价性低

在许多碳、硅化合物中,相同原子能联结成键,铅则不能,所以含铅有机化合物的数量不多,且有机铅化合物的稳定性也较差,如烷基铅加热时就能分解,这就证明了 C—Pb 间的键力很弱。各种铅有机化合物的稳定程度由分子中有机基团性质和数目决定,一般芳基铅化合物比烷基铅化合物稳定,且随有机基团数增多,稳定性提高。

(4)含铅的盐类多能水解

铅的氢氧化物有两性,既能形成含有 PbO_3^{2-} 和 PbO_2^{2-} 的盐,又能形成含有 Pb^{4+} 和 Pb^{5+} 的盐。这两种形式的盐都能水解。由于 H_2PbO_3 和 H_2PbO_2 都是弱酸,所以碱金属铅酸盐在水溶液中呈强碱性,而亚铅酸盐在水溶液中更能发生强烈水解作用。$PbCl_4$ 之类的四价铅盐在水溶液中也可强烈水解而产生 PbO_2。

(5)生成中等强度的螯合物

Pb 能与 OH^-、Cl^- 等配位体配合生成配合物,还能与含硫氢基、氧原子的有机配位体生成中等强度的螯合物。

3.铅的迁移转化

铅的活泼顺序位于氢之上,能缓慢溶解在非氧化稀酸中,也易于溶于稀 HNO_3 中。天然水中铅的形态明显地受 CO_3^{2-},SO_4^{2-},OH^- 和 Cl^- 的影响。在天然水中铅化合物主要存在着如下的溶解平衡和络合平衡

溶解平衡

$$PbCO_3(固) = Pb^{2+} + CO_3^{2-}$$

$$Pb(OH)_2(固) = Pb^{2+} + 2OH^-$$

$$PbSO_4(固) = Pb^{2+} + SO_4^{2-}$$

$$PbCl_2(固) = Pb^{2+} + 2Cl^-$$

$$Pb_3(OH)_2(CO_3)_2(固) = 3Pb^{2+} + 2OH^- + 2CO_3^{2-}$$

络合平衡

$$Pb^{2+} + OH^- = PbOH^+$$

$$Pb^{2+} + 2OH^- = Pb(OH)_2$$

$$Pb^{2+} + 3OH^- = Pb(OH)_3^-$$

$$Pb^{2+} + Cl^- = PbCl^+$$

$$Pb^{2+} + 2Cl^- = PbCl_2$$

在中性或偏碱性的水中,铅的浓度为氢氧化铅所限制,其含量取决于氢氧化铅的溶度积,而在偏酸性的水中,铅的浓度为硫酸铅所限制,其中的含铅量远远高于碱性水中的含铅量。事实上,铅在水体流动迁移的过程中很容易净化,这是因为悬浮物颗粒和底部沉积物对铅有强烈的吸附作用。试验表明,悬浮物和沉积物中的有机螯合配位体、铁和锰的氢氧化物吸附铅的性能最强,并且 Pb^{2+} 能与天然水中存在的 S^{2-}、PO_4^{3-}、I^-、CrO_4^{2-} 等离子生成不溶性化合物而沉积,致使铅的移动性小。

铅盐中大部分难溶于水,易溶于水的盐类有硝酸铅、醋酸铅等。氢氧化铅系两性物质,可像酸或碱一样能在溶液中电离,即

$$Pb^{2+} + 2OH^- \rightleftharpoons Pb(OH)_2 \rightleftharpoons H^+ + HPbO_2^-$$

因为它具有两性,故可与酸和碱相互作用,即

$$Pb(OH)_2 + 2HCl = PbCl_2 + 2H_2O$$
$$Pb(OH)_2 + NaOH = NaHPbO_2 + H_2O$$

pH 值在 6~8.5 之间时,$PbCO_3$ 是稳定的,不易溶解,pH 值若是大于 8,则以碱式碳酸铅的形式存在,即 $Pb_3(OH)_2(CO_3)_2$,若 pH 值小于 5 时,则以 $PbSO_4$ 形式存在。若是还原性条件又以 PbS 的形式存在。但近年来,随着汽车排气的不断增加,$Pb_xCl_yBr_z$ 含量也不断增加,由于这种物质的溶解度较大,它不仅关系到空气中含铅化合物的湿沉降,而且影响含铅化合物的溶解迁移等过程。如在 20℃,$PbCl_2$、$PbBr_2$ 和 PbBrCl 在水中的溶解度分别为 9.9 g/L,8.5 g/L 和 6.4 g/L

铅很容易被有机胶体或无机胶体吸附而迁移,如重金属中,它被蒙脱石等无机胶体吸附的顺序占第一位,因此可见,铅在环境中迁移时容易进入河流的底泥沉积物中。

铅在环境中能发生自然生化甲基化。Wong 等人用湖底沉积物为基质,加入一定量的三甲基醋酸铅,在缺氧的条件下进行恒温培养后,测得四甲基铅的存在,当用硝酸铅代替三甲基醋酸铅时,有时也可以得到四甲基铅。$(CH_3)_2PbX_2$ 能在环境条件下发生不可逆的歧化反应,即

$$2(CH_3)_2PbX_2 \rightarrow (CH_3)_3PbX + PbX_2 + CH_3X$$

$(CH_3)_3PbX$ 也能发生歧化反应,即

$$3(CH_3)_3PbX \rightarrow (CH_3)_4Pb + PbX_2 + CH_3X$$

在清洁的城市,大气中铅含量约为 $0.01~\mu g/m^3$。大气中的铅一部分经雨水淋洗进入土壤。一部分落在叶面上还可通过张开的气孔进入叶内,相反,在工业发达和汽车多的城市要高得多。铅在大气中的分布与铅微粒的大小密切相关,由于铅的密度较大,粒径大于 $2~\mu m$ 的铅粒很容易下沉,故在大气中所占比例很小。另外,由于铅及其化合物挥发性较大,铅蒸气可以通过气溶胶而污染环境。

土壤的 pH 值、阳离子交换量、有机质和有效磷含量与铅在土壤中的迁移能力有关。土壤对铅的固定作用与土壤阳离子交换量呈正相关关系,而与土壤酸性大小呈反相关。而有机质是离子态铅的主要固定剂。由于氢离子与其阳离子竞争有效吸附位置的能力很强,而且大多数铅盐的溶解性随着 pH 值降低而增加,因此,在酸性土壤中,铅被吸附和沉淀的可能性都比碱性土壤小,因而,较易为植物吸收。进入土壤中的 Pb^{2+} 容易被有机质和黏土矿物所吸附。就土壤而言,对铅的吸附量有下列顺序:黑土＞褐土＞红壤;对于黏土矿物和腐殖质而言,黏土

矿物的吸附顺序是蒙脱石＞伊利石＞高岭土,腐殖质的吸收量则明显高于黏土物质。其结果证实,各类土壤对铅的吸附强度与黏土矿物组成及有机物含量呈正相关。

土壤中的可溶性铅的含量很低,土壤中的铅迁移性弱。当植物生长时,根从土壤溶液中吸收 Pb 而迁移到植物体内。然后铅从固体化合物中补充到土壤溶液中,补充的速度决定着对植物的供给量。氧化还原电位对土壤中可溶态铅量会产生影响,随着土壤氧化还原电位的升高,土壤中可溶性铅与高价铁、锰氧化物结合在一起,降低了铅的可溶性迁移。当土壤呈酸性时,土壤中固定的铅,尤其是 $PbCO_3$ 容易释放出来,土壤中水溶性铅含量增加,可促进土壤中铅的移动。

对于植物对铅的吸收和累积,与许多因素有关,如铅的浓度、土壤条件、植物类型等。植物根部吸收的铅主要在根部,少数部分才能转移到地上部分。图 6-5 所示为铅在环境中的循环示意。

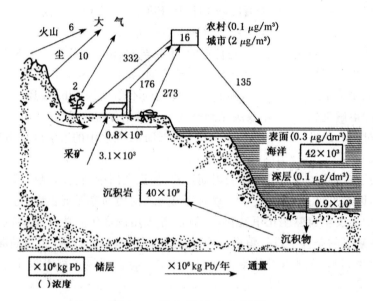

图 6-5　铅在环境中的循环

4.铅的毒性和防治处理

铅是一种严重的环境毒和神经毒,对人体有很高的毒性,一旦中毒,将会对人体全身各个系统造成不同程度的毒害,尤其影响婴幼儿和儿童的智力发育和学习记忆等脑功能。

(1)铅中毒机理和中毒症状。铅作为三种重金属(Pb、Cd、Hg)环境激素物质之一,对人体和生物(主要为动物)体内的正常激素功能施加影响,具有类似雌激素作用,能导致包括人类在内的各种生物的生殖功能下降、生殖器肿瘤免疫力降低,并引起各种生理异常。

铅中毒可引起铅性贫血及心脏和血管的改变、血循环障碍一系列血液系统症状,还可引起消化不良、腹绞痛、高血压。铅对神经系统的损害可引起神经衰弱症候群和神经传导速度的改变、周围神经炎以及中毒性脑病。长期低剂量接触铅会加强体内脂质过氧化,久而久之,会诱发肿瘤的发生。

铅离子是交界酸的软酸类,所以它将优先被束缚到软碱上,即取代活性金属而被束缚到酶中的巯基上,从而破坏酶的作用。它还能破坏膜及其运送性质,可与体内一系列蛋白质、酶和氨基酸的官能团络合,从而干扰体内许多方面的生化和生理活动。

(2)对铅的解毒作用。铅的解毒作用包括机体自身解毒和外源性解毒作用。

机体自身解毒作用:人体去除有毒金属的主要途径是通过生物体排泄系统,一般情况下,食入的铅大部分经过肾脏和消化道随尿、粪排出,也有少量通过唾液、汗液等排出。另外,生物体内存在着能解除重金属毒性的特殊物质,如金属硫蛋白。

外源性解毒作用包括螯合剂解毒作用和硒的解毒作用等。

螯合剂解毒作用:目前所用解毒剂的作用是基于它们可以有选择地与体内的有毒金属铅牢牢成键,形成更为稳定的水溶性络合物而排出体外,达到解毒效果。铅的有效解毒剂有 Ca-Na$_2$EDTA、青霉胺、二巯基丁二酸钠等。需要注意的是,这些螯合型解毒剂在驱除铅等重金属的同时,会将体内正常代谢所必需的金属离子同时驱出,所以在作解毒治疗时要适量补充一些金属离子。利用中药驱铅,解毒健脾取得了良好的疗效,由于健脾兼有利胆,加速了肝脏的铅通过胆汁大量从粪便排出。中药的独到之处还在于驱铅而不干扰微量元素的体内平衡。

硒的解毒作用:重金属在体内的作用也受微量元素之间的协同和拮抗作用的影响,可以利用拮抗作用来降低某些重金属的毒性。

铅的污染主要是污染水源问题,目前主要的处理方法有沉淀法、混凝法、离子交换法等。

沉淀法:沉淀剂有碱、Na$_2$CO$_3$、白云石(CaCO$_3$·MgCO$_3$)等。沉淀与过滤的组合工艺会使除铅效果更好。如将含铅废水流经事先焙烧处理过的白云石充填床层,就可同时产生沉淀和过滤作用。

混凝法:处理四烷基铅生产废水时,常用沉淀剂先除去无机铅,再用铁盐作混凝剂将其中的有机铅除去。

离子交换法:如对弹药厂废水先用沉淀法将含铅量降至 0.1 mg/L 后,采用磷酸型树脂进行处理可使含铅量降到 0.01 mg/L。

6.1.3 砷的污染

1.砷在环境中的来源与分布

有毒重金属元素在环境中的污染效应很少有人怀疑,然而对于类金属和过渡金属如锰、镍、砷和铜等物质在人们的视野中似乎不是太受重视。但是,从环境污染效应和环境毒理学观点来看,这类物质在环境化学中的作用得到进一步研究。

砷是一种广泛存在并具有准金属特性的元素。元素砷多以无机物状态存在于环境中。在自然界中,天然水中的砷主要以 +3 价和 +5 价的形态存在,其还原态以 AsH$_3$(g)为代表,氧化态以砷酸盐为代表。地壳中砷的丰度为 1.5~2 mg/kg,比其他元素高 20 倍。土壤中砷的本底介于 0.2~40 mg/kg 之间,但砷污染土壤中砷含量可达 550 mg/kg。

在某些矿物中也含有较高浓度的砷。主要含砷矿物有砷黄铁矿(FeAsS)、雄黄矿(As$_4$S$_4$)和雌黄矿(AS$_2$S$_3$)。空气中砷的自然本底值为 3~9 ng/m^3;地面水中砷的含量较低,As^{3+} 与 As^{5+} 的含量比范围为 0.06~6.7;海水中砷浓度范围为 1~8 μg/L,其中主要为砷酸根离子。

环境中砷污染主要来自人类的工农业生产活动。工业上排放砷的部门以冶金、化工及半导体工业的排砷量较高(如砷化镓、砷化铜)。农业生产中主要来自以砷化物为主要成分的农药,用量较多的有砷酸铅、亚砷酸钙、亚砷酸钠及乙酰亚砷酸铜和有机砷酸盐等。另外,大量甲胂酸和二甲亚胂酸被用作除莠剂或在林业上用作杀虫剂,有些还作为木材防腐剂,由此带来对环境的污染也日益加重。此外,矿物燃料燃烧也是造成砷污染的重要来源。

2.砷在环境中的迁移与转化

(1)砷在环境中的迁移

砷在天然水体中的存在形态为 $H_2AsO_4^-$、H_2AsO^{4-}、$HAsO_4^{2-}$、H_3AsO_3 和 H_2AsO^{3-}。由于砷有多种价态,因此水体的氧化—还原条件(E_h)将影响砷在水中的存在形态。环境中多以氧化物及其含氧酸形式存在,如 As_2O_3、As_2O_5、H_3AsO_3、$HAsO_2$ 及 $HsAsO_4$ 等。As_2O_3 在水中溶锯可形成洒砷酸。

水体的 pH 值决定砷的存在形态和价态。对大部分天然水来说,砷最重要的存在形式是亚砷酸(H_3AsO_3)。当 pH<4 时,主要以三价的 H_3AsO_3 占优势;当 pH 值为 4~9 时,以 H_2AsO^{4-} 占优势;当 pH=7.26~12.47 时,以 $HAsO_4^{2-}$ 占优势;当 pH>12.5 时,主要以 AsO_4^{2-} 形式存在。

具体可见图 6-6 所示可知,因为砷是多价态元素,因此水体的氧化—还原条件(E_h)对砷在水体中的存在形态有影响。H_3AsO_4 在氧化性水体中是优势形态;在中等还原条件或低 E_h 的条件下,亚砷酸是稳定态。当 E_h 逐渐降低,元素砷将占据稳定形态,但在极低的 E_h 时,可以形成溶解度极低 AsH_3,当 AsH_3 的分压为 101.3 kPa 时,其溶解度只有 $5.01×10^{-6}$ mol/L 左右。

在土壤中,砷主要与金属(铁、铝等)水合氧化物形成胶体态存在。土壤的氧化—还原电位(E_h)和 pH 值对土壤中砷的溶解度有很大影响。土壤的 E_h 降低和 pH 值升高,砷的溶解度增大。同时,由于 pH 值升高,土壤胶体所带正电荷减少,对砷的吸附能力降低,所以旱地土壤中可溶态砷含量比浸水土壤中低。另外,植物较易吸收 AsO_3^{3-},在浸水土壤中生长的农作物其砷含量也较高。

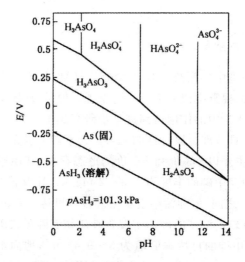

图 6-6　砷-水体系的 E_h—pH 图

(2)砷的生物甲基化反应

与汞的性质相似,砷的生物甲基化反应和生物还原反应是它在环境中转化的一个重要过程。砷的化合物可通过微生物的作用被还原,然后与甲基(—CH₃)反应生成有机砷化合物。但生物甲基化所产生的砷化合物易被氧化和细菌脱甲基化,结果又使它们回到无机砷化合物的形式。在甲基化过程中,甲基钴胺素 CH_3CoB_{12} 起甲基供应体的作用。砷在环境中的转化模式如下:

$$HCN \xrightarrow{H_2O} HOCNH_2 \xrightarrow{H_2O} HCOOH + NH_3$$
$$\xrightarrow{氧化} CO_2$$

图 6-7 所示为自然界中砷的生物循环。

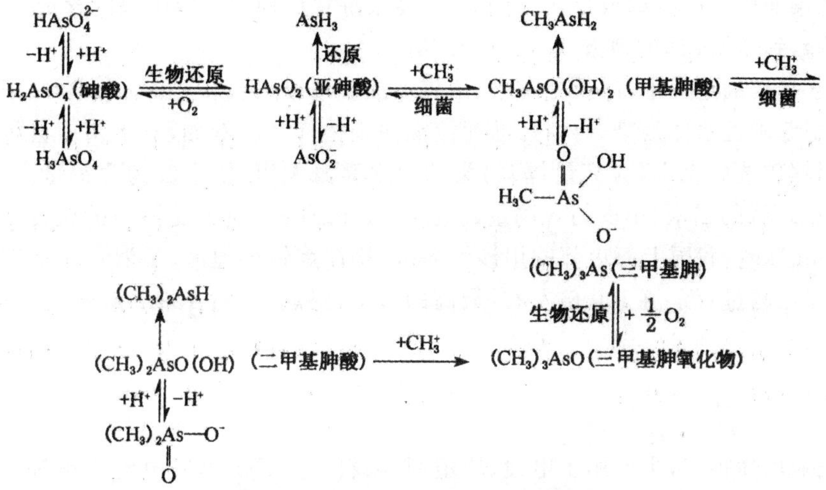

图 6-7　自然界中砷的生物循环

砷与产甲烷菌作用或者甲基钴氨素及 L—甲硫氨酸—甲基—d₃ 反应均能将砷甲基化。二甲基胂和三甲基胂在水溶液中可以氧化为相应的甲基胂酸。这些化合物与其他较大分子的有机砷化合物,如含砷甜菜碱和含砷胆碱等,都极不容易化学降解。

3.砷的毒性与生物效应

无机砷化合物中,三价砷毒性要大于五价砷。同时,溶解性砷毒性要大于不溶性砷。无机砷可抑制酶的活性,三价无机砷可以与蛋白质中的巯基反应。长期接触无机砷会对人和动物的许多器官产生不利影响,如肝功能异常等。据研究,摄入 As_2O_3 的剂量超过 70 mg 时,可使人致死,近期研究表明,体内体外接触砷会影响人的染色体,导致体内染色体畸变,同时会影响 DNA 的修复机制。

6.1.4　镉的污染

1.镉在环境中的分布与污染

镉是一种稀有分散的元素,它以微量而广泛地分布在环境中,浓度超过百万分之一的只发生于富矿层或因人类活动的污染地区。镉在大气中的平均浓度为 $1\sim50$ ng/m^3；在天然水体中的含量也很低，仅为 $0.01\sim3$ $\mu g/L$；在岩石中的平均含量在 $0.035\sim0.30$ mg/kg 之间；世界土壤中镉的平均含量为 0.35 mg/kg，我国土壤的自然含镉量在 $0.010\sim1.800$ mg/kg 之间，平均 0.163 mg/kg。

造成环境镉污染的主要来源是工业污染。在工业上，镉一般是作为主要金属工业（特别是炼锌工业）的副产品来生产的。因为镉和锌属于同一副族元素，化学性质很相似，在自然界中往往伴随出现。例如，镉在大部分情况下是存在于闪锌矿（ZnS）内。此外，镉也存在于铜矿、铅矿和其它含有锌矿物的矿石中。因此，在这些矿的开采、冶炼过程中，镉主要通过冲刷溶解作用和挥发作用，释放到水体和大气中，并进而污染土壤。一般在冶炼厂附近，土壤中镉的含量与距离污染源中心的距离成反比。例如，日本某炼锌厂周围土壤中镉的含量，在厂区附近高达 40 mg/kg，到 3 km 远的地方仅 $3\sim8$ mg/kg。

此外，在选矿的过程中，以及尾矿堆、冶炼厂的矿渣堆、废料堆和垃圾堆，经雨水冲刷溶解作用，都可引起附近水体污染，再由污灌而使镉向土体迁移。例如，日本富山县神通川流域曾利用当地铅锌矿选矿废水（含高量镉）污染的河水灌溉农田，使土壤的含镉量高达 $7\sim8$ mg/kg，使受污染地区的稻米、小麦的含镉量高达 $1\sim2$ mg/kg。而未受污染的粮食中含镉量通常低于 0.05 mg/kg。我国上海市郊的川沙污灌区、松江炼锌厂地区、吴淞口工业区等地的土壤中，镉的含量已超过背景值 100 倍左右，最高的酸溶性镉含量达 130 mg/kg，已直接影响到水稻的正常生长。

2. 镉的迁移规律

镉的工业用途很广，主要用于电镀、增塑剂、颜料生产、Ni—Cd 电池生产等。电镀厂在更换镀液时，常将含镉量高达 2200 mg/L 的废镀液排入周围水体中。另外，在磷肥、污泥和矿物燃料中也含有少量镉。

镉在水环境中主要以 $+2$ 价存在，随着水体环境的氧化还原性和 pH 的变化，受影响的只是与 Cd(Ⅱ) 相结合的基团。在氧化性淡水体中，主要以 Cd^{2+} 形态存在；在海水中主要以 $CdCl_x^{2-x}$ 形态存在；当 pH>9 时，$CdCO_3$ 是主要存在形态；而在厌氧的水体环境中，大多都转化为难溶的 CdS。

镉在环境中易形成各种配合物或螯合物，Cd^{2+} 与各种无机配位体组成的配合物的稳定性顺序大致为：$SH^->CN^->P_3O_{10}^{5-}>P_2O_7^{4-}>CO_3^{2-}>OH^->PO_4^{3-}>NH_3>SO_4^{2-}>I^->Br^->Cl^->F^-$；与有机配位体形成螯合物的稳定性顺序大致为：巯基乙胺>乙二胺>氨基乙酸>乙二酸；与含氧配位体形成配合物的稳定性顺序为：氨三乙酸盐>水杨酸盐>柠檬酸盐>酞酸盐>草酸盐>醋酸盐。镉在环境中的存在形态和转化规律在很大程度上受到上述稳定性顺序的制约。

底泥对镉的吸附作用非常强，随着时间和水流距离的增大，大部分镉很快沉降到底泥中富集起来。表 6-3 的测定结果表明了镉在水中的这种迁移趋势。

表 6-3　镉在水中的迁移

采样地点	水中镉含量平均值/ppm	底泥镉含量平均值/ppm
排污口	14.50	—
距排污口　50 m	4.70	5800
100 m	3.21	1972
200 m	1.94	1120
640 m	1.59	1119
810 m	0.89	530

所以水中的镉大部分沉积在底泥中。但镉的这种吸附作用不如汞,而且镉化合物的溶解度比相应的汞化合物大,因而镉在水中的迁移比汞容易,在沿岸浅水区域,镉的滞留时间一般为 3 周左右,而汞长达 17 周。

3.镉的毒害性

镉和铅、汞一样,是人体不需要的元素。许多植物如水稻、小麦等对镉的富集能力很强,使镉及其化合物能通过食物链进入人体,另外饮用镉含量高的水,也是导致镉中毒的一个重要途径。在有镉污染的地区,粮食、蔬菜、鱼体内都检测出了较高浓度的镉,这些都是致病因素。

镉在体内被吸收后,首先到肝脏,与金属硫蛋白结合,再经血液输送到肾脏,并蓄积起来,然后缓慢从尿中排出。镉在人体内的半衰期长达 6～18 年。镉对肾脏的损害作用主要在于其蓄积在肾表皮中导致输尿管排出蛋白尿。当肾表皮含镉量达到 200 mg/kg 叫时,就会出现肾管机能失调。镉中毒致死的人解剖结果发现肾脏含大量的镉。

镉污染造成影响最大的事件是骨痛病事件。骨痛病又叫痛痛病,1955 年首次发现于日本富山县神通川流域,是积累性镉中毒造成的。患者初发病时,腰、背、手、脚、膝关节感到疼痛,以后逐渐加重,上下楼梯时全身疼痛,行动困难,持续几年后,出现骨萎缩、骨弯曲、骨软化等症状,进而发生自然骨折,甚至咳嗽都能引起多发性骨折,直至最后死亡。经过调查,发现是由于神通川上游锌矿冶炼排出的含镉废水污染了神通川,用河水灌溉农田,又使镉进入稻田被水稻吸收,致使当地居民因长期饮用被镉污染的河水和食用被镉污染的稻米而引起慢性镉中毒。此病潜伏期一般为 2～8 年,长者可达 10～30 年。可以说直到这一事件发生之后,镉污染问题才引起了人们普遍的关注。研究表明,骨痛病的主要病理变化是骨软化症,镉对肾功能的损害使肾中的维生素 D_3 的活化过程被抑制,不能正常代谢,进而造成骨胶原肽链上的羟基辅氨酸不能氧化为醛基,妨碍了骨胶原的正常固化成熟而使骨骼软化。另外由于 Cd^{2+} 半径与 Ca^{2+} 半径十分接近,镉还会阻碍钙的吸收,破坏骨质。

此外,Cd^{2+} 与 Zn^{2+} 和 CC^+ 的外层电子结构相似,半径也相近,因此在生物体内也存在着 Cu 和 Zn 被 Cd 置换取代的现象。Cu 和 Zn 均为人体必需元素,由于受到镉污染而造成人体缺 Cu 和缺 Zn,都会破坏正常的新陈代谢功能。

有研究表明,硒(Se)对镉的毒性有一定的拮抗作用。这可能与 Se 是硫族元素,镉与 Se 能较稳定地结合在一起,使镉失去活性有关。

6.1.5 其他重金属污染

1. 锡

锡在地壳中主要以天然锡石（SnO_2）的形态存在。我国的锡矿资源居世界首位。天然大气中几乎检测不到锡，在工业城市空气中的锡含量小于 $1~\mu g \cdot m^{-3}$。锡的氧化态有 $+2$ 和 $+4$ 价。水中的 Sn^{2+} 只有在强酸性条件下才较稳定，pHi2 时即形成各种碱式盐及 $Sn(OH)_2$ 沉淀，pH 继续升高难溶盐又重新溶解。$Sn(\text{II})$ 是强还原剂，易被空气中的氧氧化成 $+4$ 价，因而环境中的锡通常以 $+4$ 价形态存在。

$$2SnCl_2 + O_2 + 2H_2O = 2SnCl_2(OH)_2$$

因为下述反应的存在，四价锡化合物在酸性或碱性水体中溶解度都较大：

$$H_2SnO_3 + 2OH^- = SnO_3^{2-} + 2H_2O$$

但在 pH 为 $6 \sim 9$ 的天然水体中，$Sn(\text{IV})$ 的溶解度很小。

在缺氧条件下，锡在细菌作用下甲基化，生成的甲基锡较易挥发，易从水中迁移到大气中。

人类使用锡的历史十分久远，自古就用它来制成各种餐具。现代工业上大量的锡用于制造镀锡马口铁和锡箔，用做食品包装材料。未受腐蚀的镀锡食品包装是较安全的。现在备受人们关注的锡污染问题一般都是与锡的有机化合物相关的问题。有机锡化合物如甲基锡、丁基锡和苯基锡等都有一定的毒性，在农业上用做杀菌剂和杀虫剂，在工业上作为油漆、木材、造纸、纺织和电缆等的防霉剂。三丁基锡（TBT）的一个重要用途是用于船体涂层添加剂以防止粘附生物的生长，称为海洋杀生剂。

作为一种高效的海洋杀生剂，三丁基锡在驱逐或杀死管虫、藤壶、贻贝等船体粘附生物的同时，也对牡蛎等非目标生物构成威胁。1981 年有机锡的污染造成法国沿海的淡菜养殖严重减产。R_3SnX 型有机锡化合物对贝类毒性特别强，且可在鱼、贝中蓄积，间接对人体健康产生危害。环境中的有机锡污染及其控制的研究工作近年来受到世界各国的重视。

有机锡（主要是三丁基锡化合物）除了有很强的致死作用外，在非致死浓度下，可使生物体正常的生化功能、结构形态等发生改变，例如出现大脑水肿、肾毒性和肝胆毒性等。当 TBT 的浓度达到 $1~\mu g/L$ 以上时，就会对海洋甲壳动物产生有害影响。TBT 对浮游生物的毒性也很大，会破坏其光合作用、呼吸生长等基本生理功能。近年来，以 TBT 为代表的有机锡化合物的环境内分泌干扰作用日益突出，已成为一个热点研究领域。

近年来，重金属污染物之间的复合效应引起越来越多的关注，例如 Mo 和 Cu，在我国江西大余矿区，由于过量 Mo 的存在，结果导致牛和羊缺 Cu。牛表现的症状是腹泻、消瘦、贫血、皮肤发红、背毛脱色（白皮红毛），直至死亡。这种由于过量钼的存在而导致缺铜，可能是因为形成了不溶性的四硫代钼酸铜沉淀。另外研究还发现，当三甲基锑与三甲基胂共存时，锑化合物的毒性变得十分强烈。这方面的研究都在不断进行中。

2. 铬

铬在环境中广泛存在，大气中平均含量为 $40~ng/m^3$，天然水中为 $1 \sim 40~\mu g/L$，海水中的正常含量是 $0.05~\mu g/L$。自然界中的含铬矿主要是铬铁矿（$FeO \cdot Cr_2O_3$）。

铬主要用于炼钢和电镀,重铬酸盐在化学上用途广泛。电镀、皮革、染料和金属酸洗等工业是环境中铬污染的主要来源。对我国某电镀厂周围环境的监测结果发现,该电镀厂下游方向的地下水、土壤和农作物都受到不同程度的六价铬的污染,且离厂区越近,污染越严重。电镀厂附近居民的血、尿、毛发中的六价铬水平均超过了正常水平。铬盐厂产生的铬渣中含铬达2‰~5‰,常堆积在厂区附近或进行填埋处理,其中的六价铬被淋滤造成地下水污染的问题经常发生。

铬的氧化态有+2,+3和+6价,$Cr(II)$在空气中会迅速氧化成$Cr(III)$,因此自然环境中铬的化合价主要是+3和+6价。进入自然水体中的Cr^{3+},在低pH条件下易被腐殖质吸附形成稳定的配合物,当pH>4时Cr^{3+}开始沉淀,接近中性时可沉淀完全。天然水体的pH在6.5~8.5之间,在这种条件下,大部分的Cr^{3+}都进入到底泥中了。因此,河水对三价铬的自净能力较强,流经一段距离后,河水中铬含量显著降低。在强碱性介质中,遇有氧化性物质,$Cr(III)$会向$Cr(VI)$转化;而在酸性条件下,$Cr(VI)$可以被水体中的Fe^{2+}、硫化物和其他还原性物质还原为$Cr(III)$。由上可知,$Cr(VI)$转化为$Cr(III)$后更容易被水体自净除去。工业废水中$Cr(VI)$的处理就是使用合适的还原剂将$Cr(VI)$还原成$Cr(OH)_3$沉淀后分离除去。

但同时三价铬是人体必需的微量元素,它参与正常的糖代谢和胆固醇代谢的过程,促进胰岛素的功能。人体缺铬会导致血糖升高,产生糖尿,还会引起动脉粥样硬化症。世界上少数地区有铬缺乏症。与三价铬相比,六价铬更容易被人体吸收,并产生严重的毒害作用,吸入可引起急性支气管炎和哮喘;入口则可刺激和腐蚀消化道,引起恶心、呕吐、胃烧灼痛、腹泻、便血、肾脏损害,严重时会导致休克昏迷。另外,长时间地与高浓度六价铬接触,还会损害皮肤,引起皮炎和湿疹,甚至产生溃疡(称为铬疮)。六价铬对粘膜的刺激和伤害也很严重,空气中浓度为$0.15\sim0.3~mg/m^3$时可导致鼻中隔穿孔,在职业铬中毒中多见。动物实验表明,铬的化合物还有致突变作用和细胞遗传毒性。与前面几类金属相比,铬的生物半衰期较短,相对容易排出体外。

铬在土壤中可抑制NH_4的硝化作用,对植物的毒性主要在于根部,干扰植物对Fe和P的吸收,并使Ca、Mg、K、B和Cu等累积于植物顶端而影响生长。

鉴于六价铬的毒害作用,过去衡量水中铬残留状况通常都是根据六价铬的含量,但考虑到三价铬和六价铬在环境中可相互转化,近年来更倾向于根据铬的总量来制定水质标准。

3. 铊

铊在环境中主要有+1和+3价两种氧化态,铊在土壤中的含量一般在$0.1\sim0.8~\mu g/g$的范围内,水体中铊的含量约为$0.02~\mu g/L$。铊的主要工业来源有燃煤发电厂、铅锌矿冶炼、水泥生产和硫酸生产等。金属铊最早就是从硫酸厂燃烧黄铁矿时产生的烟道灰中分离出来的。大多数情况下,进入大气的铊都是吸附在烟尘上,主要以Tl_2SO_4的形式存在。这些烟尘可随气流迁移、沉降,进一步污染周围的水体和土壤。

铊是强淋滤元素。低pH、高盐和高温都有利于岩矿石中铊的活化、迁移。Tl^{3+}很容易与Cl^-形成配离子$TlCl_4^-$它是铊迁移富集的主要形式之一。在低温高硫还原环境中,Tl^{3+}被还原成Tl^+,所形成的Tl_2S的K_{sp}(溶度积)值很小(约10^{-47}),故铊较易达到K_{sp}而逐步沉淀,为铊成矿奠定基础。在低硫环境中,铊不能以Tl_2S的形式沉淀,但因铊与亲硫元素Cu、Pb、Fe、

Hg、Ag 和 Zn 等相似,故铊容易进入这些元素的硫化物或硫盐矿物中。

铊的有机配合物可能是铊迁移富集的另一种形式,富铊矿床主要储存于富含有机质的炭质泥岩、粉砂岩和页岩中。铊离子可通过厌氧底泥中的微生物进行生物甲基化过程,惟一的甲基化产物为二甲基铊盐($(CH_3)_2Tl^+$),由于二甲基铊离子的毒性小于相应的无机离子,此过程也是生物解毒的机制。

Tl^+ 与 K^+ 价态相同,且离子半径相近。水溶态的铊可直接被植物吸收,Tl^+ 在植物中对 K^+ 有明显的拮抗作用,因此对植物的营养传输和生长影响显著。铊可由食物链、皮肤接触和烟尘吸入等途径进入人体。Tl^+ 与 K^+ 相似的离子性质使 Tl^+ 在人体内可干扰多种有 K^+ 参与的重要生理过程。例如,Tl^+ 可取代的(Na^+/K^+)—ATP 酶中的 K^+,竞争结合进入细胞内,并与线粒体表面的巯基结合,抑制氧化磷酸化过程,干扰含巯基氨基酸的代谢,抑制细胞有丝分裂,抑制毛囊角质层生长。此外,铊还可以破坏体内钙平衡。铊主要经肾脏和胆汁排泄,其次经头发、指(趾)甲和乳汁排出。

铊中毒的典型症状是脱发,脱发前常有头皮发痒,头皮和足底灼热的先兆。急性铊中毒的患者开始有恶心、呕吐、腹泻和胃肠道出血等症状,随后有胸痛、呼吸困难、震颤、多发性神经炎和精神障碍等。慢性铊中度患者的症状主要是食欲减退、头痛、全身乏力、消瘦、下肢麻木和疼痛及视力减退等。

我国贵州省铊矿资源丰富,矿区周围的居民受铊污染的问题时有发生,这一问题已引起人们的关注。

总之,重金属作为工业生产的宝贵资源,使其大量流失既造成严重的环境危害,又是极大的浪费。因此,加强对含重金属废水、废渣的处理,严格控制重金属进入自然环境,并研究开发重金属的回收再利用技术,不仅有利于人类的生存健康,对重金属资源的保护和充分利用也有重要意义。

6.2　非金属类污染物

6.2.1　氟的污染

1.氟的分布与污染

氟在大气中的自然含量各国报道不尽相同,天然水体含氟量存在地带性差异,但水中含氟量普遍较低,一般河流含氟量在 $0.2~\mu g/L$ 以下,但干旱半干旱地区水体氟含量远高于湿润地区水体,海水中平均含氟量为 $1.30~\mu g/L$;在地壳中的平均含氟量为 $770~mg/kg$;世界土壤中氟含量范围波动很大,为 $10 \sim 7000~mg/kg$ 之间,一般为 $50 \sim 800~mg/kg$,平均 $200~mg/kg$,我国土壤总氟含量高于世界土壤的平均水平,自然土壤含氟量平均约为 $300~mg/kg$,耕作土壤平均为 $430~mg/kg$。

环境中的氟污染以大气污染最为严重,其次为废水和废渣的污染。主要的氟污染源有磷矿石加工,铝和钢铁的冶炼,以及煤的燃烧过程。陶瓷、玻璃、塑料、农药、原子能等工业也排放含氟污染物。据调查,全世界仅磷肥生产和磷加工工业每年排放的氟就约为 40 万吨。因而,在磷肥厂、铝厂、钢铁厂以及氟石矿区周围的环境通常氟污染都非常严重。

此外，一些特殊的地理因素也能引起自然环境的氟污染。如火山、温泉附近，以及磷灰石、萤石、冰晶石等地层含氟量高，流经这些地层的水中往往含有大量的氟化物，这是造成地方性氟中毒的主要原因。

2.氟的环境行为

氟是已知电负性最高的元素，由于电负性强，氟的化学性质非常活跃，可氧化所有的金属形成氟化物，也可与大多数非金属直接发生剧烈反应，因此，环境中没有元素状态的氟存在。环境中氟的化合物种类很多，但氟化物中的氟只有 -1 一种价态。氟化物的物态主要有气态和固态两种，主要的气态氟化物有 SiF_4 和 HF，它们是大气环境氟污染的主要形态。

环境中大多数氟化物都具有较高的水溶性，即使是一些较稳定的氟矿石，也具有相对较高的溶解度，因而，氟在环境中具有较强的迁移性。

在酸性或中性环境条件下，氟可与铝、硅、钙、镁、硼等形成较为稳定的缝合物，氟的络合物中大部分是易溶于水的。天然水中的氟主要以 F^- 离子状态存在，在适宜条件下，也可与金属离子络合而以络离子状态（如 AlF^{2+}、AlF_2^+、FeF^{2+}、FeF_2^+ 等）存在。

土壤中的黏粒、黏土矿物、$Al(OH)_3$ 等无机胶体和腐植酸等有机胶体对气态氟和液态氟均有强烈的吸附作用，所以氟在土壤中的移动性不强。通常土壤固柱存在的氟化（矿）物和吸附态氟化物处于相对稳定状态，它们的迁移主要依赖于土壤的水分状况和水动力过程。土壤中一些活性强或对氟有强亲和力的元素对土壤氟的活性及迁移转化有明显的影响。研究表明，Na^+ 使更多的吸附态氟转入溶液，因而提高了土壤氟的活性。当土壤中氟被无定形铝吸附形成络离子态氟时，也会增加氟的活性。但是，Ca^{2+} 能与活性强的离子态氟形成难溶性的 CaF_2 而被固定下来，从而显著降低土壤氟的活性。

氟化物进入植物体内的途径，包括从植物根系进入和从叶片气孔进入两种方式。从根系吸收的氟，主要向地上部转移，最终积累在叶的尖端和边缘部分。目前尚未弄清植物吸收氟的机制。一些研究者提出，植物吸收土壤氟与吸收铝呈显著正相关，因此认为 F—Al 络合体（AlF^{2+}、AlF_2^+）是氟进入植物体并发生运转的主要形态。

大气中的氟通常是通过气孔进入叶片，溶解在叶组织内的水溶液中，被叶肉吸收，并通过扩散方式或由导管把氟化物从叶肉转移到其它细胞中。氟化物很少从叶转移到茎中，或再从茎运输到根部。所以氟化物一旦被某个叶片吸收后，一般不会迁移到其它叶片或别的部位去，具体的可见图 6-8 所示。

3.氟污染危害

氟是人体必需的微量元素。氟对牙齿和骨骼的形成与结构均有重要的功能。氟缺乏或过多都可对人体产生不良影响。氟是参与人体正常代谢的化学物质，可以促进牙齿和骨骼的钙化，对于神经兴奋的传导和参与代谢的酶系统都有一定的作用。氟被吸收后，通过吸附和离子交换，在组织和牙齿中取代羟基磷灰石的羟基，使之转化为氟磷灰石，在牙齿的表面形成坚硬的保护层，使硬度增高，能够抵抗酸性腐蚀，抑制嗜酸性细菌的活性，并拮抗某些酶类对牙齿的不利影响。缺氟时，由于在牙釉质中不能形成氟磷灰石，而易发生龋齿。这在儿童中尤为明显。

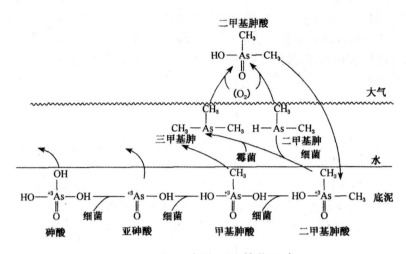

图 6-8　氟元素的迁移转化示意

　　然而,摄入过量的氟化物也会发生氟中毒。当大量的氟进入肌体后,由于氟与钙有很大的亲和力,大量的血钙与氟结合成氟化钙,使钙代谢紊乱,就会出现缺钙综合症,发生腰酸腿疼、手足抽搐、麻木等症状。钙代谢紊乱,又可引发磷的代谢紊乱,影响磷酸盐离子的沉积,阻碍正常的骨质代谢,使骨质疏松软化,甚至出现瘫痪。此外,过量的氟还会引起氟斑牙等病症。

　　氟是植物的有毒元素。植物可分别通过根系与叶片从土壤和大气中吸收氟。一般而言,大气中的氟比土壤中的氟对植物的毒性更大。大气中的氟对植物的影响有累积的特点,即使在较低的大气氟环境中,植物叶片组织内的氟含量会随着时间的增长而逐渐增加。当氟化物在植物体内累积到临界含量时,便会干扰酶的作用,阻碍代谢机能,破坏叶绿素和原生质,使叶缘和叶尖坏死,最终导致植物生长受阻。

4. 氟污染的治理方法

（1）气态氟的处理方法

　　工业生产所排的氟以气态为主,一般采用吸收(湿法)或吸附法(干法)处理。

　　湿法除氟:采用液体吸收剂从烟气中吸收氟化氢、四氟化硅等,分离出来的含氟溶液经处理后,制成氟化物,可以回收利用。由于氟化物水溶性很强,吸收很快,可收到很好效果。

　　干法除氟:国外在铝行业中已普遍应用此法。其除氟净化流程简单,处理烟气量大,除氟效率高(一般大于 98%),不排含氟废水,无二次污染和设备腐蚀等问题,基建费用和运行费用都较低。

（2）含氟废水的处理

　　氟化钙沉淀法:钙盐沉淀法广泛用来除氟。在含氟废水中加入钙盐,使之生成难溶性氟化钙沉淀。此法适用于处理含氟高的废水,处理后的含氟量可降至 $12\sim13$ mg/L,另外,氟化钙沉淀还可再处理回收。

　　凝聚沉淀法:此法不需特殊设备,费用较低,但占地面积大,不易连续操作和实行自动化。在实际应用中,常用明矾来除去饮用水中的氟,但明矾的用量很大;聚丙烯酰胺是一种理想的凝聚剂,但药剂价格较高。

活性铝矾土吸附法:活性铝矾土具有很强的吸附能力,经它处理后可将含氟量降到 2 mg/L 以下,美国得克萨斯州某水处理厂用活性铝矾土接触床除氟,可降到 1 mg/L。

6.2.2　氰的污染

1.氰污染的来源

氰化物在工业上有广泛的用途,其污染主要发生在地面水体环境,含氰废水除了来源于氰化物自身生产过程以外,一方面是来自氰化物的应用,如氰化提金、电镀、金属加工等;另一方面是来自生产其他产品的过程中,如化肥厂、煤气制造厂、焦化厂、钢铁厂、农药厂、化纤厂等化学工业。由于工业性质的不同,排出的含氰废水的性质、成分也不相同。即使同种工业产生的废水,可能含氰化物也相差很大。近年来,为了保护环境,我国不少单位改用无氰电镀工艺,大大减少了含氰废水的排放。但是,在焦炉或高炉的生产过程中,煤中的碳与氨或甲烷与氨化合生成氰化物,游离的 C、N 等原子亦可结合形成氰化物。反应方程式为

$$NH_3 + CH_4 \rightarrow 3H_2 + HCN$$
$$C + NH_3 \rightarrow HCN + 2[H]$$
$$[C] + [N] + I/2H_2 \rightarrow HCN$$

2.环境中氰化物的迁移转化

(1)简单的可溶性氰在水中的分解形式包括如下内容。氰化物的挥发排出:溶解于天然水中的氰化物在水中游离二氧化碳的作用下生成氰化氢而排入空中,反应为

$$CN^- + CO_2 + H_2O = HCN\uparrow + HCO_3^-$$

HCN 在一般水质和 pH 的条件下,经过这种反应排放到大气中去,这种净化机理占水体中氰化物的总自净量的 90% 左右。pH 值越低,水温越高,混合越充分,分解越快,pH 值小于等于 7.5 时,有大于 99% 的氰化物呈 HCN 形态,但如果在溶液中含有镍盐时,因其与 CN^- 形成了稳定的络合物,从而使水溶液中 HCN 的浓度大为降低。

氰化物的氧化分解:在水中某些微生物的作用下,氰化物可与游离氧反应生成铵离子和碳酸根离子,并进一步氧化成亚硝酸盐,即

$$2CN^- + O_2 = 2CNO^-$$
$$CNO^- + 2H_2O = NH_4^+ + CO_3^{2-}$$
$$NH_4^+ + 2O_2 = NO_2^- + 2H_2O$$

在最有利条件(夏季、光照良好)下,氧化进程可使 30% 的氰化物发生改变,在一般条件下则仅为 10%。此反应表明,氰化物进入水体可迅速转化为铵根离子,进而可以转化为硝酸盐,存在着潜在的危险。

(2)氰合金属络合离子在环境中的转化。由于各种金属和氰络合成的离子稳定性不同,它们在环境中的转化方式也有几种不同的情况。

铜合氰络合物:铜合氰络合离子非常稳定,特别是在有多余游离 CN^- 存在时。只有当所有的游离 CN^- 从水中消失后,才可期望氰合铜络离子开始分解。欲减小其污染,只有用漂白粉等氧化剂将其充分氧化。

锌、镉、镍、钼等的氰络合离子:它们在水中比较不稳定,当 pH 值较低时,容易分解出游离

的氢氰酸。特别是未经处理的含氰络合物的酸性废水,当其 pH 值在 5 左右,温度接近 40℃ 时,锌、镉的氰络合物可完全分解,钼氰络合物可分解 55% 左右,镍氰络合物可分解 30% 左右。

铁氰化物的分解:在较高温度和光照的条件下,亚铁氰化物可氧化成高铁氰化物,然后,再转化为氢氧化铁和单纯可溶的氰化物与氢氰酸的混合物。

3. 氰化物污染的危害

氰化物对温血动物和人的危害较大,特点是毒性大、作用快。在含有很低浓度(0.005 mg/L)氰化氢空气中,很短时间内就会引起人头痛、不适、心悸等症状;在高浓度(大于 0.1 mg/L)氰化氢的空气中能使人在很短的时间内死亡;在中等浓度时 2～3 min 内就会出现初期症状,大多数情况下,在 1 h 内死亡。

服用少量的氰化物就会致人于死地,氰化钠对人的平均致死量为 150 mg,氰化钾为 200 mg,氰化氢为 100 mg 左右;人一次服氢氰酸和氰化物的平均致死量为 50～60 mg 或 0.7～3.5 mg/kg 体重。

氰化物毒性的主要机理是 CN^- 进入人体后便生成氰化氢,氰化氢能迅速地被血浆吸收和输送,它能与铁、铜、硫以及某些化合物中(在生存过程起重要作用)的关键成分相结合,抑制细胞色素氧化酶,使之不能吸收血液中的溶液氧,当这些酶不起作用时,就会导致细胞窒息和死亡。由于高级动物的中枢神经系统需氧量最大,因而它受到的影响也最大,当它的供氧受到阻碍时,就会引起身体各主要器官活动停止和机体的死亡。

灌溉水中氰化物的浓度在 1 mg/L 以下时,小麦、水稻生长发育正常;浓度为 50 mg/L 时,水稻的产量仅为对照组的 34.7%,小麦为对照组的 63%。含氰废水污染严重的土地,果树产量降低,果实变小。另外,用含氰废水灌溉水稻、小麦和果树时,其果实中会含有一定量氰化物。

4. 氰化物污染的防治

处理含氰废水方法很多,简单介绍如下:

(1)碱性氯化法:是化学氧化法的一种,以氯气或次氯酸钠溶液作为处理药剂,其反应过程分两个阶段:

第一阶段

$$Cl_2 + H_2O \rightleftharpoons HClO + HCl$$

$$CN^- + ClO^- + H_2O \rightleftharpoons CNCl + 2OH^-$$

$$CNCl + 2OH^- \rightleftharpoons CNO^- + Cl^- + H_2O$$

第二阶段

$$2CNO^- + 3ClO^- \rightleftharpoons CO_2 + N_2 + 3Cl^- + CO_3^{2-}$$

(2)臭氧氧化法:也是化学氧化法的一种,不产生污泥,无二次污染,能增加水中溶解氧和杀死病菌和细菌。但操作费用较高。处理时发生反应为

$$CN^- + O_3 \rightleftharpoons CNO^- + O_2$$

$$2CNO + 3O_3 + H_2O \rightleftharpoons 2HCO_3^- + N_2 + 3O_2$$

(3)黄血盐回收法:适合于高浓度含氰废水。先对废水直接用水蒸气蒸馏,回收得到稀氢

氰酸。再与铁屑和 K_2CO_3 溶液反应生成黄血盐。反应式为

$$4HCN+2K_2CO_3 \rightarrow 4KCN+2CO_2+2H_2O$$

$$2HCN+Fe \rightarrow Fe(CN)_2+H_2$$

$$4KCN+Fe(CN)_2 \rightarrow K_4Fe(CN)_6$$

此外,还有酸化回收法、二氧化硫—空气氧化法、电化学法、活性炭吸附催化氧化法、过氧化物氧化法、硫化亚铁法、离子交换法、乳化液膜法和加压水解法等。近来还采用了生化处理法。微生物可以从氰中取得碳、氮养料,有的微生物甚至以之作为唯一的碳源和氮源。据有关资料,诺卡氏菌、木霉、假单胞菌等 14 个属计 49 种菌株对之有不同程度的分解能力。其分解机理为

联苯　　　　　　　　多氯联苯
$(1 \leqslant m+n \leqslant 10)$

6.2.3　硫的污染

1. 硫化物的来源与转化

自然界中的硫化物主要存在于矿石中,它们在近地表氧化带中不稳定,在溶有氧、二氧化碳、硫酸、硫酸铁和硫酸铜的地下水的作用与影响下,硫化物转变为硫酸盐,硫酸盐又可进一步氧化或与其他无机酸反应。自然或人为采矿活动暴露的硫化物矿物的氧化作用,常常形成严重的环境污染问题。例如,在黄铁矿、方铅矿、闪锌矿、毒砂等硫化物矿物氧化过程中,S、Cd、Pb、As 等有害元素将被有效活化释放而进入水体,并通过水—土壤—植物—动物等途径而危害人类。其中黄铁矿(FeS_2)为硫化物矿床最常见的金属矿物或工业矿物之一。矿山排水中的酸主要由黄铁矿等硫化物的氧化作用所致。

硫化物污染主要发生在具备厌氧条件的水体沉积物和土壤深层。在此发生上述反硫化作用,其反应过程中还可能产生一些中间价态的化合物等。而作为主要反应产物的 H_2S 又可能与沉积物或土壤中所含金属(如 Fe^{2+}、Fe^{3+} 等)反应生成难溶硫化物沉淀。

周期表中主族元素凡价态较低者与 S^{2-} 不能通过反应生成沉淀物。但高价态者易形成硫化物沉淀,有时还会形成硫代阴离子,它们在水中也是稳定的。过渡金属硫化物的溶解度通常都很小,易形成硫化物沉淀。

络合作用对硫化物溶解度有很大影响,且越是难溶的硫化物(以 K_{sp} 值衡量)越易形成硫代络合物。S^{2-} 与一些金属离子形成络合物的稳定性顺序为

$$Cu^{2+} > Ni^{2+} > Zn^{2+} \approx CO^{2+} > Fe^{2+} > Mn^{2+}$$

地下水(特别是温泉水)及生活污水通常也含有较多的硫化物。某些工矿企业如焦化、造气、选矿、造纸、印染、制革等行业的废水中亦含有硫化物。

空气中的 H_2S 主要来源于火山爆发、有机物腐烂等天然过程和各种工业废气(燃料加工、人造丝、橡胶、硫化染料等行业),废水处理厂的活性污泥池、气提塔、氧化塔等在运转时都可能

成为 H_2S 气体的发生源。

2.硫化物污染的危害

硫化氢在常温常压下易从含有硫化物的废水中逸散于大气,在极低的浓度下,人们就可闻到其恶臭味,因此,它是恶臭污染物中的重要组成成分之一。另外,硫化氢是一种神经性毒气,其毒性与氰酸气体相当。当水中硫化氢质量浓度达到 0.15 mg/m³ 时,即影响新放养的鱼苗的生长和鱼卵的成活。

水体中的硫化物存在着腐蚀的危害。硫化氢可与 Fe^{2+} 起作用,形成 FeS 和 $Fe(OH)_2$,这是造成铁管锈蚀的主要原因。这个过程称为铁的无氧腐蚀,其反应过程如下

$$4Fe+8H_2O \rightarrow 4Fe^{2+}+4H_2+8OH^- (非生物学)$$

$$4H_2+SO_4^{2-} \rightarrow H_2S+2H_2O+2OH^- (脱硫弧菌的作用)$$

$$4Fe^{2+}+H_2S+8OH^- \rightarrow FeS+3Fe(OH)_2+2H_2O(非生物学)$$

H_2S 在潮湿条件下,会被细菌氧化成亚硫酸(H_2SO_3)及硫酸(H_2SO_4),从而具有腐蚀性。硫酸能腐蚀混凝土中暴露出来的钢筋及碳酸钙,反应式如下

$$H_2SO_4+CaCO_3 \rightarrow H_2CO_3+CaSO_4$$

由于大部分金属硫化物的溶度积很小,当金属长期暴露于含硫化物的溶液中时,极易产生锈斑,甚至不锈钢有时都难以幸免。

3.硫化物污染的治理

去除废水中硫化物一般采用物理化学方法和生物学方法。

物理化学方法主要有直接吹脱、曝气氧化、化学氧化、化学沉淀及吸附等方法。最早使用的为直接吹脱法,它是指用空气作载气,利用气、液相中 H_2S 的浓度差使水中硫化物由液相扩散到大气中,由于产生 H_2S 的污染,此方法逐渐被淘汰;曝气氧化是指向废水中注入空气或纯氧(有时还可能注入蒸汽),将硫化物氧化成无毒韵硫代硫酸盐或硫酸盐,可分为非催化曝气氧化及催化曝气氧化法(一般采用金属作为催化剂);化学沉淀法是往水中投加某种化学药剂,使之与水中的硫化物发生互换反应,生成难溶于水的盐类,形成沉淀,从而降低水中硫化物含量的方法;化学氧化就是通过加化学药品作为氧化剂与水中的硫化物进行氧化还原化学反应,从而去除硫化物的方法;吸附法是指活性炭或高分子吸附剂利用物理吸附或化学吸附原理将水中硫化物吸附于吸附剂上而去除的方法。

去除废水中的硫化物的生物化学方法根据其使用的微生物的不同,大致可分为两类,即利用光合硫细菌(PSB)和无色硫细菌(CSB)处理废水中的硫化物。PSB 也称氧化硫细菌,为光能营养细菌,它们可以从光中获得能量,依靠体内特殊的光合色素,同化 CO_2 进行光合作用,H_2S 可作其供氢体。

CSB 仅是一个生理学上的泛称,而非分类学上的术语。它能从氧化硫化物、单质硫和硫代硫酸盐中获得能量。在使用 CSB 处理硫化物方面,国内外专家都进行了许多工作,一般来说,使用填料来进行废水的处理,效果都不错。

与利用 CSB 处理含硫废水比较,氧化硫细菌处理含硫废水的负荷要比其偏低约 $4\sim5$ 倍、水力停留时间长、需光照并且反应产物全部为硫酸根,无法进行回收利用。而使用 CSB 处理

含硫化物废水具有不需催化剂、无化学污泥、低能耗、有可能回收单质硫和快速高效的优点,从而在处理含硫化物废水方面具有较大吸引力,将成为今后的发展方向。

6.2.4　放射性核素的污染

在元素周期表中处于同族位置的一些放射性核素,它们在化学上具有相似的特性。在环境行为上,这些核素也有一定的类似性。基于这一特点,本节将按元素族的顺序来描述几种重要核素的环境行为,其中包括非金属元素、金属元素、惰性气体元素。在每一族元素中,重点介绍那些在环境中含量大,对生态作用明显,对它们作过系统研究的代表性放射性核素。

1. 氚(^3H)的环境行为

氚是氢元素中最重要的一个同位素,是环境中相对分子质量最小、分布最广泛的放射性核素之一。环境中的天然氚来源于宇宙射线与氧和氮的核反应产物。据估计,全世界每年由天然过程产生的氚有 3×10^{18} Bq。核试验之前,全球天然淡水中氚的比活度为 $0.18 \sim 0.37$ Bq/L。海水中氚的浓度约为 0.1 Bq/L。环境中人造氚主要产生于核爆炸和核反应堆。氚的物理半衰期和生物半衰期分别为 12.33a 和 9.5d。氚是一个 β 辐射体,衰变产物为 ^3He,β 粒子的能量很低,仅为 0.018MeV。在化学性质上,氚的行为与氢元素完全一致,具有容易与电负性物质相结合的倾向。然而,由于 1H 与 3H 在相对分子质量上表现出来明显差异,有时候反映在化学反应速率和扩散速率方面存在一定的区别。环境中的氚基本上以氚水(HTO)形式存在,但是,也有少量的氚可能以 HT 或碳氚化合物的形式出现。

由放射性污染源释入环境的氚,它基本上随水的循环而迁移。不过,污染源的性质对于氚的初始环境行为有较大的影响。如果污染源以气体或水蒸气的形式向环境排放氚,那么氚将被极大地分散于大气介质中,在这种场合下,氚的沉积速率主要取决于气候因素,降水过程或许成为氚沉积到地球表面的重要途径;若污染源是以液体废物形式排放,那么,氚将以 HTO 的形式被地表水大量稀释,并随同地表水一起,参与物理分散、渗透和蒸发等分散和循环过程。

事实上,氚在环境中呈现的生态行为与其他大多数放射性核素有明显的不同。在水域中,对大多数放射性核素来说,沉积物和生物体表面上的吸附现象是司空见惯的。然而,氚却不存在被吸附的倾向。根据这一特性,在水文学上氚水被人们认为是一种良好的放射性示踪剂,可用来揭示水循环过程中的很多奥秘。^3H 与 ^1H 的同位素交换是一个不可忽视的问题,不过,在正常的环境浓度下,^3H 与 ^1H 的原子数之比约为 10^{-18},因此,两个同位素之间的交换几率是极小的。

氚很容易通过根、茎和叶进入植物体,动物体可以通过呼吸、摄食或直接吸收等途径从环境中摄入氚。然而,与其他许多放射性核素不一样,生物组织很少对氚有浓集作用,因此,在生物体的各部分组织中,氚的浓度几乎是很均匀的,并且与周围空气和水介质保持相同的水平。由此估计,^3H 对人体各组织所致的年吸收剂量约为 10^{-8}Gy。

2. ^{14}C 的环境行为

^{14}C 与 ^3H 一样,广泛分布于生物圈中。生态系统中的 ^{14}C 也是由宇宙射线的核反应、核反应堆运转以及核爆炸过程产生的。据估计核武器试验时,每兆吨 TNT 威力可产生 ^{14}C 约 1.26

$\times 10^{15}$ Bq。在进入核能时代以前,生物碳和大气 CO_2 中 ^{14}C 的比活度为 227Bq/kg。大气中贮存的 ^{14}C 总量约为 1.4×10^{17} Bq。UNSCEAR 1977 年报告指出,全球中天然 14C 的贮存量为 8.5×1018 Bq,约相当于大气贮量的 60 倍。20 世纪以来,由于在工业过程中大量燃烧化石燃料,排入大气中的 CO_2 大大增加,从而增加了对大气中 ^{14}C 的稀释作用;因此,空气中 ^{14}C 的比活度已有所下降。在处于稳态的自然界中, ^{12}C 与 ^{14}C 的原子数量比约为 10^{12},因此, CO_2 对 14C 的稀释作用是不可轻视的。

^{14}C 的物理半衰期为 5730 年,生物半衰期为 10～40 天。 ^{14}C 与 ^3H 一样,也是一个纯的 β 辐射体,发射的 β 粒子能量较低,仅为 0.158MeV,因而,它对生物体的辐射危害主要在于内照射。

环境中的 ^{14}C 是通过 CO_2 的光合作用进入生物链的。经过植物和动物体内的各种化学、生物和生理的复杂转变过程, ^{14}C 可以被转变成其他多种化学形式。如果二氧化碳被转变为碳酸盐或碳酸氢盐,此时的 ^{14}C 则以无机碳的形式存在于自然界。

通常,生物体对 ^{14}C 无明显的蓄积作用,如上所述,生命体中 ^{14}C 与 ^{12}C 的比例与周围空气或水介质是大致相同的。由于生物体内总的含碳量基本上保持不变(生长期例外),故积聚于生物圈中 ^{14}C 的量基本上是恒定的。值得注意的是,由于大量燃烧化石燃料的结果,不仅使大气中 $^{14}C/^{12}C$ 的比例下降,生物体中的 $^{14}C/^{12}C$ 亦在下降之中。另一方面 ^{14}C 与他 C 之间同位素质量存在着一定的差异。这些核素在生态系统中迁移或转化时,微小的质量差异可能导致两者之间的分离效应。例如, ^{14}C 形成的化学键可能要比 ^{12}C 略强一些,而 ^{12}CO 的扩散速率或许稍大于 ^{14}CO 的扩散速率。尽管如此,这类同位素效应不会对生物链中的 $^{14}C/^{12}C$ 产生明显的影响。

3. ^{32}P 的环境行为

磷是生物圈中一个非常重要的元素成分,它不仅是各种生物组织的基础组成,而且在许多生化转换过程中,尤其是在能量转换的有关反应中,磷起着关键性的作用。磷有 7 种放射性同位素,其中最重要的是 ^{32}P。它可以作为放射性废物或者研究用放射性示踪材料而进入环境。 ^{32}P 是通过稳定磷(^{31}P)的中子活化反应制得的,物理半衰期为 14.3 天,对于生物半衰期,全身为 257 天,骨组织为 1155 天,脑组织为 257 天。 ^{32}P 同样是一个纯 β 辐射体,但其发射的 β 粒子能量较大,最高的达 1.71MeV。由于砈 P 的半衰期不长,辐射又易于测量,因此人们把它用作环境科学和生物学研究的指示剂。

在生物圈中,磷属于一种比较稀少的元素,容易以可溶性的形态(如磷酸盐)被生物体吸收,并在生物体内起着很重要的生化与生理作用。由于环境介质中磷的浓度很低,生物体能够把它浓集到显著高于周围介质的浓度水平。据报道,淡水水域中的生物体对砈、磷均有较大的蓄积能力。水生植物和水生动物的平均浓集系数分别为 24000 和 8000。在海水体系中,海生生物对 ^{32}P 的蓄积能力因物种而异,浓集系数的变动范围在 10～1000 之间。哺乳动物摄入 ^{32}P 以后,约有 75% 被组织吸收。在被吸收的总磷量中,几乎有 90% 以上沉积于骨骼组织内。蓄积于骨中的 ^{32}P,其排泄速率极其缓慢。

4. 放射性物质的迁移

一般来说,天然放射性核素在陆地土壤中的含量由于地理、地址、水文等因素的影响,在水平方向上的分布,即在较大范围内是有差别的;在垂直方面即不同深度的分布,由于植被和人为活动的影响,可能会形成不均匀分布,但一般还是作为均匀分布看待。它的地下迁移是指在土壤、岩石等介质中,随着地下水流动而达到地表水系统的迁移过程。核素的地下迁移速率是一个重要的因素,一般采用室内研究的方法。研究表明,地质介质通过吸附、沉淀等作用对核素地下迁移具有延迟能力,使核素在地质介质中随水的迁移速率一般小于地下水流速。通常用延迟系数 K 来表示地质介质对核素随水迁移的延迟能力。许多地质介质对高价阳离子核素的 K 值较大,可以强烈地吸附这些核素,但是对于阴离子或胶体存在的核素就不能有效地吸附,相应的 K 值较小。

放射性核素在土壤或沉积物中较易被黏土矿物和有机碎屑所吸附。一旦土壤对核素产生了吸附,核素就不容易因为降水、淋溶或生物摄取而迁移。但是土壤的不同条件对吸附影响很大,并且不同的核素也存在不同的环境效应,如 ^{137}Cs 容易被黏土组分含量高的土壤所吸附,而 ^{85}Kr 则基本只在大气圈内流动,并同时发生自发衰变。一般来说,土壤或沉积物的颗粒组分粒度越小,表面积越大,吸附浓集放射性核素的能力也越大。这一点与植物体有类似之处,细枝状或者表面粗糙的脂物体比较容易滞留放射性核素。

另外,生态环境中的某些特殊自然条件可以促使放射性核素分散或集中,如经常刮风的山顶、山脊以及海滨地区,一般不可能滞留或累积大量的放射性核素,相反,自然条件相对静止的山谷、水池、海湾则容易聚集放射性沉淀物。

运用在军事方面的核弹对环境中的放射性分布影响更大。当核武器爆炸后,放射性蒸气上升到高空,气化的裂解产物和炸弹残余物经过若干时间,形成了放射性烟云团,随风飘移后,烟云中的放射性灰尘在空间广泛分布,并在重力作用下最终降落到地面,形成了污染带。

随着核技术尤其是核电站的迅猛发展,不可避免地产生大量的放射性废物。对于这些放射性废物的最终处置,一般用地下处置法。其中,对低中水平放射性废物通常用浅坑处置法,这种处置法是基于土壤是放射性核素的天然吸附剂和良好的机械过滤器,因此,核素被吸留在土壤中而不迁移到环境中去。而对高放射性废物采用深地层处置法,即将废物置于地下 $500\sim1000$ m 的深地层废物库中。这种方法就是通过人为设置的种种屏障,阻止废物中的核素迁移到环境中去,以达到废物与生命圈的永久、安全隔离。

此外,在建材商品中也有许多的放射性核素,这些放射性核素主要来源于工业废渣,如煤渣等,而这些废渣的产地不同,放射性核素含量也不一样,需作长期监测。为了控制放射性核素的量,首先得从选料和配方来控制,应选择放射性物质含量低的混土和工业废渣,添加量应控制在成品不致超过规定的限值,同时应对各矿产品发放放射卫生销售许可证,建材企业应索证进料,不让放射性核素含量高的矿产品流入市场。

6.3 有机污染物

有这样的说法,环境中有多少种有机化合物,就有多少种有机污染物。对任何有机化合物来讲,在一种状态下,属于有用物质,而在另一种状态下则可能会变为有机污染物。例如人类必不可少的蛋白质、脂肪、维生素等营养物质,一旦排入水中,就会变成环境污染物。但人们主要注意的是对人体直接有毒的化学物质,以及在环境中难于降解的有较强的生物反应的有机化合物。美国环保局曾从 7 万余种有机化合物中筛选出 65 类,129 种作为优先控制的污染物。其中有毒有机化合物有 114 种,占总数的 88.4%。包括 21 种杀虫剂,8 种多氯联苯及有关化合物,26 种卤代脂肪烃,7 种卤代醚,12 种单芳烃,11 种苯酚类,6 种邻苯二甲酸酯,16 种多环芳烃,7 种亚硝胺及其它化合物。这些有毒有机物对人类生存构成潜在威胁

6.3.1 有机卤代物

多数有机卤代物都具有难降解、有毒、有害等特征,常见的有机卤代物包括卤代烃、多氯联苯、多氯代二恶英、有机氯农药等。

大气中卤代烃的含量不断增加,被卤素完全取代的卤代烃寿命极长,如 $CClF_2$—$CClF_2$、$CClF_2$—CF_3、$CClF_3$、CF_4、CF_3CF_3 在大气中的寿命分别为 126 a,230 a,180 a,10000 a,500 a 以上,它们在对流层不能被分解,当它们进入平流层后将对平流层的臭氧层产生破坏作用。

含氢卤代烃与 OH 自由基的反应是它们在对流层中消除的主要途径,如表 6-4 所示。进入平流层的卤代烃污染物,能受到高能光子的攻击而脱去氯原子,该氯原子参与破坏 O_3 的链式反应,能破坏数以千计的臭氧分子,直至氯原子与甲烷或某些其他的含氢类化合物反应,全部变成氯化氢,并到达对流层,在降雨中被清除。

表 6-4　卤代烃在对流层和平流层中的转化

		反应式	说　明
对流层由的转化	含氢卤代烃氯代乙烯	$CHCl_3 + OH \rightarrow H_2O + CCl_3$ $CCl_3 + O_2 \rightarrow COCl_2 + ClO$ $ClO + NO \rightarrow Cl + NO_2$ $3ClO + H_2O \rightarrow 3Cl + 2HO + O_2$ $Cl + CH_4 \rightarrow HCl + CH_3$ $C_2Cl_4 + [O] \rightarrow CCl_3COCl$	氯仿与 OH 基反应而脱氢 CCl_3 自由基与 O_2 反应生成碳酰氯(光气,军用毒气),光气被雨水冲刷或清除,或扩散到平流层发生光解 ClO 可氧化 NO、H_2O 等其他分子,并产生氯原子多数氯原子迅速和甲烷作用,生成 HCl 氯乙烯与 OH 基反应打开双键、加氧生成三氯乙酰氯
平流层由的转化		$CCl_4 + h\upsilon \rightarrow CCl_3 + Cl$ $Cl + O_3 \rightarrow ClO + O_2$ $O_3 + h\upsilon \rightarrow O_2 + O$ $O + ClO \rightarrow Cl + O_2$ $Cl + CH_4 \rightarrow HCl + CH_3$ $OH + HCl \rightarrow H_2O + Cl$	四氯化碳吸收光能后脱去一个氯原子 Cl 不直接生成 HCl,而参与破坏 O_3 的链式反应在链式反应中一个 Cl 可去除两个 O_3,并重新生成 Cl 此链式反应可循环进行,直到与其他物质生成 HCl,HCl 在达到对流层之前,可与 OH 基反应重新生成 Cl

6.3.2 多氯联苯(PCBs)

1.多氯联苯的来源与性质

多氯联苯(Polychlorinated biphenyhs,PCBs)是联苯上的两个以上的氢被氯取代后而形成的氯代芳烃类化合物的总称,根据氯原子取代数和取代位置的不同,共有 209 个异构体。一

般市场上的销售品是各个取代产物的混合物。多为 3～6 个氯原子取代氢原子形成的化合物，其中氯的质量分数多为 42％、54％。多氯联苯的纯化合物为晶体，混合物则为油状液体。

多氯联苯的低氯代物呈液态，流动性好，随氯含量的增加，粘稠度也相应增大，氯的质量分数为 43％时为清油状，到 52％即为粘性油状，到 57％时为沥青状，到 60％时呈软化点为49.5℃的半固体，到 65％时为非结晶性固体，到 66％时为结晶性固体，外观也从无色液体到白色结晶。

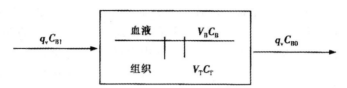

PCBs 的一般性质如下：

1）物理化学性质高度稳定，耐热、耐酸、耐碱、耐腐蚀和抗氧化，对金属无腐蚀。

2）难溶或不溶于水，但溶于油和有机溶剂（特别是高氯代物），与塑料的相容性也很好。

3）具有不可燃性。除一氯、二氯代物外，均为不可燃物质。

4）具有较好的粘接性、伸展性。

5）低蒸气压、低挥发性（特别是高氯代物）。

6）高介电常数，绝缘性好，具有良好的电化学特性。

由于 PCBs 具有以上特性，因此可作为变压器和电容器内的绝缘流体；在热传导系统和水力系统中作介质；在配制润滑油、切削油、农药、油漆、复写纸、粘胶剂、封闭剂等制品中作添加剂；在塑料中作增塑剂。由于 PCBs 的高残留性、高富集性，在环境中污染的范围仍很广，从大气到土壤、从雨水到海洋生物、从农作物到食品都曾检出有 PCBs 的存在。而且认定已在鲸和海豚等海洋性哺乳动物中残留，因此，许多国家已把 PCBs 列入优先控制的有机污染物的名单。

2. 多氯联苯在环境中的迁移转化

自生产 PCBs 以来，约有一半以上相应产品已进入垃圾堆放场或被填埋，它们相当稳定，而且释放很慢，其余的大部分则通过下列途径进入环境：随工业废水进入河流和沿岸水体；从密封系统渗漏或在垃圾场堆放；由于焚化含 PCBs 的物质而释放到大气。进入环境中的PCBs 由于受气候、生物、水文地质等因素的影响，在不同的环境介质间发生一系列的迁移转化，最终的储存场所主要是土壤、河流和沿岸水体的底泥。多氯联苯具有较低的水溶解性和较高的辛醇—水分配系数，因此，比较容易分配到沉积型有机物和溶解性有机物中去。

多氯联苯由于化学惰性而成为环境中的持久性污染物。它在环境中的主要转化途径是光化学分解和生物转化。紫外光的激发使碳氯键断裂，而产生芳基自由基和氯自由基。PCBs可被假单胞菌等微生物降解，含氯原子数量越少，越容易被微生物降解。PCBs 在动物体内除积累外，还可通过代谢作用发生转化，其转化速率也随分子中氯原子的增多而降低。

（1）PCBs 在大气中的迁移转化

PCBs 在使用和处理过程中，通过挥发进入大气。PCBs 在大气中的损失途径主要有两种，一是直接光解和与 OH、NO_3 等自由基以及 O_3 作用。PCBs 由 OH 基引发的反应在大气中的半衰期为 2~34 天,而且,一般每增加一个氯原子,其反应活性就会降低一半。由此可见,PCBs 各同类物的耗损要受到环境因素和其理化性质的影响。大气净化 PCBs 的另一重要途径是雨水冲洗和干、湿沉降。通过这一过程实现了污染物从大气向水体或土壤的转移。疏水性有机物在大气中主要以气态和吸附态两种形式存在。气态和颗粒束缚的 PCBs 都可以通过干、湿沉降过程(如气相吸附、重力沉降、涡流扩散等)或雨水淋洗到达地球表面。

(2)PCBs 在土壤中的迁移转化

土壤像一个大的仓库,不断地接纳由各种途径输入的 PCBs。土壤中的 PCBs 主要来源于颗粒沉降,有少量来源于作为肥料的污泥、填埋场的渗漏以及在农药配方中使用的 PCBs 等。据报道,土壤中的 PCBs 含量一般比它上面的空气中含量高出 10 倍以上。土壤中 PCBs 的挥发除与温度有关外,其他环境因素也有一定影响。相关实验结果表明,PCBs 的挥发速率随着温度的升高而升高,但随着土壤中黏土含量和联苯氯化程度的增加而降低。通过对经污泥改良后的实验田中 PCBs 的持久性和最终归趋进行的研究表明,生物降解和可逆吸附都不能造成 PCBs 的明显减少,只有挥发过程最有可能是引起 PCBs 损失的主要途径,尤其对高氯取代的联苯更是如此。

(3)PCBs 在水体中的迁移转化

PCBs 主要通过大气沉降和随工业、城市废水向河、湖、沿岸水体的排放等方式进入水体。由于 PCBs 的挥发性和水中溶解性较小,其在水中的含量较少。又因它易被颗粒物所吸附,故大部分的 PCBs 都是附着在悬浮颗粒物上,并且最终将依照颗粒大小以一定的速度沉降到底泥中。因此,底泥中的 PCBs 含量要比其上面的水体高 1~2 个数量级。底泥因缺乏迁移扩散性,一旦被 PCB 等生物化学性稳定的物质积蓄,将会长期残留。又由于 PCBs 的高脂溶性,使之易浓缩在生物体内。

水生系统(包括底泥和土壤等)是 PCBs 等一类疏水性有机化合物(HOC)参与地球化学循环的重要储存器。随着第一污染源的消失,它们有可能作为第二污染源将过去储存的 PCBs 再次释放到环境中。更为严重的是,环境中沉积的 PCBs 会不断地扩散到海洋中,从而导致部分海域生物种群减少,加剧其对生态环境的破坏。

多氯联苯由于化学惰性而成为环境中的持久性污染物。它在环境中的主要转化途径是光化学分解和生物转化。紫外光的激发使碳氯键断裂,而产生芳基自由基和氯自由基。PCBs 可被假单胞菌等微生物降解,含氯原子数量越少,越容易被微生物降解。PCBs 在动物体内除积累外,还可通过代谢作用发生转化,其转化速率也随分子中氯原子的增多而降低。

3.多氯联苯的危害

PCBs 污染对水生生物危害极大,如水中 PCBs 的质量浓度为 10~100 $\mu g/L$ 时,便会抑制水生植物的生长;浓度为 0.1~1.0 $\mu g/L$ 时,会引起光合作用减少。黑头鲸鱼与 PCBs1260 接触 30 天,其半致死量为 3.3 $\mu g/L$;而与 PCBs1248 接触 30 天,其半致死量为 4.7 $\mu g/L$。尽管在 PCBs 的质量浓度为 3 $\mu g/L$ 时,鱼类仍可繁殖,但其第二代鱼只要接触低含量 PCBs(0.4 $\mu g/L$),便会死亡。PCBs 还可使水中家禽的蛋壳厚度变薄。PCBs 对以高脂肪为食的动物(如海生兽类、北极熊)和人类的危害特别大。北极熊以海豹的脂肪为主要食物,而这些脂肪含有极高的 PCBs 和其他有机毒物。北极熊脂肪的 PCBs 含量在 1969~1984 年间就增加了 4 倍。

许多研究表明,PCBs 是经母体传给幼体的,即通过胎盘传给胎儿或经乳汁传给受乳幼体的。PCBs 分子上氯的位置也是致癌性的关键因素。氯化程度高(大于 50%)的混合物则是啮齿动物肝癌的致癌物。

4.多氯联苯的降解作用及处理方法

有证据表明 PCBs 的降解作用是在沉积物中进行的,低氯代 PCBs 的含量在沉积物的底层相对要大,而高氯代 PCBs 的含量则在沉积物上层要大。这是因为在上层活性软泥处,低氯代 PCBs 会优先被生物降解,许多学者也相继发现了这一现象:即低于五氯取代的 PCBs 可以被广泛降解,而许多高氯取代物则相对稳定。实验室研究还证明,水溶性的变化也影响着生物降解,比如在联苯富集的地方,PCBs 也富集,而其水溶性大的地方,PCBs 则被降解。

目前,主要用封存、高温处理、化学处理及生物降解等方法对 PCBs 进行处理,其中高温处理中的焚烧法比较成熟,PCBs 在 1200℃的燃烧温度下,滞留 2 s 以上,就会被完全分解,但需防止焚烧过程中产生强致癌物——二恶英。封存法是一种临时性措施,不能解决 PCBs 污染的根本问题,而其他方法都还在研究探索之中。

6.3.3　二恶英

1.二恶英的来源与性质

二恶英(Polychlorinateddibenzo-p-dioxim,PCDDs)的环境污染物。瓷碗、城市垃圾的焚烧,汽车尾气的排放和纸浆的氯漂白也是环境中的二恶英的主要来源。这类化合物的母核为二苯并一对二恶英,具有经两个氧原子连结的二苯环结构。在两个苯环上的 1,2,3,4,6,7,8,9 位置上可有 1.8 个取代氯原子,由于氯原子数和所在位置的不同,可能组合成 75 种异构体(或称同族体),总称多氯二苯并一对二恶英(PCDDs)。经常与之伴生且与二恶英具有十分相似的物理和化学性质及生物毒性的另一类污染物是二苯并呋喃(Polychlorinateddibenzofurans,PCDFs),或全称为多氯二苯并呋喃(PCDFs),它的氯代衍生物可能有 135 种。这两类化合物可简写为 PCDD/Fs,其共同特点是都有 2 个氯代芳环和一个氧杂环。

目前,评估二恶英及其化学相关化合物毒性大小时使用国际通用的毒性当量因子。它是以毒性最大的 2,3,7,8-TCDD 作毒性标准参考物,设定其毒性当量因子为 1,其他化合物都通过与等量的 2,3,7,8-TCDD 用同样的方法比较其毒性大小而得出的。利用这种因子,人们可以进一步方便地得出一含二恶英类毒物的各种商品或环境样品的总国际毒性当量(I-TEQ),以便进行比较和评价。

2.二恶英在环境中的迁移转化

地表径流及生物体富集是水体中 PCDDs 和 PCDFs 的重要迁移方式。鱼体对 TCDD 的生物浓缩系数为 5400~33500。工业生产的二恶英能强烈地吸附在颗粒上,通过空气、水源、泥土和植物进入食物链。除了人食用被二恶英污染的粮食、油料、果蔬外,禽畜食用或饮用二恶英污染的饲料和水后,二恶英即进入人体内及禽畜体内的脂肪层或是进入富含脂肪的产品,如牛奶、蛋黄。当人们食用被污染的禽、畜、肉、蛋、奶品时,二恶英便转移到人体内产生危害。

光化学分解是 PCDDs 和 PCDFs 在环境中转化的主要途径,其产物为氯化程度较低的同系物。TCDD 光解除必须有紫外光外,一般还应有质子给予体和光传导层存在。如在水体悬浮物中或于(湿)泥土中,2,3,7,8-TCDD 的光分解由于缺乏质子给予体可以忽略不计。但在乙醇溶液中,无论是以实验光源或自然光照射,TCDD 都可很快分解。

TCDD 在动物体内的代谢很慢,其半衰期为 13~30 天。在动物体内它可能被 P1-450(P-488)酶体系分解代谢为 TCDD 的芳烃氧化物,并很快与蛋白质结合,使其毒性变得更加剧烈。有研究发现,鼠可以使低于六个氯的 PCDF 发生代谢转化,主要是发生氧化、脱氯和重排反应。而对六和七氯代 PCDF 则不发生反应。有毒的 2,3,7,8-TCDD 在人体内排泄非常慢,11 a 后仍可检测到。PCDD 是高度抗微生物降解的物质,仅有 5% 的微生物菌种能够分解 TCDD,其微生物降解半衰期为 230~320 天。

3.二恶英的危害

2,3,7,8-TCDD 是已知的最毒的几种环境污染物之一,0.1 $\mu g/L$ 即可抑制蛋的发育。当鳄鱼暴露在含 TCDD 为 2.3 mg/kg 的饵料中 71 天后,平均死亡率高达 88%。TCDD 对哺乳动物也具有毒性,表现出急性、慢性和次慢性效应。在急性发作期间,肝是主要受害器官。

实验表明,二恶英可通过多种途径致毒,如肝脏中的二恶英随着胆汁排出到十二指肠后,又被小肠吸收而进入人体,形成肠肝循环,这样二恶英难以排出体外,致使二恶英在人体内汇聚而造成危害。由于二恶英具有高度的脂溶性,当它进入生物体后,首先溶解于脂肪,渗入细胞后附着于芳香烃受体蛋白,然后渗入到细胞核中,与蛋白质结合后,改变 DNA 的正常遗传功能,控制相应的基因活动,从而表现出致癌作用和扰乱内分泌作用。

4.二恶英的防治

在焚烧炉内或在野外焚烧垃圾等固体废弃物是产生二恶英的主要来源,虽然焚烧物料带入的 PCDD/Fs 和即便在焚烧炉中暂时生成的 PCDD/Fs,在停留时间大于 2 s 及焚烧炉的高温条件下,都会分解而不复存在,但在烟气排出、降温的过程中会重新合成 PCDD/Fs。

美国国家环保局(EPA)的中试反应器焚化实验表明,焚化过程中加入硫,可大大降低二恶英类化合物的形成。用天然气焚烧时以 SO_2 的方式加入硫,可以减少二恶英的排放。用含硫煤焚烧城市废弃物,不仅有助于减少二恶英类化合物的生成,而且也可降低 SO_2 的排放,并提出了可能的机理:

1)通过气相反应除去 Cl_2,即 $Cl_2 + SO_2 + H_2O = 2HCl + SO_3$

2)硫的存在降低了 Deacon 铜催化剂的活性,它与 CuO 反应生成 $CuSO_4$,而 $CuSO_4$ 不利于二恶英类化合物的生成。

3)S 生成 SO_2 与二恶英类化合物的前身苯酚类化合物发生磺化反应,阻碍了生成二苯并二恶英及二苯并呋喃,防止了进一步氯化作用。

二恶英在水中的溶解度极低,具有高度的脂溶性,所以容易积存在人体内脂肪多的部位。日本专家研究认为,富含纤维素和叶绿素的食物如菠菜、萝卜叶等有助于消除体内富积的二噁英。其原理是利用肠肝循环,在二恶英被小肠吸收前,使其附着在食物纤维上,然后排出体外而解毒。

当自来水用 Cl_2 消毒时,在紫外线催化下,易使水中微量的苯酚发生氯代和脱氢反应,生成剧毒致癌物质如四氯代二恶英(TCDD)和多氯代二恶英(PCDD)。因此,有些发达国家以 O_3 代替 Cl_2 对自来水杀菌消毒,避免了自来水中产生二恶英类化合物的可能性。

6.4　污染物在食物链中的转化与浓缩

1. 食物链

所谓食物链是指生产者所固定的能量和物质,通过一系列取食和被食的关系在生态系统中传递,各种生物按其食物关系排列的链状顺序。

生态系统中,一般均有两类食物链,即捕食食物链(grazing food chain)和碎屑食物链(detrital food chain),前者以植食动物吃植物的活体开始,后者从分解动植物尸体或粪便中有机物质颗粒开始。生态系统中的寄生物和食腐动物形成辅助食物链。许多寄生物有复杂生活史,与生态系统中其它生物的食物关系尤其复杂,有的寄生物还有超级寄生组成寄生食物链。

食物链和食物网是物种和物种之间的营养关系,这种关系错综复杂,无法用图解的方法完全表示,为了便于进行定量的能流和物质循环研究,生态学家提出了,营养级(trophic levels)的概念。一个营养级是指处于食物链某一环节上的所有生物种的总和。例如,作为生产者的绿色植物和所有自养生物都位于食物链的起点,共同构成第一营养级。所有以生产者(主要是绿色植物)为食的动物都属于第二营养级,即食草动物营养级。第三营养级包括所有以食草动物为食的食肉动物。依此类推,还可以有第四营养级(即二级肉食动物营养级)和第五营养级。

生态系统中的能流是单向的,通过各个营养级的能量是逐级减少的,减少的原因是①各营养级消费者不可能百分之百地利用前一营养级的生物量,总有一部分会自然死亡和被分解者所利用;②各营养级的同化率也不是百分之百的,总有一部分变成排泄物而留于环境中,被分解生物所利用;③各营养级生物要维持自身的生命活动,总要消耗一部分能量,这部分能量变成热能而耗散掉,这一点很重要。生物群落及在其中的各种生物之所以能维持有序的状态,就得依赖于这些能量的消耗。这就是说,生态系统要维持正常的功能,就必须有永恒不断的太阳能的输入,用以平衡各营养级生物维持生命活动的消耗,只要这个输入一中断,生态系统便会丧失其功能。

由于能流在通过各营养级时会急剧减少,所以食物链就不可能太长,生态系统中的营养级一般只有四五级,很少有超过六级的。

2. 污染物的浓缩

各种物质进入生物体内,经过体内的分布、循环和代谢,其中生命必需的物质,部分参与了生物体内的构成,多余的必需物质和非生命所需的物质中,易分解的经代谢作用很快排出体外,不易分解、脂溶性较强、与蛋白质或酶有较高亲和力的,就会长期残留在生物体内。如DDT 和狄氏剂等农药,多氯联苯(PCBs)、多环芳烃(PAHs)和一些重金属,性质稳定,脂溶性很强,被摄入动物体内后即溶于脂肪,很难分解排泄。随着摄入量的增加,这些物质在体内的浓度会逐渐增大。

生物浓缩是指生物机体或处于同一营养级上的许多生物种群,从周围环境中蓄积某种元素或难分解的化合物,使生物体内该物质的浓度超过环境中的浓度的现象,又称生物学浓缩,生物学富集。生物浓缩的程度用浓缩系数或富集因子(Bioconcentration Factor,BCF)来表示,亦指生物机体内某种物质的浓度和环境中该物质浓度的比值。生物浓缩程度的大小与物质本身的性质以及生物和环境等因素相关。一般来说,同一种生物对不同物质的浓缩程度会有很大差别;不同种生物对同一种物质也会有很大差别。例如褐藻对钼的浓缩系数是11,对铅的浓缩系数却高达70000,相差悬殊。此外,即使是同一种物质,由于环境条件不同,浓缩程度也可能不同。生物浓缩对于阐明污染物在生态系统中的迁移转化规律,评价和预测污染物对生态系统的危害,以及利用生物对环境进行监测和净化均有重要意义。

污染物通过生物呼吸、食物和皮肤吸收等多种途径进入生物体内,然后通过血液循环分散至生物体的各个部位,被生物的多种器官和组织吸收浓缩。显然,生物的各种器官和组织对某污染物的浓缩程度,取决于该物质在血液中的浓度,生物组织与血液对该物质亲合性的差异以及生物组织对该物质的代谢。

对生物中的某一组织来说,其生物浓缩机理模型如图6-9所示。设 q_v 为血液通过该组织的流量,C_{B1} 和 C_{B0} 为进出该组织的血中化合物的浓度,V_B 和 V_T 分别为血管和生物组织的体积,C_B 和 C_T 为化合物在血液和组织中的浓度,K_2 为化合物的代谢速率常数。

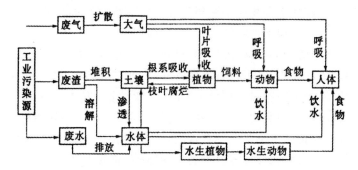

图6-9　生物体某一组织生物浓缩的机理模型

如果在一定条件下,血液流量 q_v 及进出生物组织的化合物浓度 C_{B1}、C_{B0} 恒定,则由物料平衡可得该组织的生物浓缩速率方程:

$$V_T \cdot \frac{dC_T}{dt} = q_v(C_{B1} - C_{B0}) - V_T K_2 C_T$$

$$\frac{dC_T}{dt} = \frac{q_v}{V_T}(C_{B1} - C_{B0}) - K_2 C_T$$

上式积分后可得:

$$C_T(t) = \frac{q_v}{V_T K_2}(C_{B1} - C_{B0})(1 - e^{K_2 t})$$

可见 q_v、V_T、C_{B1} 和 C_{B0} 一定时,K_2 越小,即降解速率越慢,则该化合物持续时间越长,在该组织中的浓缩量越大。当 $t \to \infty$ 时:

$$C_T(\infty) = \frac{q_v}{V_T K_2}(C_{B1} - C_{B0})$$

　　此时生物组织中化合物的浓度,除了与该化合物在该组织中的代谢速率常数有关外,还与进出组织的血液中的化合物的浓度差成正比。而(C_{B1}—C_{B0}))的数值恰恰反映了生物组织及血液对化合物的亲合性的差异。事实上,生物组织和血液中的化合物不可能是恒定不变的。由于生物的代谢作用,生物组织和血液中的化合物浓度都会变化。

　　水生生物对水中污染物质的浓缩是一个复杂过程。但是对于有较高脂溶性和较低水溶性的、以被动扩散通过生物膜的难降解有机物质,这一过程的机理可简示为该类物质在水和生物脂肪组织两相间的分配作用。如鱼类通过呼吸,在短时间内有大量的水流经鳃膜,随血流转运,相继经过富含血管的组织,除少许被消除外,主要输至脂肪组织中蓄积,显示其在水—脂肪体系中的分配特征。人们以正辛醇作为水生生物脂肪组织代用品,发现这些有机物质在辛醇—水两相分配系数的对数($\lg K_{ow}$)与其在水生生物体中浓缩系数的对数($\lg BCF$)之间有良好的线性正相关关系。

第 7 章 放射性物质的环境行为

7.1 放射性基本概念

7.1.1 放射性核素

1. 核素与放射性核素

核素是具有特定的相对原子质量、原子序数和核能态的一类原子。就稳定性来说,核素有两类:一类是质子和中子数一直保持不变的核素,称为稳定核素。现已发现的天然稳定核素约有 280 多种。另一类是具有自发的放出带电或不带电的粒子的性质的原子,称为放射性核素。天然存在的放射性核素约有 30 多种,包括^{3}H、^{235}U、^{226}Ra 等,人工放射性核素目前有 1600 多种,包括^{60}Co、^{137}Cs 等。核素中大部分是放射性核素。

2. 放射性衰变和放射性

不稳定的核素有自发改变其核结构的倾向。在这种情况下,从原子核内部放出电磁波或带有一定动能的粒子,降低了核体系的能级水平,从而转化成为结构稳定的核,这种现象称为核衰变。由于此过程中总伴有带电或不带电的粒子的放出,所以,核衰变又称为放射性衰变。核衰变是放射性核素的特征性质。在核衰变过程中,不稳定的原子核能自发放出 α、β、γ 射线,这种现象称为放射性。就本质而言,α、β、γ 射线分别是带两个单位正电荷的氦核、负电子和短波长的电磁辐射(即高能光子流)。

7.1.2 放射性的基本知识

1. 放射性活度

所谓放射性活度即核素的衰变率,也就是单位时间内核衰变数,可表示为

$$A = \frac{-\,\mathrm{d}N}{\mathrm{d}T}$$

式中, N——某一时刻的核素数; T——时间。

活度的单位是 s^{-1},单位的专门名称为贝可,用符号 Bq 表示,1 Bq=1 s^{-1}。

放射性活度 A 的大小和 N 成正比,可写成

$$A = \frac{-\,\mathrm{d}N}{\mathrm{d}T} = \lambda N$$

解得 $\qquad\qquad\qquad\qquad\qquad N = N_0 e^{-\lambda t}$

$$\lg \frac{N_0}{N} = \frac{\lambda t}{2.303}$$

式中，λ—衰变常数，表示放射性核素在单位时间内的衰变几率。

2.半衰期

当放射性核素由于衰变使其原有质量(或原有核数)减少一半所需的时间称为半衰期，用 $T_{\frac{1}{2}}$ 表示，则

$$T_{\frac{1}{2}} \cdot \lambda = 0.693$$

3.照射量

照射量被定义为

$$X = \frac{-\mathrm{d}Q}{\mathrm{d}M}$$

$\mathrm{d}Q$ 是 X 或 λ 射线的粒子在空气中被完全阻止时，引起质量为 $\mathrm{d}M$ 的空气电离，并产生带电粒子的(正的和负的)总带电量。照射量 X 的国际单位是 C/kg。

4.吸收剂量

吸收剂量(D)是指单位质量物质所吸收的辐射能量。吸收剂量是用来反应被照射介质吸收辐射能量程度的物理量。吸收剂量的国际单位是 J/kg，专称的单位是戈瑞，简称戈，用 Gy 表示。暂时并用的单位是拉德，符号为 rad。相互的换算关系为

$$1 \text{ Gy} = 1 \text{ J/kg}$$
$$1 \text{ rad} = 10^{-2} \text{ Gy}$$

吸收剂量率是单位时间里单位质量物质所吸收的辐射剂量，单位是 Gy/s、rad/s。

5.剂量当量

剂量当量的概念在辐射防护方面有重要意义，为了统一表示各种辐射对生物的危害效应，需用吸收剂量和其他影响危害的修正因数之乘积来度量。这一度量称为剂量当量，即

$$H = DQN$$

式中，H—机体组织某点处的剂量当量；D—该点处的吸收剂量；Q—品质因数，其值取决于致电离粒子的初始动能、种类和照射类型等，具体可见表 7-1 所示；N—所有其他的修正因素的乘积。

表 7-1　若干辐射品质因数

照射方式	辐射种类	Q 值
外照射	γ、β、β^+、X	1
	中子(<10 keV)	3
	(>10 keV)	10
	α	20

照射方式	辐射种类	Q 值
内照射	γ、β、β^+、X	1
	α	10

Q 和 N 是无量纲的,所以剂量当量与吸收剂量具有相同的量纲(J/kg)。不过,为了与吸收剂量相区别,赋予剂量当量这一法定单位的名称为希沃特(Sievert),简称希,符号为 Sv。

$$1\ Sv = 1\ J/kg$$

暂时并用的专用单位是雷姆(Rem):

$$1\ Rem = 0.01\ Sv$$

单位时间内的剂量当量,称为剂量当量率。它的单位是 Sv/h、Rem/h 等。

7.1.3 环境放射性的来源

天然放射性核素主要来自岩石、土壤中天然放射系成员和钾的浸出,连同核燃料开采和加工工业污染通过食物链进入人体。我国已制定食品中限制含量标准的有铀系的天然铀、^{226}Ra 和 ^{210}Po,钍系的天然钍和 ^{228}Ra。^{40}K 可由钾摄入估算和钾在人体内受机体调节,不必单独监测。天然放射性核素在高辐射本底地区和核矿山周围污染地区的调查应予重视。

人工放射性核素是指来自核能利用和研究中人工制成的放射性核素,包括核燃料、裂变产物及中子活化产物等。我国已制定食品卫生标准的有 ^{239}Pu、^{147}Pm、^{137}Cs、^{131}I、^{89}Sr、$S^{90}r$ 和 ^3H。过去,核武器试验的裂变产物是辐射监测的重点,随着核电站大量兴建和放射性同位素在国民经济各部门(特别是医学)的广泛应用,对超铀元素和广为应用的长寿命放射性核素应更为重视。

1. 天然辐射

环境中放射性来源于天然辐射和人工辐射。天然辐射来自地球外层空间的宇宙射线和地球天然存在的放射性核素辐射。从外层空间首先进入地球大气上层的宇宙射线,主要是质子、α 粒子等混杂的高能粒子流,称为初级宇宙射线。在初级宇宙射线穿透大气的过程中与大气物质相互作用,产生混杂、能量较低的次级粒子和电磁波,成为次级宇宙射线。在距离地面 15 km 以下大气中,初级宇宙射线大部分都转变成次级宇宙射线。

地球上的天然放射性核素可以分为两类。一类主要是由初级宇宙射线与大气某些物质相互作用产生的放射性核素。例如,初级宇宙射线的中子(^1n)与高层大气的氮(^{14}N)相互作用产生 ^{14}C:

$$^1n + ^{14}N \rightarrow ^{14}C + ^1H$$

另一类则是地球形成时本来就有的放射性核素。其中,中等质量的核素(如 ^{40}K)只经一级衰变就形成稳定核素的产物。而原子序数大于 83 的重核素,需要通过由多级衰变组成的放射性衰变系列才能形成稳定核素的产物。天然重核素通常分属于 ^{238}U、^{232}Th 和 ^{235}U 三个放射性衰变系列。

表 7-2 是 ^{238}U 放射性衰变系列主要产物的半衰期及辐射形式。由表可见,在该系列中的

核素大部分放射 α 射线,也有放射 β 射线的,并且几乎都伴有 γ 射线放出;此外,其最终产物都是稳定核素铅。天然放射性核素广泛分布于地球各圈之中。它和宇宙射线共同造成的地球上环境的辐射水平称为天然辐射本底,简称天然本底。人体受到的天然本底主要是本底在体外的外照射,其次是吸入体内和体内本身就有的天然放射性核素的内照射。对于一般地区来说,天然本底内、外照射每年给予人的平均剂量,估计约为 1.1×10^{-3} Sv。

表 7-2　^{230}U 放射性衰变系列主要产物的半衰期及辐射形式

核素	半衰期	辐射形式	核素	半衰期	辐射形式
^{238}U	4.5×10^9 年	α、γ	^{214}Pb	27 min	β、γ
^{234}Th	24 天	β、γ	^{214}Bi	20 min	α、β、γ
^{234}Pa	1.2 min	β、γ	^{214}Po	1.6×10^{-4} s	α
^{234}U	2.5×100 年	α、γ	^{210}Pb	19 年	β、γ
^{230}Th	8×100 年	α、γ	^{210}Bi	5 天	α、β、γ
^{226}Ra	1620 年	α、γ	^{210}Po	138 天	α、γ
^{222}Rn	3.8 天	α、γ	^{206}Pb	稳定	
^{218}Po	3.1 min	β、γ			

2. 人工辐射

人工辐射的来源主要有以诊断医疗为目的所使用的辐射源设备和放射性药剂、核武器试验、核工业及核研究单位排放的三废,以及带有辐射的消费品(如电视机、夜光钟表)等。表 7-3 给出各种辐射源对全人类造成的每人年均剂量。

由表 7-3 可见,在一般情况下,每人每天从环境辐射受到的总剂量约为 2×10^{-3} Sv,其中天然本底辐射占 50% 以上,在人工辐射中,大部分来自医疗辐射,据报道核动力工业给人类年均增加的剂量仅为 5×10^{-6} Sv,显然微不足道。人工辐射所造成的危害,称为放射性污染。目前环境中存在的各种人工辐射在正常情况下,还不足以对人体健康造成危害。

表 7-3　各种辐射源对全人类造成的每人年均剂量 $\times 10^{-5}$ Sv(人·年)

辐射源	1970 年的剂量	2000 年的估计剂量
天然本底辐射	110	110
医疗辐射	74	88
核试验	4	5
职业照射	0.8	0.9
核电站	0.4	0.5
其他(带辐射消费品、空中飞行)	2.7	1.1
总计	191.9	205.5

（1）核试验的沉降物

核试验是全球放射性污染的主要来源,在大气层中进行核试验时,带有放射性的颗粒沉降物最后沉降到地面,造成对大气、海洋、地面、动植物和人体的污染,而且这种污染由于大气的扩散将污染全球环境。这些进入平流层的碎片已经几乎全部沉积在地球表面。其中未衰变完全的放射性,大部分尚存在于土壤、农作物和动物组织中。自 1963 年后美国、前苏联等国家将核试验转入地下,由于发生"冒顶"和其他泄漏事故,仍然对人类环境造成污染。

核电站的放射性逸出事故,也会给环境带来散落物而造成污染。由于不充分的实验和设计,美国三里岛核电站于 1979 年发生严重的技术事故,逸出的散落物相当于一次大规模的核试验。

（2）核工业的"三废"排放

原子能工业在核燃料的生产、使用与回收的核燃料循环过程中均会产生"三废",对周围环境带来污染,以上各阶段对环境影响大致如下:

1)核燃料的生产过程产生的放射性废物包括铀矿开采、铀水法冶炼工厂、核燃料精制与加工过程。

2)核反应堆运行过程产生的放射性废物包括生产性反应堆、核电站与其他核动力装置的运行过程。

3)核燃料处理过程产生的放射性废物,包括废燃料元件的切割、脱壳、酸溶与燃料的分离与净化过程。

（3）其他各方面的放射性污染

1)医疗照射引起的放射性污染。使用医用射线源对癌症进行诊断和医治过程中,患者所受的局部剂量差别较大,大约比通过天然源所受的年平均剂量高出几十倍,甚至上千倍。

2)一般居民消费用品,包括含有天然或人工放射性核素的产品,如放射性发光表盘、夜光表及彩电产生的照射等。

7.1.4 放射性物质的迁移

一般来说,天然放射性核素在陆地土壤中的含量由于地理、地址、水文等因素的影响,在水平方向上的分布,即在较大范围内是有差别的;在垂直方面即不同深度的分布,由于植被和人为活动的影响,可能会形成不均匀分布,但一般还是作为均匀分布看待。它的地下迁移是指在土壤、岩石等介质中,随着地下水流动而达到地表水系统的迁移过程。核素的地下迁移速率是一个重要的因素,一般采用室内研究的方法。研究表明,地质介质通过吸附、沉淀等作用对核素地下迁移具有延迟能力,使核素在地质介质中随水的迁移速率一般小于地下水流速。通常用延迟系数 K 来表示地质介质对核素随水迁移的延迟能力。许多地质介质对高价阳离子核素的 K 值较大,可以强烈地吸附这些核素,但是对于阴离子或胶体存在的核素就不能有效地吸附,相应的 K 值较小。

放射性核素在土壤或沉积物中较易被黏土矿物和有机碎屑所吸附。一旦土壤对核素产生了吸附,核素就不容易因为降水、淋溶或生物摄取而迁移。但是土壤的不同条件对吸附影响很大,并且不同的核素也存在不同的环境效应,如 ^{137}Cs 容易被黏土组分含量高的土壤所吸附,而 ^{85}Kr 则基本只在大气圈内流动,并同时发生自发衰变。一般来说,土壤或沉积物的颗粒组分粒度越小,表面积越大,吸附浓集放射性核素的能力也越大。这一点与植物体有类似之处,细枝状或者表面粗糙的脂物体比较容易滞留放射性核素。

另外,生态环境中的某些特殊自然条件可以促使放射性核素分散或集中,如经常刮风的山顶、山脊以及海滨地区,一般不可能滞留或累积大量的放射性核素,相反,自然条件相对静止的山谷、水池、海湾则容易聚集放射性沉淀物。

运用在军事方面的核弹对环境中的放射性分布影响更大。当核武器爆炸后,放射性蒸气上升到高空,气化的裂解产物和炸弹残余物经过若干时间,形成了放射性烟云团,随风飘移后,烟云中的放射性灰尘在空间广泛分布,并在重力作用下最终降落到地面,形成了污染带。

随着核技术尤其是核电站的迅猛发展,不可避免地产生大量的放射性废物。对于这些放射性废物的最终处置,一般用地下处置法。其中,对低中水平放射性废物通常用浅坑处置法,这种处置法是基于土壤是放射性核素的天然吸附剂和良好的机械过滤器,因此,核素被吸留在土壤中而不迁移到环境中去。而对高放射性废物采用深地层处置法,即将废物置于地下500～1000 m的深地层废物库中。这种方法就是通过人为设置的种种屏障,阻止废物中的核素迁移到环境中去,以达到废物与生命圈的永久、安全隔离。

另外,在建材商品中也有许多的放射性核素,这些放射性核素主要来源于工业废渣,如煤渣等,而这些废渣的产地不同,放射性核素含量也不一样,需作长期监测。为了控制放射性核素的量,首先得从选料和配方来控制,应选择放射性物质含量低的混土和工业废渣,添加量应控制在成品不致超过规定的限值,同时应对各矿产品发放放射卫生销售许可证,建材企业应索证进料,不让放射性核素含量高的矿产品流入市场。

7.2　放射性固体废物的分类

含有放射性核素或被其污染,没有或暂时没有重复利用价值,其放射性浓度比活度或污染水平超过规定下限值的废弃物称为放射性固体废物。

放射性固体废物是重要的辐射源和环境污染源,为了实现放射性废物的安全、经济、科学的管理,必须对放射性废物进行正确的分类。

根据国际原子能机构(IAEA)建议,放射性固体废物分为以下四类。

1. 低水平放射性废物

$X \leqslant 0.2$ R/h的低水平放射性废物,不必采用特殊防护。主要是β-及γ-放射体,所含α-放射体可忽略不计。

2. 中水平放射性废物

0.2 R/h$< X \leqslant 2$ R/h的中水平放射性废物,需用薄层混凝土或铅屏蔽防护。主要是β-及γ-放射体,所含α-放射体可忽略不计。

3. 高水平放射性废物

$X > 2$R/h的高水平放射性废物,需要特殊防护装置。主要是β-及γ-放射体可忽略不计。

4. α-放射体

α-放射性要求不存在超临界问题,主要为α-放射体。

7.3　核工业中放射性固体废物

目前,放射性固体废物主要来自核工业。具有代表性的核工业是核发电站压水反应堆及其前、后处理系统。

其放射性固体废物的主要类型如下:

1)从含铀矿石提取铀的过程中产生的废矿石和尾矿;

2)铀精制厂、核燃料元件加工厂、反应堆、核燃料后处理厂以及使用放射性同位素研究、医疗等单位排出的沾有人工或天然放射性物质的各种器物,包括废弃的离子交换树脂、各种材料设备等;

3)放射性废液经浓缩、固化处理形成的固体废弃物。

7.4　核辐射损坏类型与影响因素

1.辐射损害的类型

放射性物质对人体的损害主要是由核辐射引起的。辐射对人体的损害可以分为躯体效应和遗传效应两类,还可以分为随机和非随机效应。

（1）躯体效应和遗传效应

躯体效应是指辐射所致显现在受照者本人身上的损害。如辐射致癌、放射病等。根据损害发生的早晚,有急性效应和晚发效应两种。

急性效应是指一次或短期内接受大剂量辐射照射时所引起的损害。全身急性受照剂量达到 6 Gy 时,放射病症严重,死亡率大。这种情况一般只发生在出现重大的核事故,核爆炸时距离爆炸中心投影点较近且无屏障的情况下。另外,在操作大型辐射源不慎违章的特殊情况下,也可能发生此类急性效应。受照剂量在 1 Gy 以下时,对人体没有明显的影响。

晚发效应是受辐射照射后经过数月或数年,甚至更长一段时间才出现症状的损害。通过对日本广岛、长崎二战原子弹爆炸的幸存者的调查表明,在幸存者中,白血病发生率明显高于未受此辐射的居民,最高的白血病发生率在 1951 年,比日本的平均白血病发生率高 10 倍以上。相关的分析数据表明,从受辐照到出现白血病之间至少有 3 年左右的潜伏期。

遗传效应是指出现在受照射者后代身上的辐射损害效应。它主要是由于被辐照者体内生殖细胞受到辐射损伤,发生基因突变或染色体畸变,这种变化可能传给后代而产生某种程度异常的子孙或致死性疾患。

（2）随机性效应和非随机性效应

在核辐射危害的分类方法中,辐射危害发生率与剂量大小有关,严重程度与剂量无关,可能不存在剂量阈值的生物效应称随机性效应。它包含致癌等某些躯体效应和辐射防护中涉及剂量范围内的遗传效应。而非随机性效应则指辐射危害的严重程度随剂量变化,存在着剂量阈值的生物效应,如眼晶体混浊、白内障、皮肤良性损伤、脱毛、造血障碍、心肌退化、生育力损害等躯体效应就属于非随机性效应。

2. 辐射损害的生化机制

辐射对人体的损害是由辐射的电离和激发能力造成的。其中的生化机制,一般认为辐射先将辐照机体内的水分子电离和激发,产生性质活泼的自由基、强氧化剂和活化分子,前两者与细胞的有机分子核酸、蛋白质、多糖、膜的不饱和脂质、酶等相互作用,使之化学键断裂,组成遭受破坏,从而引起损害症状。

(1)机体内水的辐照产物

辐射初始,通过射线与体内水分子的非弹性碰撞,水分子被激发为活化分子 H_2O^*,或由于其获得辐射能而电离成阳离子 H_2O^+ 和电子 e。生成的产物又引起一系列反应,生成 H_2、H_2O_2、e_{eq}、$HO\cdot$、H_3O^+ 等体内水的辐照产物。另外,还形成了数量较多的超氧自由基 $O_2^-\cdot$。其中的超氧自由基 $O_2^-\cdot$、氢氧自由基 $HO\cdot$ 和 H_2O_2 化学性质活泼,统称为活化氧,在辐射损害的生化机制中起着重要的作用。

(2)辐射致生物膜脂质过氧化

机体生物膜上的聚不饱和脂质在辐照下,变成有害的膜脂质氢过氧化物的过程,称为辐射致膜脂质过氧化。它将引起机体细胞坏死或其他病变。

辐射致膜脂质过氧化的生化机制是辐射使体内产生活化氧。其中,超氧自由基 $O_2^-\cdot$ 本身的毒性不大,但能与体内的过氧化氢 H_2O_2 反应形成氢氧自由基 $HO\cdot$,它是一种很强的亲电试剂。膜脂质过氧化是由超氧自由基 $O_2^-\cdot$ 和氢氧自由基引起的链反应,使膜脂质继续过氧化,不断生成有害的脂质氢过氧化物。

针对这两个自由基引起的损害,机体内具有相应的防御机能,以超氧化物歧化酶和含硒谷胱甘肽酶来消除超氧自由基,用含硒谷胱甘肽酶将脂质氢过氧化物还原为无害的脂醇,或用脂质自由基的连锁生成,以保护膜不饱和脂质不被过氧化。在正常情况下,由于上述生化保护功能,可使细胞内各部位的超氧自由基和氢氧自由基浓度维持在低水平。只有在防御机制不良或缺乏的情况下,自由基浓度才有可能升高,造成膜脂质过氧化。

3. 辐射致癌

辐射致癌的引发机制可以认为是由辐照产生的超氧自由基通过反应转变成强亲电性的氢氧自由基,后者加成于构成 DNA 的嘧啶或嘌呤碱基中电子密度较高的碳原子上,形成致突变产物,使 DNA 基因突变,受到损伤。超氧自由基在体内还可发生歧化反应生成过氧化氢:

$$O_2^-\cdot + O_2^- + 2H^+ \rightarrow H_2O_2 + O_2$$

过氧化氢对多数生物有机化合物呈现惰性,但可对机体中各种酶和膜蛋白上的巯基起氧化作用,使其组成受到破坏,功能失常,最终导致病变,甚至可能致癌。

4. 影响辐射损害的因素

影响辐射损害的主要因素有以下几个方面:

1）辐射的类型；

2）辐射的剂量；

3）照射的方式与部位。

7.5 核辐射的防治

放射线对生物机体的危害程度与机体吸收的辐射能量密切相关。如何对它进行防护，以减少射线的危害呢？减少体外照射和防止放射性物质进入体内是核辐射防护的基本原则。使用电离辐射源的一切实践活动，都必须遵从：①实践正当化；②防护最优化；③个人剂量限制。

1. 辐射防护的基本方法

（1）时间防护

人体受照时间越长，人体接受的照射量越大，这就要求操作准确、敏捷，以减少受照射时间，达到防护目的；也可以增配工作人员轮换操作，以减少每人的受照时间。

（2）距离防护

人距离辐射源越近，受照量越大。因此应在远距离操作，以减轻辐射对人体的影响。

（3）屏蔽防护

在放射源与人体之间放置一种合适的屏蔽材料，利用屏蔽材料对射线的吸收降低外照射剂量。针对 α 射线、β 射线和 γ 射线的防护，分别为：① α 射线的防护：由于 α 射线穿透力弱，射程短，因此用几张纸或薄的铝膜，即可将其吸收，或用封闭工作衣和防护手套来避免其进入人体表及体骨，造成辐射伤害。② β 射线的防护：β 射线穿透力比 α 射线强，但较易屏蔽。常用原子序数低的材料，如铝、有机玻璃、烯基塑料等进行屏蔽防护。③ γ 射线的防护：γ 射线穿透力很强，危害极大，常用高密度物质来屏蔽。考虑经济因素，常用铁、铅、钢、水泥等材料。

2. 防止居室的氡气污染

（1）已装修好的用户，如放射性不超标或超标不大严重，通过每天开门窗 3 h 以上，可使室内氡气浓度保持在安全水平。许多房间（尤其是 1 楼），即使各种石材、墙砖的放射性检测不超标，门窗关闭 2 天以上，氡气累积的浓度也会升至原来的数倍，对人体造成危害，特别是面积较小的房间更需通风。

（2）对于已发现地面或墙体放射性超标较严重，应将超标部分拆除更换低放射性材料，也可通过在墙体或地面直接覆盖放射性水平很低的石材或其他材料，能全部阻挡 α、β 粒子和部分 γ 粒子，并使氡气无法进入空气。不同建材超标几率也不同，花岗岩＞釉面地板砖＞大理石、黏性土，大理石和黏土砖不用测量，可放心使用。花岗岩不同颜色可能超标的几率由高至低排序：红色＞绿色＞淡红色＞灰色＞白色＞黑色，也就是说红和绿色花岗岩如杜鹃红、杜鹃绿、枫叶红等的超标几率可能达到 $20\%\sim40\%$，必须经过检测才能用于家庭。白色和黑色花岗岩放射性水平都很低，可不用检测。另外，室内涂刷环保防氡内墙乳胶漆，滚漆后使室内氡气浓度大幅度降低。

医生使用射线装置给病人诊治病症时，要根据病人的实际需要，严格 X 射线检查的适应症,使患者免受不必要的照射。耐心劝导那些主动要求但不需要使用射线装置诊治的病人,引导他们走出误区。同时,要避免让某些无防护意识的陪护者免受照射。尤其对儿童的 X 射线滥用问题更应引起重视。

3.孕妇特别注意

孕期应禁止接触 X 射线,即使必需的检查,也应保护非受检部位,使 X 射线的辐射损伤减少到最低程度。由于电脑及其机房有电磁辐射、噪音及光照不适,存在着电子设备的污染,因此经常接触电脑的妇女,怀孕后最好不要上机,以减少电磁波给母婴带来的危害。

4.尽可能减少生活中的放射性污染

对于放射性核素通过吸入、食入或皮肤渗透进入人体后所造成的照射,其防护的基本原则是防止或减少放射性物质进入体内。

第8章 污染控制与修复化学

8.1 固液界面吸附技术

吸附作用是水体中污染物最重要的迁移转化过程之一。污染物在水与颗粒物之间的迁移也就是污染物被水中固相物质所吸附和从固相物质表面解吸的过程。吸附作用可以使污染物在水环境中的存在状态、环境行为发生明显变化,甚至对其毒性也会产生影响。

8.1.1 吸附原理

在固体和气体或固体和液体组成的两相体系中,在相界面上出现的气相组分或溶质组分浓缩的现象,称为固体吸附。处在固体表面的原子所受的周围原子的作用力是不对称的,即原子所受的力不饱和,存在剩余力场。当某些物质接近固体表面时,受到力场的影响而被吸附。也就是说,固体表面可以自动吸附那些能够降低其表面自由能的物质,吸附的本质是吸附质与吸附剂之间的相互作用,包括范德华力、化学键力和静电引力。根据吸附力的不同,吸附可以分为物理吸附、化学吸附和离子交换吸附三种类型。其中,离子交换吸附是一种特殊的吸附过程。

有时温度可以改变吸附力的性质,如 Ni 对 H_2 的吸附(见图 8-1)。低温时,具有较高能量的分子数目少,因而化学吸附的速率很低,以物理吸附为主,当温度上升,吸附量(q)减少;直到某一刻温度高至可以活化氢分子,化学吸附速率开始加快,吸附量增多;随着温度增高,活化分子的数目迅速增多,所以吸附量随着温度的上升而增加,到最高点时,化学吸附达到了吸附平衡,但化学吸附大多是放热反应,故温度继续上升,吸附量又开始下降,平衡向脱附方向移动。

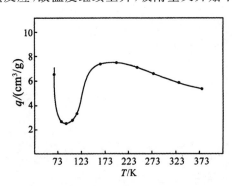

图 8-1 H_2 在 Ni 粉上的吸附等压线

溶液中吸附质在多孔吸附剂上的吸附过程基本上可分为四个连续阶段(如图 8-2 所示):
第一阶段,吸附质从主体相扩散至膜表面;

第二阶段为膜扩散阶段；

第三阶段为孔隙扩散阶段；

第四阶段是吸附反应阶段，吸附质被吸附在吸附剂孔隙的内表面，并逐渐形成吸附与脱附的动态平衡。

一般而言，吸附速度主要由膜扩散速度或孔隙扩散速度来控制。

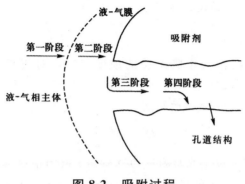

图 8-2　吸附过程

吸附作用的影响因素有：

1）溶液的 pH。pH 对吸附质在水中的存在形态和溶解度均有影响，进而影响着吸附效果。

2）吸附质的性质。一般来说，吸附质的溶解度越低，从溶剂中逃离的趋势越大，越容易被吸附。从吸附本质上说，吸附质使界面自由焓降低越多，越容易被吸附，即引起界面自由焓降低的量可以用来衡量吸附的难易程度。

3）吸附剂的性质。由于吸附作用发生在吸附剂的表面，所以吸附剂的比表面积越大，吸附能力就越强。另外，吸附剂的颗粒大小、孔隙构造和分布情况以及表面化学特性等，对吸附也有很大的影响。一般来说，极性分子型吸附剂易吸附极性的吸附质，非极性分子型吸附剂易吸附非极性的吸附质。

4）共存物的影响。实际废水中往往含有多种污染物，它们有的能相互诱发吸附，有的能相互独立地被吸附，有的则能相互干扰。

5）操作条件。吸附是放热过程，低温有利于吸附，升温有利于脱附。另外，吸附质与吸附剂的接触时间、吸附剂的制备工艺等都会对吸附产生影响。

8.1.2　固液吸附过程中的吸附等温式

在液固吸附过程中，固体表面上会有多种组分相互竞争，而且固体表面即可以吸附中性分子，也可以吸附带电的离子。水中的固体吸附剂一般都是多孔性物质，孔径有大有小。由于在固体表面常常覆盖着一层薄薄的溶液，而吸附质必须穿过这一层薄薄的溶液然后才能被吸附，所以吸附质的体积越大，吸附剂孔径越小，溶液黏度越大，吸附质的扩散过程就进行得越慢。因而，一般固液吸附达到吸附平衡所需的时间都比较长。

在温度和吸附质的初始浓度一定的条件下，当吸附质被吸附的速率等于被解吸的速率时，体系即达到吸附平衡。在达到吸附平衡时，单位质量的吸附剂所吸附的吸附质的数量称为吸附量,用 Q 表示。温度一定时,吸附量 Q 随平衡浓度 c 的变化曲线称为吸附等温线。描述该吸附等温线的数学公式称为吸附等温式。溶液中常见的吸附等温式包括 Langmuir 吸附等温式和 Freundlich 吸附等温式。

1.溶液中的 Langmuir 吸附等温式

溶液中 Langmuir 吸附等温式的形式为

$$Q = \frac{Q^0 bc}{a + bc}$$

式中,c——达到吸附平衡时溶液中吸附质的浓度;Q——对应于平衡浓度 c 时的吸附量;Q^0——最大吸附量;b——常数。

上述公式中令 $a = 1/b$,则公式可改写成

$$Q = \frac{Q^0 c}{a + c}$$

这里 a 也为常数,它的含义是当吸附量 Q 达到最大吸附量 Q^0 的一半时,溶液中吸附质的浓度就等于 a。根据该公式给出的吸附等温线如图 8-3 所示。当 $c \gg a$ 时,a 忽略不计,则吸附量 $Q = Q^0$,此时达到了饱和吸附;当 $c \ll a$ 时,则分母中 c 可以忽略不计,此时 $Q = \frac{Q^0}{ac}$,吸附量 Q 与浓度 c 之间是直线关系。

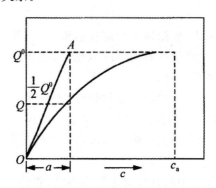

图 8-3 Langmuir 吸附等温线

在实际工作中如果要建立一个 Langmuir 吸附等温式,则需要确定公式中 Q^0 和 a 两个常数,此时可以把公式改写成

$$\frac{c}{Q} = \frac{a}{Q^0} + \frac{c}{Q^0}$$

实验测定一系列不同平衡浓度 c_1,c_2,c_3,…所对应的吸附量 Q_1,Q_2,Q_3,…,然后以 c/Q 对 c 作图,应当得到一条直线。直线的斜率是 $\frac{1}{Q^0}$,截距是 $\frac{a}{Q^0}$,由此可确定 Q^0 和 a 的数值,从而建立了 Langmuir 吸附等温式。

2.溶液中的 Freundlich 吸附等温式

溶液中 Freundlich 吸附等温式的形式为

$$Q = kc^{\frac{1}{n}}$$

式中，c——达到吸附平衡时溶液中吸附质的浓度；k、n——常数，一般 $n > 1$；Q——Q 为对应于平衡浓度 c 时的吸附量。

根据该公式给出的吸附等温线如图 8-4 所示。当 $n \to 1$ 时，吸附量 Q 与平衡浓度 c 之间是线性关系；当 $n > 1$ 时，吸附量 Q 随平衡浓度 c 的增加呈曲线变化。因此 n 可用来衡量等温线的线性程度。此外，根据公式，当 $n \to \infty$ 时，吸附量 $Q \to \infty$，这种情况是不可能发生的。因此，Freundlich 吸附等温式只适用于中等浓度的情况。

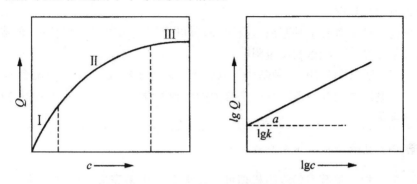

图 8-4　Freundlich 吸附等温线

在实际工作中如果要建立 Freundlich 吸附等温式，则需要确定 k 和 n 的数值。此时可把公式改写成

$$\lg Q = \lg k + \frac{1}{n}\lg c$$

通过实验可测定一系列不同平衡浓度 c_1，c_2，c_3，…所对应的吸附量 Q_1，Q_2，Q_3，…，然后以 $\lg Q$ 对 $\lg c$ 作图应当得到一条直线。由此可确定 n 和 k 的数值，从而建立了 Freundlich 吸附等温式。

8.1.3　颗粒物对重金属的吸附作用

1.黏土矿物微粒对重金属的吸附作用

（1）离子交换吸附

黏土矿物微粒上能够与溶液中重金属离子发生交换的离子有 3 种来源。

1）八面体上的羟基氢：

$$h-OH+M^{+}\longrightarrow h-OM+H^{+}$$

2）表面上吸附的阳离子：

$$h-OM'+M^{+}\longrightarrow h-OM+M'^{+}$$

3）层间夹带的阳离子。

离子交换的程度主要受重金属离子的电荷数、水合半径和浓度所影响。一般来说，电荷数越高、水合半径越小、浓度越大则离子交换吸附越容易进行。

（2）水解吸附

水解吸附时金属离子首先发生水解，形成羟基配合物，即

$$M^{n+} + mH_2O \Longrightarrow M(OH)_m^{(n-m)+} + mH^+$$

形成的水解产物再进一步与黏土矿物微粒上的羟基作用，即

$$h-OH + M(OH)_m^{(n-m)+} \longrightarrow h-M(OH)_{m+1}^{(n-m)+}$$

从而达到了吸附的目的。

（3）配合吸附

配合吸附有两种情况：

1）黏土矿物微粒上含有某种基团，这种基团可以充当金属离子的配位体，形成配合物，从而使得金属离子被黏土矿物微粒所吸附；

2）溶液中存在着某种基团，这种基团可以充当金属离子的配位体，形成配合物。由于黏土矿物微粒与这种基团之间存在着特殊的亲合力如形成化学键或氢键，从而使得金属离子被黏土矿物微粒所吸附。

2. 金属水合氧化物微粒对重金属的吸附作用

金属水合氧化物对重金属的吸附机理可通过配合作用来完成。此时，金属离子提供空轨道，金属水合氧化物提供孤对电子，即

$$n(AOH) + M^{n+} \longrightarrow (AO)_n M + nH^+$$

这里 A 代表 Fe、Al、Mn 或 Si。

3. 腐殖质微粒对重金属的吸附作用

腐殖质微粒对重金属的吸附机理有两种，即离子交换吸附和螯合吸附。腐殖质中的羧基和羟基中的氢均可以质子化，形成的 H^+ 可与重金属离子发生交换，即：

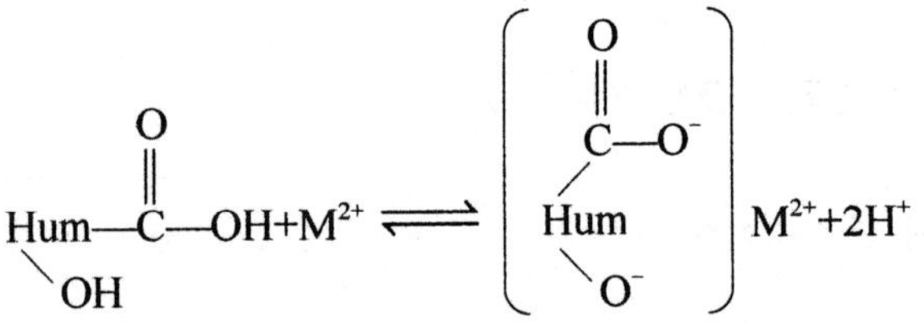

螯合吸附时，腐殖质充当配位体，与重金属形成环状配合物即螯合物：

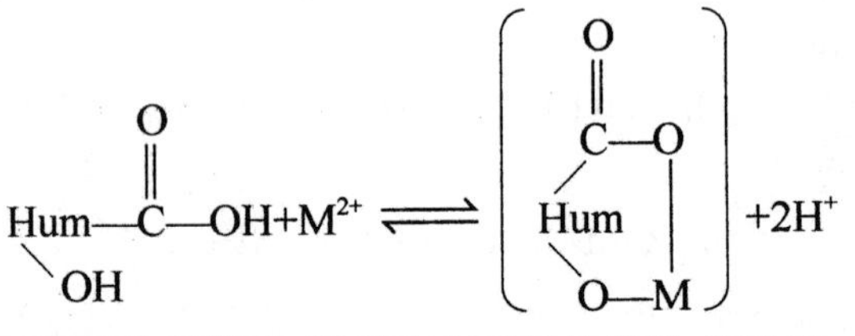

腐殖质对重金属的上述两种吸附机理可通过下面的实验来证实。在相同条件下，将几种重金属离子吸附到腐殖质上，然后分别用 NH_4Ac（醋酸铵）和 EDTA（乙二胺四乙酸钠）溶液进行解吸。已知 NH_4Ac 和 EDTA 分别可以发生下面的反应

$$\begin{bmatrix} \text{Hum} \underset{O^-}{\overset{C-O^-\ (\text{=}O)}{\bigg\langle}} \end{bmatrix} M^{2+} + 2NH_4^+ \rightleftharpoons \begin{bmatrix} \text{Hum} \underset{O^-}{\overset{C-O^-\ (\text{=}O)}{\bigg\langle}} \end{bmatrix} (NH_4^+)_2 + M^{2+}$$

$$\begin{bmatrix} \text{Hum} \underset{O^-}{\overset{C-O^-\ (\text{=}O)}{\bigg\langle}} \end{bmatrix} M^{2+} + EDTA \rightleftharpoons \text{Hum} \underset{O^-}{\overset{C-O^-\ (\text{=}O)}{\bigg\langle}} + MEDTA$$

$$\begin{bmatrix} \text{Hum}-C-O \underset{C-M}{\overset{\|\ O}{\bigg\langle}} \end{bmatrix} + EDTA \rightleftharpoons \text{Hum} \underset{O^-}{\overset{C-O^-\ (\text{=}O)}{\bigg\langle}} + MEDTA$$

从上述反应可知：

1）NH$_4$Ac 解吸下来的金属离子是腐殖质通过离子交换作用吸附上去的，所以 NH$_4$Ac 解吸下来的金属离子的数量越多，表示离子交换吸附作用越强；

2）EDTA 即可以和离子交换吸附的产物发生作用，也可以和螯合作用吸附的产物发生作用，因此，由 EDTA 解吸下来的重金属离子是离子交换和螯合吸附共同作用的结果。

8.1.4　颗粒物对有机污染物的吸附作用

1.有机污染物的分类

水环境中的有机污染物种类繁多，它们在水中固体表面的吸附机理也各不相同。根据有机污染物在水体中是否能形成带电荷的化合物，可将有机污染物分为离子型和非离子型两大类。离子型化合物还可以进一步划分为强碱性、弱碱性和酸性有机化合物。

强碱性阳离子型有机化合物在天然水中基本离解，以阳离子形式存在，因此具有很高的溶解度。

弱碱性的有机化合物在适当条件下能够接受质子从而带正电荷，其质子化的程度取决于环境的 pH。当 pH 较高时，质子化程度低；pH 较低时，质子化程度高。

酸性有机污染物多含有羧基或酚羟基，这些基团的离子化可导致形成带负电荷的有机阴离子。

2.有机污染物的吸附机理

（1）分子间作用力吸附

分子间作用力吸附是指固体表面与吸附质之间通过分子间作用力所引起的吸附，也称为表面吸附。分了间作用力包括永久偶极、诱导偶极和色散力引起的各种分子间的相互作用,它存在于所有的吸附过程中。因此分子间作用力吸附是吸附的最基本的类型。但在大多数情况下,它们相当微弱,与其他吸附机理相比往往是微不足道的。只有在其他吸附机理都不起作用的条件下,分子间作用力吸附才有可能起到主要作用。

(2)疏水作用吸附

有机化合物含有疏水性基团,属于疏水性化合物,它们在水中有强烈的趋势要离开水相进入到有机相。当有机污染物碰到疏水性的固体表面时,就会在固体表面发生聚集。这种现象称为疏水作用吸附。

一般来说,疏水作用吸附只和固体中的有机成分有关,即与蜡、脂肪、树脂、腐殖质中的脂肪链以及极性基团较少的木质素衍生物等成分有关。这些组分都具有较强的疏水性。水中各类非离子型有机污染物在固体表面的吸附主要就是疏水作用吸附。疏水作用吸附可以看作是有机污染物分子在水和固体中的有机质之间的分配过程,因此,疏水作用吸附也称为分配吸附。分配系数与沉积物中有机碳的含量成正相关。由于这种吸附过程只和有机分子的极性有关,故吸附强度不随 pH 发生变化。

(3)配位交换吸附

有一些有机污染物可以通过与环境胶体一起共同作为某种金属离子的配位体而形成配合物,从而达到被环境胶体所吸附的目的。如腐殖质与二胺基均三氮杂苯的反应,反应式为

(4)离子交换吸附

由于绝大多数环境胶体带有负电荷,而强碱性有机污染物分子在水中以阳离子形式存在,弱碱性有机污染物分子在偏酸性条件下能质子化而带正电荷,因此,这两种污染物分子可通过阳离子交换作用被吸附。对于阳离子型有机物来说,它们特别容易与蒙脱石发生离子交换吸附,且吸附量可以达到蒙脱石的阳离子代换量,吸附后也不易被无机阳离子所取代。

弱碱性有机物能否发生交换吸附,主要取决于体系的 pH:

1)当 pH 高于弱碱性有机物的共轭酸的 pK_a 时,质子化程度低,交换作用很弱;

2)当 pH 与 pK_a 相等时,有 50% 的弱碱性有机物被质子化而带正电荷,此时交换作用最强;

3)pH 进一步降低,由于体系中游离 H^+ 和从黏土矿物中释放出来的 Al^{3+} 浓度会增加,而 H^+ 和 Al^{3+} 会和有机分子发生竞争,从而削弱了有机分子在固体表面的吸附。

同样,由于大多数环境胶体带负电荷,使得阴离子交换作用要比阳离子交换作用微弱的多。但对于酸性有机分子而言,它们在水体中常常会以阴离子形式存在,因此阴离子交换作用

对酸性有机物的吸附具有重要意义。

（5）氢键作用吸附

氢键是一种特殊的偶极—偶极间的相互作用,在此,氢原子充当了两个电负性原子之间的桥梁。水体悬浮物和底部沉积物的主要成分是有机胶体和黏土矿物,前者含有丰富的羧基、羟基和胺基等官能团,后者表面含有氧原子,二者均能与有机分子以氢键相结合,如

$$R-\underset{\underset{O}{\parallel}}{C}-OH --- O-黏土矿物$$

$$R-\underset{\underset{R}{\mid}}{\overset{\overset{O}{\parallel}}{C}}-O --- HO-有机胶体$$

但在水体中,由于水分子的竞争,会抑制有机分子与胶体直接形成氢键,于是,有机分子往往利用羧基与水分子形成氢键,而这个水分子则与胶体表面的可交换性阳离子以离子—偶极键相连。在这种特殊形式的氢键中,水分子起到了"水桥"的作用。氢键结构为:

$$\underset{R_2}{\overset{R_1}{>}}C=O \underset{H}{\overset{H}{<}} O --- M^{2+}-液体$$

被 Na^+、Ca^{2+}、Fe^{3+} 和 Al^{3+} 等金属离子饱和吸附的水化蒙脱石对马拉硫磷和丰索磷分子的吸附,就是通过这种方式进行的。此外,弱碱性有机分子也可以通过氢键作用与固体表面结合。在空间构型许可的条件下,黏土矿物或有机胶体上的羧基可以与有机分子中的氨基或羟基通过"水桥"相连。

有机污染物的吸附机理很多,不同的条件或不同的有机分子其吸附机理是各不相同的。一般来说,某种有机分子在固体表面的吸附是几种机理共同作用的结果。

3.吸附等温线

研究水环境中污染物在固相表面的吸附平衡的最常用手段是建立吸附等温线。就吸附作用而言,有机污染物的情形要比金属离子复杂得多,它们的分子量大,且表现出各不相同的带电状态及极性。因此,描述有机污染物分子在固相表面吸附平衡的等温线的形式变化较多。

（1）有机污染物的吸附等温线

常见有机污染物的吸附等温线主要包括 4 种类型,如图 8-5 所示。

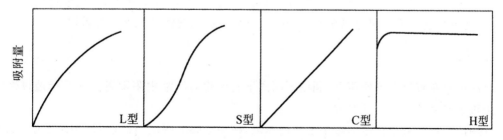

图 8-5　4 种典型有机污染物的吸附等温线

L 型吸附等温线即 Langmuir 吸附等温线,其吸附质与吸附剂之间有较高的亲和性,吸附量随着溶液浓度增高而增加,但随着吸附量的不断增加,进一步吸附也会更加困难。

S 型吸附等温线代表协同吸附的平衡关系。在低浓度范围内,最初被吸附的吸附质有利于吸附作用的进一步发生,因此,在该阶段的吸附等温线斜率逐渐增加。当浓度增至一定程度后,曲线形式与 L 型等温线相似。

C 型吸附等温线为恒定吸附平衡关系的表现形式。其机理可视为吸附物在水—固两相之间的简单分配,因此吸附量与溶液浓度始终线性相关。

H 型吸附等温线是一种比较特殊的等温线形式。吸附质与吸附剂之间有很强的亲和性,只是吸附剂的吸附量有一极限。在体系中的吸附质总量不能满足饱和吸附之前,几乎被吸附物全部富集,一旦达到饱和吸附,吸附量便不再随浓度增加而改变。

(2)有机污染物的吸附系数

有机污染物在固相表面的吸附平衡有时也可以用吸附系数来描述。吸附系数是达平衡时吸附质的固相浓度与液相浓度之比。若以 K_d 表示该系数,则有

$$K_d = \frac{Q}{c_1}$$

式中,Q——达平衡时吸附在单位质量固体物质表面的有机物的量,可视为固相浓度;c_1——达平衡时该有机物的水相浓度。

吸附系数就是特定 c_1 条件下,吸附等温线上相应点的纵坐标与横坐标之比。由此可见,当吸附等温线表现为非直线形式时,吸附系数随水相浓度变化而改变,其应用受到很大限制。由于大多数持久性有机物,包括各种有机氯化合物均为非离子型化合物,它们在有机胶体上的吸附常常是憎水吸附,因而多表现为线性等温线形式。此外,即使其他吸附机理占主导地位,吸附等温线呈 L 型或 S 型,由于天然环境中持久性有机物浓度一般很低,往往落在等温线起始的近线性区段内,所以在大多数情况下,用简便的吸附系数来描述持久性有机物的吸附平衡是可取的。

8.2 膜分离技术

膜分离是以选择性通透膜为分离介质,在两侧施加某种推动力,使待分离物质选择性地透过膜,从而达到分离或提纯的目的。这项技术是近几十年发展起来的新的物理化学技术。近年来,欧美发达国家一直把膜技术定位为高新技术,投入大量资金和人力,促进膜技术迅速发展,使用范围日益扩大。膜分离技术已经受到世界上技术发达国家的高度重视。

1. 电渗析

电渗析是在直流电场作用下,利用不同离子交换膜对溶液中阴阳离子的选择透过性使水溶液中重金属离子与水分离的方法。

利用离子可以自由扩散通过半透膜的原理,在半透膜的两侧加上直流电压,使离子加速通过,达到除去水中离子的目的。半透膜为离子交换膜,阳离子交换膜只允许阳离子通过,阴离子交换膜只允许阴离子通过。

电渗析法可用于海水淡化和回收盐,也可用于回收重金属,由于对电解质溶液浓度要求较高,此法作为废水的初步处理较合适。

2.反渗透

只透过溶剂而不透过溶质的膜称为半透膜。施加压力于与半透膜相接触的浓溶液,所产生的与自然渗透现象相反的过程称为反渗透,如图 8-6 所示。

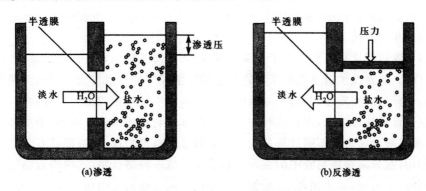

图 8-6　渗透和反渗透原理示意图

目前主要有两种理论来解释反渗透过程的机理:溶解扩散理论和选择性吸附－毛细流理论。

1)溶解扩散理论。把半透膜视为一种均质无孔的固体溶剂,化合物在膜中的溶解度各不相同。

2)选择性吸附－毛细流理论。把半透膜看做一种微细多孔结构物质,具有选择吸附水分子而排斥溶质分子的化学特性。在反渗透压力作用下,界面水层在膜孔内产生毛细流动,连续地透过膜层而流出,溶质则被膜截流下来。

3.超滤

超滤的原理与一般过滤并无不同,只是滤膜孔径比一般滤料小得多。在进行超滤之前,一般应先用普通滤料过滤除去较大的颗粒。当前超滤技术在工业发达国家应用较广,我国在处理羊毛洗涤废水、金属切削液、电泳漆废水和印钞废水等方面已有所采用。如聚砜膜可对废水中微溶性或相对分子质量较大的染料组分进行超滤处理,使染料彻底去除。

4.液膜分离

液膜是悬浮在液体中的很薄的一层乳液微粒。它可以把两个不同组分的溶液隔开,并且通过渗透作用起着分离一种或一类物质的作用。在石油和化工工业中,液膜可用于分离一些物化性质相近而不能用常规的蒸馏、萃取方法分离的烃类混合物。随着液膜分离技术的开发、研究,其应用领域遍及环保、生化、冶金、石油、化工和医药等诸多领域。

液膜主要由溶剂、表面活性剂、流动载体和膜增强添加剂制成。溶剂构成膜的基体;表面活性剂含有亲水基和疏水基,可以定向排列以固定油水分界面,稳定膜型,同时还对组分通过液膜的传质速率等有显著影响;流动载体的作用是选择性携带欲分离的溶质或粒子进行迁移;膜增强添加剂可进一步提高膜的稳定性。

按照膜的组成不同,可分为水包油包水型(W/O/W,即内相和外相都是水相),油包水包油型(O/W/O,即内相和外相都是有机相)。按照液膜传质的机理,可分为无载体液膜和有载体液膜。按照液膜的形状,可分为液滴型、乳化型和隔膜型等。以乳化型 W/O/W 液膜为例,其形成过程是:先将液膜材料与一种作为接受相的水溶液混合,形成油包水乳状液,再将此乳状液分散在溶液的连续相中,便形成了 W/O/W 液膜分离体系。外水相的待分离物质可透过液膜进入内水相而分离。

液膜的分离机理比较复杂。对于无载体液膜,其分离机理主要有选择性渗透、化学反应和萃取吸附三种。选择性渗透是指由于不同的物质在液膜中的渗透行为不同而实现分离。化学反应主要指被分离的物质进入膜内,并与膜内的试剂发生反应生成另外一种物质,而生成物不能透过液膜迁移到外相溶液,因而内相中被分离的那种物质浓度几乎为零,浓度梯度成为迁移的推动力,使得被分离物质不断迁移到内相。萃取吸附机理则认为,液膜具有萃取和吸附有机化合物的作用,被分离物质与膜中的某种溶剂反应生成一种络合物,这种络合物进入内相发生反应,重新释放出溶剂,如此循环,液膜便将被分离物质运输到膜内而发挥分离的作用。

液膜技术的作用与固态膜技术的作用相似,并具有很多优点:

1)具有特殊的选择性,如用王冠醚二苯并-18-冠-6做流动载体,K^+ 和 Li^+ 的分离系数可高达 4000;

2)较高的从低浓度区向高浓度区迁移的定向性;

3)极大的渗透性;

4)由于具有很大的膜表面积而有很高的传质速度;

5)制备简单,加入不同载体可制成各种用途的膜体系。

不过,液膜分离技术需要制乳、萃取和破乳三个过程,要求乳液既具有足够的稳定性以保障分离效果,又要易于破乳,以便高效分离膜组分与内相溶液。这两项要求互相矛盾,合理解决这对矛盾是充分发挥液膜分离技术优势的关键之一。

8.3　溶剂萃取技术

溶剂萃取法是通过物质由一个液相转移到另一个基本不互溶的液相这一传质过程来实现物质的提取、分离的方法。此类方法在有机化工、炼油、农药和焦化等行业都有应用,主要是从废水中回收酚、有机溶剂和重金属等。

萃取法所依据的基本原理是液液分配定律,即在一定温度下,当某一溶质在两种互不混溶的溶剂中分配达到平衡时,则该溶质在两相中的浓度之比为一常数。分配定律是在溶质浓度较低,且在两相中分子形式相同,不与溶剂发生化学反应的条件下得出的。但实际上,溶质浓度不可能很低,而且由于缔合、离解、络合等原因,溶质在两相中的形态也不可能完全相同,因此,引入分配系数来表征被萃取组分在两相中的实际平衡分配关系。分配系数 K 就是溶质在有机相中的总浓度 c_O 与在水相中的总浓度 c_w 的比值,即 $K = \dfrac{c_O}{c_w}$。由分配系数的定义可知,

K 越大,即表示被萃取组分越容易被萃取。需要注意的是,分配系数不但受温度、浓度等的影响,而且萃取过程中还可能存在缔合、离解、络合等现象,分配系数不直接等于两个溶解度之比。

当有两种或两种以上被萃取物同时存在时,为了定量地表示某萃取剂分离两种溶质的难易程度,提出分离系数这一概念。分离系数是指两种被分离物质在同一萃取体系内,在相同条件下分配系数的比值,常用 β 表不:$\beta_{A/B} = \dfrac{K_A}{K_B}$。$\beta$ 值越大,萃取剂对它们的选择分离效果越好。

萃取是物质从一相转移到另一相的传质过程。两相之间物质的转移速率 G 可用下式表示:

$$G = \eta S \Delta c$$

式中,S——两相的接触面积,m^2;Δc——传质推动力,即废水中污染物质的实际浓度与平衡浓度之差,kg/m^3;η——传质系数,m/h,它与两相的性质、浓度、温度、pH 等有关。

萃取体系一般由基本不互溶的两相——水相和有机相组成。水相即被萃取物的水溶液。由于萃取的需要,有时还需在水相中添加络合剂、盐析剂等。有机相通常由萃取剂与稀释剂组成。萃取剂是指与被萃取物能发生化学结合而又能溶于有机相的试剂;稀释剂是指萃取过程中构成连续有机相的惰性溶剂,它能溶解萃取剂且不与被萃取物发生化学结合,组成有机相的惰性溶剂一般是饱和烃、芳烃及某些卤代烃。当萃取剂是固体或黏度较大的液体时,稀释剂是构成有机相的不可缺少的组分。若萃取剂本身流动性较好,在有机相中也可以不加稀释剂。同时,有机相中也可以加入一些改质剂来增大萃取剂及萃合物在有机相中的溶解度,消除和避免水相和有机相之间第三相的产生,以实现更好的分离。

萃取剂的研究是萃取化学的重要组成部分。正确选用萃取剂、研制新型萃取剂、解释萃取机理以及改善萃取工艺等,都需要萃取剂的基本知识。一般来说,萃取剂应该具有如下性质:

1)具有良好的溶解性能。对萃取物的溶解度要高,即分配系数大。萃取剂本身在水中的溶解度要低,不会发生乳化现象,容易与水分离。

2)具有较大的萃取容量。即单位体积的萃取剂能萃取大量的被萃取物。

3)具有良好的选择性,较大的分离因子。即只萃取某些物质而对其他物质的萃取能力很差。

4)具有一个或几个萃取功能基,萃取剂通过此功能基与被萃取物相结合而形成萃合物。对于金属离子,常见的功能基是氧、氮、硫和磷四种原子,它们的共同特点是具有未配对的孤对电子,功能基通过它们与金属离子配合。

除以上特征之外,萃取剂还应该满足黏度低、化学性质稳定、所形成的萃合物易反萃和再生以及无毒等要求。

8.4　离子交换技术

离子交换法是通过离子交换剂的离子与接触交换剂的溶液中相同电性的离子进行交换,以达到离子的置换、分离、浓缩、去除等目的的一种方法。但与吸附过程相比,其特点在于:主要吸附水中离子化物质,并进行等电荷数的离子交换,是一个化学计量过程。

离子交换技术是目前最重要的和应用最广泛的化学分离方法之一,在化工、冶金、环保、生物、医药、食品等许多领域取得巨大的经济效益。在水处理中,它主要用于软化水,回收水中有用的物质和去除废水中的金属离子及有机物。

8.4.1　离子交换的基本理论

1.离子交换反应机理

离子交换剂是一种带有可交换离子的不溶性固体物质,由固体骨架和交换基团两部分组成,交换基团内含有可游离的交换离子。带有阳离子的交换剂称为阳离子交换剂,带有阴离子的交换剂称为阴离子交换剂。相应地,离子交换反应可分为阳离子交换和阴离子交换两种类型。

典型的阳离子交换反应:

$$B^{n+} + nRA \Longleftrightarrow R_nB + nA^+$$

其中,RA 为离子交换剂;R_nB 为饱和的离子交换剂。

典型的阴离子交换反应:

$$D^{n-} + nRC \Longleftrightarrow R_nD + nC^-$$

其中,RC 为离子交换剂;R_nD 为饱和的离子交换剂。

R 为交换剂的骨架;A^+、C^- 为交换剂上所带的可交换离子;B^{n+}、D^{n-} 为废水中待交换的离子。

离子交换过程是平衡可逆的,反应方向受树脂交换基团的性质、溶液中离子的性质和浓度、溶液 pH、温度等因素影响。根据这种平衡可逆性质,可使饱和的离子交换剂得到再生而反复使用。

离子交换反应过程可以归纳为 5 个阶段:

1)溶液中的交换离子扩散通过颗粒表面外层的液膜;

2)交换离子进入交换剂内的交联网孔,进行扩散;

3)交换离子达到交换位置后进行交换反应;

4)被交换下来的离子向交换剂表面扩散;

5)被交换下来的离子从交换剂表面穿过液膜而扩散进入溶液中。

其中,第三步进行的速度最快,而扩散是整个过程的控制步骤。因此,离子交换过程不仅受溶液中被交换离子的性质和交换树脂的性能影响,而且受到操作条件等因素的影响。

2.离子交换平衡

以阳离子交换为例。若电解质溶液为稀溶液,各种离子的活度系数接近于 1,又假定离子交换剂中离子活度系数的比值为常数,则交换反应的平衡关系式可用下式表示:

$$K = \frac{[A^+]^n [R_nB]}{[B^{n+}][RA]^n}$$

其中,K 为平衡系数,可反映出离子和离子交换剂之间的亲和力大小。K 越大,交换量越大,溶液中 B^{n+} 的去除率越高。

为了更方便地反映离子交换剂对不同离子亲和力的大小,在实际工作中常用分配系数来表示。某一离子的分配系数是指该离子和离子交换剂进行离子交换,反应达到平衡时,该离子在离子交换剂中的浓度和在水中的浓度之比。

由平衡关系式可知,

$$K = \frac{[A^+]^n[R_nB]}{[B^{n+}][RA]^n} = K_d\left(\frac{[A^+]}{[RA]}\right)^n$$

即

$$K_d = K\left(\frac{[RA]}{[A^+]}\right)^n$$

因此,离子和离子交换剂之间亲和力越大,平衡系数 K 越大,平衡时分配系数 K_d 就越大。

对于同时存在多种待交换离子的情况,通常采用分离因子(β),即两种离子的分配系数之比,来衡量离子交换剂对两种离子的分离能力。

$$\beta_{A/B} = \frac{K_d^A}{K_d^B}$$

若将含有 A、B 两种离子的溶液通过交换柱,由于 A、B 离子对离子交换剂的亲和力不同,当交换反应达到平衡后,亲和力大的 A 离子被吸附在柱的前部,亲和力小的 B 离子则被吸附在柱的后部。这样,A、B 离子就可以实现一定程度的分离,而且分离因子越大,越容易分离。

在离子交换反应的平衡过程中,决定某种离子是否容易在离子交换剂上被吸附的因素是它们之间的亲和力,即 K 的大小。K 越大,平衡时离子在交换剂上的分配就多,K_d 就大。两种离子的 K_d 相差越大,β 也越大。

8.4.2　离子交换树脂的特性

离子交换剂可分为无机离子交换剂和有机离子交换剂两类。前者如天然沸石和人造沸石、硅胶等,后者有磺化煤和各种离子交换树脂。其中离子交换树脂是人工合成的一类高分子聚合物,是使用最为广泛的离子交换剂。离子交换树脂由树脂骨架和活性基团两个部分组成。活性基团又包括固定离子和活动离子。固定离子固定在树脂的骨架上,交换离子则依靠静电引力与固定离子结合在一起,并与周围溶液中的离子发生离子交换反应。

离子交换树脂的基本特性有选择性、溶胀性和稳定性。

(1)选择性

交换树脂的选择性可用离子交换势的大小表示。在常温低浓度水溶液中,阳离子价态越高,交换势越大。同价阳离子的交换势随原子序数的增大而增大,例如:

$$Th^{4+} > Al^{3+} > Ca^{2+} > Na^+$$
$$Rb^+ > K^+ > Na^+ > Li^+$$

H^+ 和 OH^- 的交换势取决于它们与固定离子所形成的酸或碱的强度,强度越大,交换势越小。比如,对于强酸性阳离子树脂,H^+ 的交换势介于 Na^+ 和 Li^+ 之间;对于弱酸性阳离子交换树脂,H^+ 的交换势最强,居于首位。

常温低浓度水溶液中,弱碱性阴离子交换树脂的选择性顺序为:

$$OH^- > Cr_2O_7^{2-} > SO_4^{2-} > CrO_4^{2-} > C_6H_5O_7^{3-} > C_4H_4O_6^{2-}$$

$$>NO_3^- >AsO_4^{3-} >PO_4^{3-} >MoO_4^{2-} >AC^- 、I^- 、Br^- >Cl^- >F^-$$

常温低浓度水溶液中,强碱性阴离子交换树脂的选择性顺序为:

$$Cr_2O_7^{2-} >SO_4^{2-} >CrO_4^{2-} >NO_3^- >Cl^- >OH^- >F^- >HCO_3^- >HSiO_3^-$$

常温低浓度水溶液中,弱酸性阳离子交换树脂的选择性顺序为:

$$H^+ >Fe^{3+} >Cr^{3+} >Al^{3+} >Ca^{2+} >Mg^{2+} >K^+ 、NH_3 >Na^+ >Li^+$$

强酸性阳离子交换树脂的选择性顺序:

$$Fe^{3+} >Cr^{3+} >Al^{3+} >Ca^{2+} >Mg^{2+} >K^+ 、NH_3 >Na^+ >H^+ >Li^+$$

位于选择性顺序前列的离子可以取代位于选择性顺序后列的离子。

在高温高浓度时,位于离子交换树脂的选择性顺序后列的离子也可以取代位于选择性顺序前列的离子,这是树脂再生的依据之一。

(2)稳定性

树脂的物理稳定性是指树脂受到机械作用时的磨损程度,以及温度变化对树脂影响的程度。化学稳定性包括承受酸碱度变化的能力和抵抗氧化还原的能力等。

(3)溶胀性

各种离子交换树脂都含有极性很强的交换基团,因此亲水性很强。树脂的这种结构使其具有溶胀和收缩的性能。树脂溶胀或收缩的程度以溶胀率表示,溶胀率受所接触的介质、树脂自身的结构特征、电荷密度和反离子种类等因素的影响。

8.5 高级氧化技术

8.5.1 臭氧氧化技术

臭氧分子(O_3)由三个氧原子组成,在常温、常压下,分子结构不稳定,很快自行分解成氧气(O_3)和单个氧原子(O)。臭氧在常温下为淡蓝色气体,有刺激性特殊气味,液态时为蓝黑色。大气层中的臭氧可使人类免遭太阳光中紫外线强烈侵袭,是地球最好的保护伞。在实际应用中,由于其在水中有较高的氧化还原电位而常用来进行杀菌消毒,除臭除味及水处理脱色等。

1.臭氧氧化技术的机理

臭氧作为一种强氧化剂,通常在氧气不能发生反应的条件下,仍然可以和许多物质反应。在酸性溶液中,臭氧的氧化能力仅次于氟、高氯酸根离子和原子氧。目前,臭氧氧化技术已经在饮用水和废水净化上得到了广泛的应用。

臭氧同污染物的反应机理包括直接反应(臭氧同有机物直接反应)和间接反应(利用臭氧分解产生·OH进行氧化反应)。

(1)直接反应

臭氧的分子结构呈三角形,中心氧原子与其他两个氧原子间的距离相等,在分子中有一个离域 π 键,臭氧分子特殊的结构使得它可以作为偶极试剂、亲电试剂和亲核试剂。

1)可以与芳香族化合物发生亲电反应。

2)可以同有机物的不饱和键发生 1,3－偶极环加成反应,形成臭氧化的中间产物并进一步分解成醛、酮等羰基化合物和水。

3)可以与具有吸电子基团的碳原子发生亲核反应,但仅限于同不饱和芳香族、脂肪族化合物或某些特殊的基团反应。

此类反应多在酸性条件下发生,具有较强的选择性,一般是进攻具有双键的有机物,而且不能将有机物彻底分解为 CO_2 和 H_2O,产物常为小分子有机酸。

（2）间接反应

臭氧可在碱性条件或在紫外线和过氧化氢等协同作用下产生 $\cdot OH$ 与污染物反应,因而选择性很小。

O_3/UV 复合体系可显著地提高有机物的降解速率,大大降低其 COD 和 BOD。后来的研究者也开始研究 O_3/UV 对芳香烃、卤代有机物的氧化过程,但提出的 $\cdot OH$ 产生机理并不一致。

O_3/UV 复合体系的一种机理为:

$$O_3 + h\nu(\lambda < 310\ nm) \longrightarrow O^* + O_2$$

$$O^* + H_2O \longrightarrow 2HO\cdot$$

O_3/UV 复合体系的另一种机理为:O_3/UV 体系产生 $\cdot OH$ 的反应过程是首先生成过氧化氢,过氧化氢在光诱发下产生 $\cdot OH$,反应机理为

$$O_3 + 3H_2O \xrightarrow{UV} 3H_2O_2$$

$$H_2O_2 \longrightarrow 2HO\cdot$$

土壤中天然存在的金属氧化物 $\alpha-Fe_2O_3$、MnO_2 和 Al_2O_3 通常可以催化 O_3 产生 $\cdot OH$。因此,臭氧不仅能直接氧化,还能通过生成 $\cdot OH$ 来氧化土壤中的许多有机污染物,将它们转变成易于生物降解的低毒化合物。

此外,臭氧的氧化作用可以增大土壤中的小分子酸的比例和有机质的亲水性,并通过改变土壤颗粒的结构,促进有机污染物从土壤的脱附,从而提高有机物的可生化性。然而,臭氧的作用也会受到很多因素的限制,例如土壤有机质的竞争反应、土壤湿度、渗透性和 pH 等。要提高臭氧的氧化速率和效率,必须采取其他措施促进臭氧的分解而产生活泼的 $\cdot OH$。

2.臭氧氧化技术的应用

（1）消毒

臭氧分子分解产生的单个氧原子具有很强的活性,对细菌有极强的氧化作用。臭氧可氧化分解细菌内部氧化葡萄糖所必需的酶,从而破坏细胞膜,将细菌杀死。多余的氧原子则会自行重新结合成为氧气。在这一过程中不产生有毒残留物,故臭氧被称为"无污染杀菌剂"。它不但对大肠杆菌、绿脓杆菌及杂菌等有消毒能力,而且对霉菌也很有效。

（2）氧化无机物

臭氧能够将氨及亚硝酸盐氧化成硝酸盐,也能将水中的硫化氢氧化成硫酸,从而减小臭味。常规的水处理对氰化物的去除效果不大,而臭氧则能很容易地将氰化物氧化成毒性小100 倍的氰酸盐。以臭氧氧化氰化物为例,其反应式如下:

$$CN^- + O_3 \longrightarrow CNO^- + O_2$$
$$3CN^- + O_3 \longrightarrow 3CNO^-$$

CNO^- 在碱性或酸性条件下,能进行水解转化成氮化物,其反应式如下:

1)在碱性条件下有:

$$CNO^- + OH^- + H_2O \longrightarrow CO_3^{2-} + NH_3$$
$$3NH_3 + 4O_3 + 3OH^- \longrightarrow 3NO_3^- + 6H_2O$$

2)在酸性条件下有

$$CNO^- + 2H^+ + H_2O \longrightarrow CO_2\uparrow + NH_4^+$$
$$3NH_4^+ + 4O_3 \longrightarrow 3NO_3^- + 3H_2O + 6H^+$$

(3)氧化有机物

臭氧能够氧化许多有机物,如蛋白质、氨基酸、有机胺、芳香族化合物、木质素和腐殖质等。这些有机物的氧化过程中可能会生成一系列中间产物,从而造成 COD 或 BOD_5 的升高。为使有机污染物氧化彻底,必须投加足够的臭氧,因此单纯采用臭氧来氧化有机物一般不如生化处理经济。但在有机物浓度较低的水处理中,采用臭氧氧化法不仅可以有效地去除污染物,且反应快,设备体积小。

此外,臭氧还可以起到脱色、除臭,使难分解的物质变成容易分解的物质,改善絮凝效果和提高净化能力等作用。

8.5.2 光催化氧化技术

光催化氧化技术是近 30 年才出现的水处理新技术。20 世纪 80 年代后期,随着对环境污染控制研究的日益重视,光催化氧化法被应用于气相和液相中一些难降解污染物的治理研究,并取得了显著的效果。

光催化氧化技术对多种有机物和无机物以及染料、硝基化合物、取代苯胺、多环芳烃、杂环化合物、烃类和酚类等进行有效脱色、降解和矿化。如 CN^-、S^{2-}、I^-、Br^-、Fe^{2+}、Ce^{3+} 和 Cl^- 等离子都能发生作用,很多情况下可以将有机物彻底无机化,从而达到污染物无害化处理的要求,消除其对环境的污染及对人体健康的危害,并作为一种能量利用率高、费用相对较低的新型污染处理技术逐渐受到人们的重视。

光催化降解技术中,通常是以 TiO_2、ZnO、CdS、WO_3、SnO、Fe_2O_3 等半导体材料为催化剂。这些半导体粒子的能带结构一般由填满电子的价带和空的高能导带构成,价带和导带之间存在禁带。当用能量等于或大于禁带宽度的光照射到半导体时,价带上的电子被激发跃迁到导带形成光生电子,而价带上产生空穴,并在电场作用下分别迁移到粒子表面。光生电子易被水中溶解氧等氧化性物质所捕获,而空穴因具有极强的获取电子的能力而具有很强的氧化能力,可将其表面吸附的有机物或 OH 及 H_2O 分子氧化成·OH 自由基,·OH 自由基几乎无选择地将水中有机物氧化。

光催化氧化效果主要受以下因素影响:

1)光照强度。光强越强,光催化反应速率越高,因为光强增加意味着单位时间内可利用光子数目的增加,因而·OH 自由基的浓度增加,光解加快。但光强增加导致耗电量增加,经济上不一定合理。

2)光源类型。使用短波长紫外光作为光催化降解的光源可以提高能量的利用效率。

3)温度。光催化反应受温度的影响并不大,因为受温度影响的吸附、表面迁移等不是决定光反应速率的关键步骤。

4)废水 pH 值。不同有机物的降解有不同的最佳 pH 值,且 pH 值影响比较显著。

5)催化剂的投加量。催化剂的加入量有一最佳值,随催化剂浓度的增加,反应速率先增加后下降,这是因为催化剂少时,光源产生的光量子不能被有效利用,而超过一定值时,光源的透过率严重下降,不利于催化剂对光子的吸收。

6)外加氧化剂的影响。抑制电子/空穴对复合概率是提高光催化效率的重要途径之一。通常要加入少量 O_2、H_2O_2、O_3 或 Fe^{3+} 等,利用它们产生更多的高活性自由基·OH。

7)废水初始污染物浓度。光催化反应速率随废水污染物初始浓度的增加而降低,这是因为污染物分子吸附在催化剂颗粒上,不利于光子的吸收,同时光强度在水中衰减得很快。

8)盐的影响。高氯酸、硝酸盐对光氧化的速率几乎无影响,而硫酸盐、氯化物、磷酸盐则因它们很快被催化剂吸附而使得氧化速率减少了 $20\% \sim 70\%$,这说明无机阴离子可能与有机分子竞争表面活性位置或在接近颗粒表面的地方产生高极性的环境,因而"阻塞"了有机物向活性位置的扩散。

目前,光催化氧化法已经较多地被应用于印染废水、含酚废水、抗生素废水、有机磷农药废水、垃圾渗沥液、生物制药废水、草浆纸厂废水等有机废水的处理研究,能有效地将废水中的有机物降解为 H_2O、CO_2、SO_4^{2-}、PO_4^{3-}、NO_3^-、卤素离子等无机小分子,达到完全无机化的目的。此外,光催化氧化法还被应用于深度处理饮用水中腐殖质、邻苯二甲酸二甲酯、环己烷、阿特拉津等的处理研究。目前应用较多的光催化氧化法技术有:UV/O_3、UV/H_2O_2、$UV/H_2O_2/O_3$、UV/TiO_2、$UV/O_3/TiO_2$ 工艺等。

由于光源的利用、催化剂的利用、光生电子和空穴的利用、传质问题和反应器的设计等因素的限制,因而光催化氧化技术发展不是很完善,尚且停留在实验室阶段,并没有投入到大规模的工程实践以及商业应用中。

8.5.3　湿式空气氧化

湿式空气氧化技术(CWAO)是一种治理高浓度有机废水的新技术。它指在高温、高压下,在液相中用氧气或空气作为氧化剂,在催化剂作用下,氧化水中溶解态或悬浮态的有机物或还原态的无机物的一种处理方法。它使污水中的有机物、氨氮等分别氧化分解成 CO_2、H_2O 及 N_2 等无害物质,达到净化目的。为了克服传统湿式氧化法在实际推广中对设备的耐腐蚀、耐高温、耐高压要求等造成的经济因素,湿式空气氧化法在传统的湿式氧化法的基础上发展起来,它加入适宜的催化剂,以降低反应所需的温度与压力,使氧化反应能在更温和的条件下进行,提高氧化分解能力,缩短反应时间,减轻设备腐蚀和降低生产成本。

湿式空气氧化技术利用催化剂能加快反应速度,主要从两个方面来解释。一是降低了反应的活化能;二是改变了反应历程。

1.湿式空气氧化机理

WAO反应比较复杂,主要包括传质和化学反应两个过程。

(1)传质过程

高温高压下,水及作为氧化剂的氧的物理性质都发生了变化。当温度大于150℃时,氧的溶解度大于室温状态下的溶解度,且随温度升高而增大。同时,氧气在水中的传质系数也随温度升高而增大。氧气的这一性质有助于高温下进行的氧化反应。

(2)化学反应过程

根据研究,湿式空气氧化去除有机物所发生的氧化反应主要属于自由基反应,通常可分为三个阶段,即链的引发、链的增殖和传递、链的终止。整个反应过程如下:

1)链的引发。

链的引发是指由反应物分子生成自由基的过程。在这个过程中,氧通过热反应产生 H_2O_2。

$$RH + O_2 \longrightarrow R \cdot + HOO \cdot (RH \text{ 为有机物})$$
$$2RH + O_2 \longrightarrow 2R \cdot + H_2O_2$$
$$H_2O_2 \longrightarrow 2 \cdot OH (M \text{ 为催化剂})$$

2)链的增殖和传递。

在链的增殖和传递过程中,自由基与分子相互作用,自由基数量迅速增加。

$$RH + \cdot OH \longrightarrow R \cdot + H_2O$$
$$R \cdot + O_2 \longrightarrow ROO \cdot$$
$$ROO \cdot + RH \longrightarrow ROOH + R \cdot$$

3)链的终止。

自由基之间经过碰撞生成稳定的分子,链的增长中断。

$$R \cdot + R \cdot \longrightarrow R-R$$
$$ROO \cdot + R \cdot \longrightarrow ROOR$$
$$ROO \cdot + ROO \cdot \longrightarrow ROH + R_1COR_2 + O_2$$

以上各阶段反应所生成的·OH、ROO·等自由基攻击有机物 RH,生成其他低分子酸和二氧化碳。

在湿式空气氧化反应中,尽管氧化反应是主要的,但在高温高压体系中,水解、热解、脱水、聚合等反应也同时发生,且诸多中间产物本身也以各种途径参与链反应。

2.湿式空气氧化技术的改进

传统的湿式氧化技术需要较高的温度和压力、相对较长的停留时间,尤其是对某些难氧化的有机化合物,反应要求更为苛刻。为降低反应温度和压力,同时提高处理效果,出现了使用高效、稳定的催化剂的湿式空气催化氧化(CWAO)和加入更强的氧化剂(过氧化物)的湿式过氧化物氧化(WPO)。为彻底去除一些 WAO 难以去除的有机物,还出现了将废液温度升至水的临界温度以上,利用超临界水的良好特性来加速反应进程的超临界水氧化(SCWO)。

(1)湿式空气催化氧化技术

根据催化剂在反应中存在的状态,可分为均相湿式空气催化氧化和非均相湿式空气催化氧化。

1)均相湿式空气催化氧化。

通过向反应液中加入可溶性的催化剂,以分子或离子形态对反应过程起催化作用。因此均相催化的反应较温和,反应性能好,有特定的选择性。

目前,研究较多的催化剂是可溶性的过渡金属盐类。其中,铜的催化活性较为明显。这主要是由于 Cu^{2+} 外层具有 d^9 电子结构,轨道的能级和形状都使其具有显著的形成络合物的倾向,容易与有机物和分子氧的电子结合形成络合物,并通过电子转移,使有机物和分子氧的反应活性提高。也有研究表明,Cu^{2+} 的加入主要是通过形成中间络合产物、脱氢以引发氧化反应自由基链。

2)非均相湿式空气催化氧化。

这种技术中催化剂与废水的分离简便,避免了均相催化中催化剂的流失。非均相催化剂主要有贵金属系列、铜系列和稀土系列:

· 贵金属系列对氧化反应具有很高的活性和稳定性,但成本太高;

· 铜系列催化剂由于其高活性和廉价性也被广泛研究,但由于其在湿式氧化的苛刻条件下析出的问题,至今未见到实际应用的报道;

· 稀土元素在化学性质上呈现强碱性,表现出特殊的氧化还原性,且离子半径大,可以形成特殊结构的复合氧化物。

在 CWAO 催化剂中,CeO_2 是应用广泛的稀土氧化物。它可以和贵金属偶合,提高贵金属的表面分散度,降低成本,且具有出色的"储氧"能力;CeO_2 也可以和铜系列催化剂偶合,改变催化剂的电子结构和表面性质,提高催化剂的活性和稳定性。研究表明,CWAO 催化剂正向着多组分、高活性、廉价、稳定性好的方向发展。

(2)超临界水氧化

超临界水氧化技术(SCWO)以超临界水为介质,均相氧化分解有机物。在此过程中,有机碳转化成 CO_2,而硫、磷和氮原子分别转化成硫酸盐、磷酸盐、硝酸根和亚硝酸根离子或氮气。SCWO 技术作为一种针对高浓度难降解有害物质的处理方法,因其具有效率高、反应器结构简单,适用范围广,产物清洁等特点已受到广泛重视。

将温度和压力升高到临界点以上,水的密度、介电常数、黏度和扩系数等就会发生巨大的变化,水就会处于一种既不同于气态,也不同于液态和固态的流体状态——超临界状态,此状态下的水就称为超临界水。

超临界水具有以下物理化学特性:

1)氧气等气体在通常情况下,在水中的溶解度较低,但在超临界状态下,氧气、氮气等气体可以以任意比例与超临界水混合成为单一相。

2)水的介电常数在通常情况下是 80,而在超临界状态下则下降到 2 左右,超临界水呈现非极性物质的性质,成为非极性有机物的良好溶剂,而对无机物的溶解能力则急剧下降。

3)气液相界面消失,电离常数大幅度下降,流体的黏度降低到通常的 10% 以下,因此传质速度快,向固体内部的细孔中渗透能力非常强。

SCWO 反应的基本原理是以超临界水为介质,氧化剂如 O_2 或 H_2O_2 与有机物发生反应。由于水在超临界状态下的特殊性质,使得上述反应能够在均一相中进行,不会因为相间的转移而受到限制。SCWO 反应属于自由基反应,在超临界状态下,有机污染物、加入的氧化剂和水的共价键断裂形成自由基。

SCWO 技术利用超临界水与有机物混溶的性质,具有以下优势:

1)反应速度非常快,氧化分解彻底,一般只需几秒至几分钟即可将废水中的有机物彻底氧化分解,并且去除率可达99%以上;

2)不需外界供热,处理成本低,若被处理废水中的有机物浓度在3%以上,就可以直接依靠氧化反应过程中产生的热量来维持反应所需的热能;

3)有机物和氧化剂在单一相中反应生成 CO_2 和 H_2O,出现在有机物中的杂原子氯、硫、磷分别被转化为 HCl、H_2SO_4、H_3PO_4,有机氮主要形成 N_2 和少量 N_2O,因此 SCWO 过程无需尾气处理,不会造成二次污染;

4)反应器体积小、结构简单。

SCWO 处理范围很广,已经较多地应用于各种废液的处理,还可以用于分解有机化合物。SCWO 作为一种绿色环保技术,在处理有毒、难降解和高浓度有害物质上有众多优势,且目前其应用基础已经形成,国外也有实际的工业应用之例,但世界上还很少有大规模处理污染物的SCWO 工业装置,仍没有实现 SCWO 的大规模工业推广,这主要是仍有一些技术问题未能得到解决。

超临界水氧化反应器的腐蚀和结垢问题、盐沉积及反应器堵塞问题以及超临界水氧化的高能耗、高费用的问题严重阻碍了该技术在工业生产中的推广和发展,成为制约其工业化的瓶颈问题。为了加快反应速率、减少反应时间、降低反应温度、优化反应网络,使 SCWO 能充分发挥出自身的优势,许多研究者将催化剂引入 SCWO,开发了催化超临界水氧化技术。

3.湿式空气氧化技术的进展

湿式空气氧化法是一种处理高浓度、有毒有害、难降解废水的有效手段,近年来一直受到研究人员的重视。目前湿式空气氧化法已经较多地应用于废水处理研究,其处理效果主要受催化剂特性、反应温度、反应时间、有机物初始浓度和氧分压等因素的影响。

湿式空气氧化法具有应用范围广、催化效率高、反应速度快、占地面积小和二次污染低等优点。但是,湿式空气氧化法存在着对反应设备要求高、催化剂的溶出等问题,针对这些不足,如何加强湿式空气氧化反应器和换热器及其结构材料的研究,以及研制出更加具有针对性的催化效率比较高且价格低廉的催化剂,便成为废水处理湿式空气氧化技术研究应用的方向。

8.5.4 超声

超声波是指频率在 2000 Hz 以上的声波,它也具有普通声波的基本特性,但由于超声波的频率比一般的声波频率要高得多,因此也具有一些独特的性质。

1)超声波比普通的声波具有更好的束射性;

2)超声波比普通的声波具有更强大得多的功率;

3)超声波具有的能量很大,可使介质的质点产生显著的声压作用。

超声化学自身具有低能耗、少污染和无污染等特点,且声解能将水体中有害有机物转变为 CO_2、H_2O、无机离子或将它们转变为比原有机物毒性小的有机物。超声波设备简单,容易操作,对所要处理的溶液物理化学性质要求较低;不需要加任何试剂,是一种新颖、清洁的净化方法。

超声化学反应主要源于声空化机制,空化机制是超声化学反应的主动力。一般认为,频率范围 16 kHz 到 1 MHz 的功率超声波辐照溶液会引起许多化学变化,超声加快化学反应,被认为是超声空化。超声空化是液体中的一种极其复杂的物理化学变化。它是指液体中的微小泡核在超声波作用下被激化,表现为泡核的振荡、生长、收缩及崩溃等一系列动力学过程。在空化核崩溃瞬间产生极短暂的强压力脉冲,气泡中温度可达 5000 K,压力大于 50 MPa,将足以打开结合力强的化学键并将促进"水相燃烧"反应,使 H_2O 分解为化学性质极为活泼的 $\cdot H$ 和 $\cdot OH$ 自由基,与有机物发生反应,降解常规条件下难处理的污染物。

超声降解主要通过三条途径实现:

1)在超声过程中产生的空化气泡里热解;

2)在液体本体或空化气泡液膜内,受超声过程产生的 $\cdot H$ 和 $\cdot OH$ 自由基的攻击而被降解;

3)被在空化过程中形成的超临界态水氧化而降解。

超声降解水中有机污染物的效果主要受以下因素影响:

1)溶液温度。大多数研究表明,温度低时超声降解效率比温度高时要高,一般控制在 $10\sim30℃$ 范围内。

2)溶液 pH 值。溶液 pH 值影响有机物在水中存在的形式,造成有机物各种形态的分布系数发生变化,导致降解机理的改变,进而影响有机物的降解效率。许多有机物的降解试验都需要磷酸盐缓冲液调节 pH 值,这主要是由于它与 $\cdot OH$ 的反应速率很慢。

3)溶液性质。溶液的性质如溶液黏度、表面张力和污染物物理化学性质等都会影响溶液的超声空化效果。溶液黏性对空化效应的影响主要表现在两个方面,一方面它能影响空化阈值;另一方面它能吸收声能。当溶液黏度增加时,声能在溶液中的黏滞损耗和声能衰减加强,辐射入溶液中的有效声能减小,致使空化阈值显著提高,溶液发生空化现象变得困难,空化强度减弱,因此黏度太高不利于超声降解。

4)超声频率。超声频率是超声的一个重要参数。超声的频率效应不仅与超声发生器形式、声功率和声强有关,而且与降解物质的降解机理有关。

5)声功率和声强。只有当输入到反应溶液中的声功率大于空化阈时,才可能产生空化效应。当其他条件相同时,一定范围内声强的提高有利于空化过程的进行,从而有利于污染物的降解。

6)声压振幅。声压振幅也是常被用来表征超声的物理参数。有研究认为,增大声压振幅增加了产生空化的有效液体区域和空化泡的尺度范围,从而提高了超声效果。但是,一些研究人员发现只能在某一个声压振幅范围内增大声压振幅才能提高声化效果,超过这个范围增大声压振幅则声化效果反而降低。这可能是因为声压振幅值过高,在超声辐照表面附近发生空化的空化泡密度将变得很大,这阻碍了超声能量向反应液体中的传递。

7)空化气体。空化气体是指为提高空化效应而溶解于溶液中的气体。不同的空化气体不仅会依其不同的物化性质影响超声空化的最终温度与压力,而且还可能直接或间接参与降解反应。一般来说,具有高热容比、低热导性和高溶解性的空化气体有利于声化学反应。

超声波可以加速化学反应、提高化学产率,已经较多地应用于多环芳烃、多氯联苯、垃圾渗滤液、氯酚、农药、染料等多种有机废水的降解研究,取得了良好的降解效果。

利用超声空化技术处理环境中的有机物是近年来兴起的一个研究领域,目前尚处于研究起步阶段。从工程上考虑,由于目前有关超声辐射降解水中有机物的研究报道大多处于实验室研究阶段,对理论研究开展得很不充分,缺少定量化放大准则,近期难以实现工程化。从经济性考虑,由于其能量利用率低,与其他水处理技术相比,仍存在处理率低、费用高的问题。最近研究纷纷转向该技术与其他水处理技术相结合及超声和各种催化剂联合使用这两个主要的方向。

8.5.5 过氧化氢及 Fenton 氧化技术

1.过氧化氢氧化技术

过氧化氢(H_2O_2)是一种淡蓝色的黏稠液体,是一种弱酸。它的许多物理性质与水类似,可以以任意比例和水互溶,3%的过氧化氢在医学上称为双氧水,具有消毒、杀菌的作用。

过氧化氢分子中氧的价态是 -1,它可以转化成 -2 价,表现出氧化性;可以转化成 0 价,表现出还原性。过氧化氢的氧化还原性在酸性、中性和碱性环境中是不同的,但无论在哪种条件下都是一种强氧化剂。过氧化氢分解产物为水,因此作为一种绿色氧化剂而得到广泛使用。

过氧化氢在低温和高纯度时表现得比较稳定,但受热会发生分解:

$$2H_2O_2 \longrightarrow 2H_2O + O_2$$

溶液中微量存在的杂质,如金属离子(Fe^{3+}、Cu^{2+}、Ag^+ 等)、非金属、金属氧化物都能催化 H_2O_2 的均相和非均相分解。另外,pH、紫外光、温度等也能够引发 H_2O_2 的分解。为了消除和减少各种杂质对其分解作用,一般保存或运输时,加入适量的稳定剂,如焦磷酸钠、锡酸钠、苯甲酸等。

由于过氧化氢较高的氧化还原电位,能够直接氧化水中一部分有机污染物、无机物以及构成微生物的有机物质,因而可以被用做理想的饮用水消毒剂,可以用来控制工业废水中硫化物的排放,处理含氰废水等。

一般来说,有机物和过氧化氢的反应较无机物慢,且因传质的限制,水中极微量的有机物难以被过氧化氢氧化,尤其对于高浓度、难降解的有机污染物,仅用过氧化氢效果并不十分理想。紫外光的引入则大大提高了过氧化氢的处理效果,即 UV/H_2O_2 氧化反应,其原理是紫外光可以催化分解 H_2O_2 生成氧化性更强的 HO· 等一系列活性氧物种:

$$H_2O_2 + h\nu \longrightarrow 2HO\cdot$$
$$H_2O_2 + h\nu \longrightarrow HOO^- + H^+$$
$$HOO^- + \cdot OH \longrightarrow HOO\cdot + OH^-$$
$$\cdot OH + H_2O_2 \longrightarrow HOO\cdot + H_2O$$

与单纯的 H_2O_2 氧化相比,UV/H_2O_2 体系具有更好的活性。影响 UV/H_2O_2 氧化反应的因素有:H_2O_2 的浓度、有机物的初始浓度、紫外光的强度和频率、溶液的 pH、反应温度和时间等。实验证明,UV/H_2O_2 体系对有机污染物的质量浓度的适用范围很宽,但从成本来看并不适合处理高浓度工业有机废水。近年来,有学者讨论了在 UV/H_2O_2 体系中加入如 TiO_2、ZnO 或 WO_3 等金属催化剂以强化污染物的降解。值得一提的是,虽然 UV/H_2O_2 体系能有效地除去废水中的污染物,但它有时也会产生一些有害的中间产物,对环境产生二次污染。

2. Fenton 氧化技术

Fenton 试剂法由 Fe^{2+} 和 H_2O_2 组成，这一体系在一定条件下，会产生·OH。O_3/金属催化剂技术以固体金属、金属盐及其氧化物为催化剂，加强臭氧反应，可能具两种反应机理：

1）催化剂仅仅作为吸收剂，O_3 和·OH 作为主要的氧化剂。

2）催化剂不仅同臭氧反应，还同有机物进行反应。

O_3/H_2O_2 技术是指在 O_3 水溶液中添加 H_2O_2 会显著加快 O_3 分解产生·OH 的速率，这一技术是高级氧化过程当中对于饮用水的处理最为有效的一种方法。

微波氧化技术是利用能强烈吸收微波的"敏化剂"把微波能传递给那些不直接明显吸收微波的有机物质，从而诱发化学反应，使这些有机物被氧化降解。

电催化高级氧化技术（AEOP）是最近发展起来的新型高级氧化技术，因其处理效率高、操作简便、与环境兼容等优点引起了国内外的关注，该技术能在常温常压下，通过有催化活性的电极反应直接或间接产生羟基自由基，从而有效降解难生化污染物。

现有的氧化技术都存在一定的适用范围和局限性，许多技术处理费用偏高，难以工程实施，而且处理效果无法令人完全满意。因此需要对现有工艺技术在氧化剂开发、催化剂研制、反应器设计、工艺条件等方面不断寻求突破，以寻找更完善的技术。

此外，污染治理属多学科交叉的范畴，如何将各学科中的新技术应用到高级氧化工艺中，开发新的污染治理技术是今后高级氧化技术发展的主要方向。由于各种高级氧化技术之间在机理上存在许多共性，因而在实际应用中一般是两种或两种以上高级氧化技术联合使用，以取得比单独使用一种方法更好的处理效果。随着人们对高级氧化技术及机理的深入研究，新的耦合氧化技术将会不断涌现。

8.6　环境污染修复技术

环境污染修复是指对被污染的环境采取物理、化学与生物的技术措施，使存在于环境中的污染物质浓度减少、毒性降低或完全无害化，使得环境能够部分或者全部恢复到未污染状态的过程。

传统的"三废"治理强调的是点源治理，需要建造成套的处理设施，在最短的时间内，以最快的速度和最低的成本将污染物净化去除。而污染修复是最近几十年发展起来的环境工程技术，它强调面源治理，即对人类活动的环境进行治理。污染预防、传统的环境治理和环境污染修复分别属于污染控制的产前、产中和产后三个环节，它们共同构成污染控制的全过程体系。污染修复技术有不同的分类方法，按照环境污染修复的对象可分为土壤污染修复、水体污染修复、大气污染修复和固体废物污染修复四个类型；按照环境污染修复的技术可分为物理修复、生物修复和化学修复三种。

8.6.1　物理修复技术

污染土壤的物理修复是指用物理的方法进行污染土壤的修复，主要有翻土、客土、换土、热处理、隔离、固化和填埋等。这些措施和工程治理效果通常较为彻底、稳定，但其工程量大、投资大,也会引起土壤肥力减弱,因此,目前它仅适用于小面积的污染区。

土壤污染通常集中在土壤表层,翻土就是深翻土壤,使聚集在表层的污染物分散到更深的土层,达到稀释的目的。该方法适用于土层较深厚的土壤,且要配合增加施肥量,以弥补耕层养分的减少。

1.客土法、换土法和深耕翻土法

这三种方法是人们最早应用于土壤污染治理的方法。

客土法是指将别处非污染的土壤覆盖在被污染土壤上,降低污染物对农作物影响的方法。

换土法就是把污染土壤取走,换入新的干净土壤。该方法对小面积污染严重且污染物具有放射性或易扩散难分解的土壤是必需的,以防止扩大污染范围。对换出的土壤要妥善处理,以防止二次污染。1986年,国内某地发生柴油泄露引起土壤和地下水污染,对污染的土壤和包气带采取了帷幕注浆挖土、换土的方法,在一个月内完成了第一步的治理工作。

深耕翻土法就是把污染土壤就地挖坑深埋,将未污染的土壤翻出覆盖在污染土壤上面。

这是三种有效修复治理重金属严重污染的土壤的方法。但因为实施起来往往需要花费大量的人力和物力,故只适用于污染特别严重且区域小的被污染土壤。

2.填埋处理

填埋处理是将污染土壤挖掘出来或固化后的污染土壤填埋到经过防渗预处理后的填埋场中,从而使污染土壤与未污染土壤分开,以减少或阻止污染物扩散到其他土壤中。该方法适用于污染严重的局部性、事故性土壤。水泥被认为是一种有效、易得和廉价的黏结剂。采用水泥做黏结剂固化后的土壤可作为建筑公路的路基材料。

3.土壤气提技术

土壤气提技术基本原理是通过注气孔把空气注入土壤内,同时还利用真空设备通过井孔把土中的含有挥发性的有机污染物就地抽出地表。抽出的气体需收集作后期处理。该方法能处理挥发性有机污染物和某些半挥发性有机物。

实践证明利用该方法处理被汽油污染的土壤极其有效,而处理被柴油、煤油、润滑油污染土壤的效果则不如通气生物修复法。为提高土壤中蒸气提取法处理的效果,可与注入热气法配合使用。

4.土壤冲洗法

由于土壤中的重金属绝大部分被吸附、固定在土颗粒的表面,如果将这部分颗粒分离出来集中进行处理,不但可以大大减少需要处理的物质的量,而且"干净"的部分还可以归还原处。

土壤冲洗就是将挖掘出的地表土壤用冲洗、过筛、旋液分离、浮选、磁选等物理方法将土壤分成粗砾、砂砾、砂和淤泥四个部分。粗砾和砂砾部分可以回填。而重金属富集的淤泥部分经絮凝、浓缩、压滤脱水形成淤泥饼,进行填埋处理。但是,此法不适合用于大规模操作。

5. 热解吸法

高温热解法也即热处理技术,是通过向土壤中通入热蒸气或用射频加热等方法把已经污染的土壤加热,使污染物产生热分解或将挥发性污染物赶出土壤并收集起来进行处理的方法。该方法多用于能够热分解的有机污染物,如石油污染等。产生热的方法有多种,如红外辐射、微波和射频等方式,也可以用管道输入水蒸气,或打井引入地热等来加热土壤,从而使污染物气化而挥发去除。因此,一般可在 350℃～400℃处理污染土壤,将处理过的土壤返回原地点,并辅以适当的肥水管理和种植措施,则有可能使污染土壤恢复其生产力。

6. 隔离法

隔离法就是用各种防渗材料,如水泥、黏土、石板和塑料板等,把污染土壤就地与未污染土壤或水体分开,以减少或阻止污染物扩散到其他土壤或水体的做法,该方法应用于污染严重、易于扩散且污染物又可以在一段时间后分解的情况,如较大规模事故性农药污染的土壤。

7. 固化技术

固化技术是将重金属污染的土壤按一定比例与固化剂混合,经熟化最终形成渗透性很低的固体混合物。固化剂种类繁多,主要有水泥、玻璃、硅酸盐、高炉矿渣、石灰、窑灰、粉煤灰和沥青等。固化技术的处理效果与固化剂的成分、比例、土壤重金属的总浓度以及土壤中影响固化的干扰物质有关。采用高炉渣含量不超过 80% 的水泥固化 Cr 污染土壤的结果表明,Cr 浓度超过 1000 mg/kg 的土壤经固化后,浸提出 Cr 浓度可以低于 5.0 mg/kg。随着高炉渣比例增加,浸提液中 Cr 的浓度进一步降低,固化后的混合物强度也很大。

但该法会破坏土壤,且需要使用大量的固化剂,因而只适用于污染严重但面积较小的土壤修复。

玻璃固化技术是通过加热将污染的土壤熔化,冷却后形成比较稳定的玻璃态物质,金属很难被浸提出来。该技术还可将污染的土壤与废玻璃或玻璃的组分 SiO_2、Na_2SiO_3、CaO 等一起在高温下熔融,冷却后也能形成玻璃态物质。所形成的玻璃质具有强度高、耐久性好、抗渗出等优点。该方法能有效处理金属污染物和有机污染物混合的污染土壤。玻璃化技术相对比较复杂,熔化过程需要高温 1600℃～2000℃,成本很高,限制了其应用。一般只在固体废物成分复杂而其他单一方法又难处理时才采用,实际应用中会出现难以达到完全熔化及出现地下水渗透等问题。

8.6.2　化学修复技术

1. 淋溶法

化学淋洗修复技术是在重力作用下或通过水力压头的推动,将能促进土壤中污染物溶解或迁移的化学/生物化学溶剂注入被污染土层,使之与污染物结合,并通过溶剂的解吸、螯合、溶解或络合等物理化学作用使污染物形成可迁移态化合物。含有污染物的溶液可以用梯度井或其他方式收集、储存,再进一步处理,如图 8-7 所示。其中注入的溶剂称为淋洗液,淋洗液可以是清水、无机溶剂、螯合剂、表面活性剂及共溶剂等。其中,表面活性剂及共溶剂淋洗技术是化学淋洗修复技术中具有良好应用前景的一种。

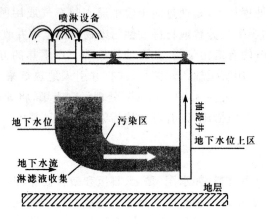

图 8-7 原位化学淋洗技术流程

土壤中的重金属或有机溶剂往往以吸附态存在,大大影响了大多数修复技术的修复效率。另外,在地下含水层中,一些有机污染物还以非水相液体(NAPLs)形式存在,NAPLs 容易深入到非均质的地下含水层中不易治理的边角区域,或吸附在土壤颗粒表面,很难去除。

表面活性剂是指能够显著降低溶剂表面张力和液液界面张力并具有一定结构、亲水亲油特性和特殊吸附性能的物质。从结构看,所有的表面活性剂都是由极性的亲水基和非极性的亲油基两部分组成。其亲水基与水相吸而溶于水,亲油基与水相斥而离开水。在水溶液中,表面活性剂将憎水基靠拢而分散在溶液相。当达到一定浓度时,表面活性剂单体急剧聚集,形成球状、棒状或层状的"胶束",该浓度称为临界胶束浓度(CMC)。低于此浓度,表面活性剂以单分子体方式存在于溶液中,高于此浓度,表面活性剂以单体和胶束的方式同时存在于溶液中。当胶束溶液达到热力学稳定时可以形成微乳溶液。

根据"相似相溶"原理,憎水性有机物有进入与它极性相同的胶束内部的趋势,因此当表面活性剂达到或超过 CMC 时,污染物分配进胶束核心。大量胶束的形成,增加了污染物的溶解性,即表面活性剂的"增溶作用"。该技术就是利用表面活性剂的增溶作用对水溶性小、生物降解缓慢的有机污染物及重金属实现了很好的去除,且已经得到了实际应用。

研究表明,使用多种表面活性剂或共溶剂对土壤的修复效果要优于使用单一的表面活性剂。共溶剂指甲醇等有机溶剂。在水相中加入适当的有机溶剂可大大提高有机物在水相的溶解度,修复过程中使用的共溶剂大多是环境可接受的水溶性醇类。共溶剂与表面活性剂共同使用时,由于共溶剂分子比表面活性剂胶束分子小得多,能有效地帮助憎水污染物由土壤颗粒相向水相迁移。另外,共溶剂本身也能溶于胶束,形成一个溶剂活性剂大胶束,增大了胶束核心的有效体积,提高了有机污染物的分配能力。

为避免二次污染,对表面活性剂的可生物降解性及无毒无害性的要求日益提高。生物表面活性剂由于具有良好的生物降解性和生物适应性,正逐渐取代合成表面活性剂而成为表面活性剂清洗技术研究的主流。

2. 超临界萃取技术

超临界萃取技术主要用于含有 PCBs 和 PAHs 等有机污染物污染土壤的修复。首先将污染土壤置于装有临界流的容器中,利用二氧化碳、丙烷、丁烷或者酒精,在临界压力和临界温度下形成流体,使有机污染物移动到容器上部,随后泵入第二个容器。在第二个容器中随着温度和压力的下降,浓缩的有机污染物被回收处理,临界流被回收再次利用。该方法用于治理 PCBs 污染的沉积物效率高。然而该技术工艺非常复杂,费用较高,目前很少使用。

3. 化学钝化剂和改良剂

通过施用化学钝化剂等降低土壤污染物的水溶性、扩散性和生物有效性,从而降低它们进入植物体、微生物和水体的能力,减轻对生态系统的危害。

无机钝化剂应用较多,在重金属镉、铅和铜等污染的土壤中,通常施用石灰性物质,可提高土壤 pH 值,使重金属生成氢氧化物沉淀,降低其在土壤中的活性,减少作物对重金属的吸收。因此,对于受重金属污染的酸性土壤,施用石灰、高炉渣、矿渣、粉煤灰等碱性物质,或配施钙镁磷肥、硅肥等碱性肥料,从而可有效减少重金属对土壤的不良影响,降低植物体内重金属浓度。在一定条件下施用碳酸盐、磷酸盐和氧化物质等都能促进沉淀生成。施入石灰硫黄合剂等含硫物质,能使土壤中重金属形成硫化物沉淀。施用有机物等还原性物质可降低土壤氧化还原电位,使重金属生成硫化物沉淀。

钝化剂的吸附作用亦能降低土壤中重金属的生物有效性。研究表明,用膨润土、人工合成沸石等硅铝酸盐作添加剂,可钝化土壤中镉等重金属,显著降低镉污染土壤中作物的镉浓度。

需要指出的是,无机钝化剂的作用除了通过调节 pH 值、沉淀和吸附等影响污染物的溶解度外,还可在一定程度上通过离子间的拮抗作用降低植物对污染物的吸收。如 Ca^{2+} 能减轻 Cu^{2+}、Pb^{2+}、Cd^{2+}、Zn^{2+}、Ni^{2+} 等重金属离子对水稻、番茄的毒害。

土壤钝化剂的选择必须根据生态系统的特征、土壤类型、作物种类、污染物的性质等来确定。如在重金属污染的碳酸盐褐土中,因其 $CaCO_3$ 含量高,土壤中有效磷易被固定,因而不适宜施用石灰等碱性物质;在此土壤中施加 K_2HPO_4 时,既可使重金属形成难溶性磷酸盐,又可增加土壤中有效磷含量。

有机改良剂常为腐殖酸类肥料和其他有机肥料,可增加土壤中腐殖质含量,提高土壤肥力,又能提高土壤对重金属的吸附能力,从而减少植物对重金属的吸收。另外,腐殖酸是重金属的螯合剂,在一定条件下能与重金属离子结合,从而降低土壤中重金属的毒害,且取材方便、经济,因此在土壤重金属污染改良中得到了广泛应用。

4. 氧化剂/还原剂

向污染土壤中添加氧化剂/还原剂可降低污染物毒性。氧化剂可以用于治理土壤中的有机污染物或无机污染物,即使氧化剂不能完全降解污染物,也可以将污染物转化为易于生物降解的形态。常用的氧化剂有臭氧、过氧化氢、次氯酸盐、氯气和二氧化氯、高锰酸钾等。此法已经成功地应用于苯类化合物污染土壤的治理。

还原脱氯常用于 PCBs 和其他含氯的有机污染物的治理。该方法是将污染土壤和碱金属充分混合,通过还原作用改变污染物的分子结构,使得氯原子从母体分子上脱离,从而有利于污染物的生物降解或者其他方法去除。还原脱氯方法通常与其他化学方法结合使用。

5.电动力学法

电动力学法是在土壤中加一直流电场,在电解、电迁移、扩散、电渗、电泳的作用下,污染物在电场中做相对运动流向土壤中的一个电极处,并通过工程化的收集系统收集起来进行处理的方法。但对有机质含量高、缓冲能力大的土壤以及土壤中有大于 10 cm 的金属固体、绝缘物体都会影响电动力学法的效果。

6.光催化降解

进入土壤表面的农药或除草剂,可在日光照射下引起直接光化学降解,这一过程可在催化剂作用下加速反应。土壤中催化剂如 TiO_2、Fe_2O_3 等,敏化剂如腐殖质,还有氧化剂如 H_2O_2、O_3 和 O_2 等存在时,产生光催化、光敏化和光氧化现象,导致农药或除草剂被间接光化学降解。

许多有机化合物能够吸收可见光和紫外光,吸收光能后可以加速化合物的降解。紫外线的能量足以使许多类型的共价键断裂,可用于 PCBs、PAHs 和石油中芳香族化合物的降解,但目前这类技术仍停留在实验室研究阶段。

8.6.3 植物修复技术

近年来,利用植物修复技术对重金属所造成的环境污染进行治理,以其更廉价、更易实施及更易为公众所接受而成为关注的热点。如对已被有机氯农药污染的土壤,可通过旱作改水田或水旱轮作的方式予以改良,使土壤中有机氯农药很快地分解排除。不同种类的植物遗传学、形态学和解剖学特征或离子运输机制的生理学特性不同,对有害重金属元素的吸收效应存在一定的差异。根据不同作物对重金属元素的吸收效应的特点,有区别、有选择地种植作物,有利于降低土壤重金属对农产品的污染,使受污染的农田得到合理的开发利用。

植物修复技术就是一种利用自然生长或遗传培育植物修复重金属污染土壤的技术。根据其作用过程和机理,重金属污染土壤的植物修复技术可分为植物提取、植物挥发和植物稳定三种类型。

1.植物提取

利用重金属超积累植物从土壤中吸取金属污染物,随后收割植物并进行集中处理,连续种植该植物,达到降低或去除土壤重金属污染的目的。目前已发现有 700 多种超积累重金属植物,积累 Cr、Co、Ni、Cu、Ph 的量一般在 0.1% 以上,Mn、Zn 可达到 1% 以上。

2.植物挥发

植物挥发的机理是利用植物根系吸收金属,将其转化为气态物质挥发到大气中,以降低土壤污染。目前研究较多的是 Hg 和 Se。湿地上的某些植物可清除土壤中的 Se,其中单质占 75%,挥发态占 20%～25%。挥发态的 Se 主要是通过植物体内的 ATP 硫化酶的作用,还原为可挥发的 CH_3SeCH_3 和 $CH_3SeSeCH_3$;Meagher 等把细菌体中的 Hg 还原酶基因导入芥子科植物,获得耐 Hg 转基因植物,该植物能从土壤中吸收 Hg 并将其还原为挥发性单质 Hg。

3. 植物稳定

利用耐重金属植物或超累积植物降低重金属的活性,从而减少重金属被淋洗到地下水或通过空气扩散进一步污染环境的可能性。其机理主要是通过金属在根部的积累、沉淀或根表吸收来加强土壤中重金属的固化。例如,植物根系分泌物能改变土壤根际环境,可使多价态的 Cr、Hg、As 的价态和形态发生改变,影响其毒性效应。植物的根毛可直接从土壤交换吸附重金属增加根表固定。

8.6.4 微生物修复技术

微生物修复是指利用天然存在的或人工培养的功能微生物群,在适宜环境条件下,促进或强化微生物代谢功能,从而达到降低有毒污染物活性或降解成无毒物质的生物修复技术,它已成为污染土壤生物修复技术的重要组成部分和生力军。根据对污染土壤的扰动情况进行分类,微生物修复可分为原位修复和异位修复;从污染物的角度来看,微生物修复可分为可用于受有机物污染土壤的修复和可用于受重金属污染土壤的修复。

根据来源不同可以把起作用的微生物分为 3 类,即土著微生物、外来微生物和基因工程菌。目前在实际的生物修复工程中应用的大多是土著微生物,土著微生物无论在数量上还是在降解潜力上都是巨大的。由于外源微生物在环境中难以保持较高的活性,基因工程菌的应用目前仍受到较为严格的限制。引进外源微生物和基因工程菌时必须考虑其对土著微生物的影响。土著微生物虽然在土壤中广泛存在,但其生长速度较慢,代谢活性不高,或者由于污染物的存在造成土著微生物的数量下降,致使其降解污染物能力降低,因而,有时需要在污染的土壤中接种一些能高效降解污染物的菌种。

近年来,采用遗传工程手段研究和构建高效的基因工程菌已引起人们的普遍关注。构建基因工程菌的技术包括组建带有多个质粒的新菌种、降解性质粒 DNA 的体外重组、质粒分子育种和原生质体融合技术等。采用这些技术可将多种降解基因转入同一微生物中,使其获得广谱的降解能力。

尽管利用遗传工程能提高微生物生物降解能力的工作已经取得了良好的效果,很多研究者同时也担心基因工程菌释放到环境中会产生新的环境问题,导致对人和其他高等生物产生新的疾病或影响其遗传基因。

1. 有机污染土壤的微生物修复

土壤中大部分有机污染物可以被微生物降解、转化,并降低其毒性或使其完全无害化。微生物降解有机污染物主要依靠两种作用方式:

1)通过微生物分泌的胞外酶降解;

2)污染物被微生物吸收至其细胞内后由胞内酶降解。

微生物从胞外环境中吸收摄取物质的方式主要有主动运输、被动扩散、促进扩散、基团转位及胞饮作用等。

微生物降解和转化土壤中有机污染物,通常是依靠多种基本反应模式来实现的。对有机污染物的氧化作用主要表现为：

1）醇的氧化，如醋酸杆菌将乙醇氧化为乙酸，氧化节杆菌可将丙二醇氧化为乳酸；

2）醛的氧化，如铜绿假单胞菌将乙醛氧化为乙酸；

3）甲基的氧化，如铜绿假单胞菌将甲苯氧化为安息香酸；

4）表面活性剂的甲基氧化主要是亲油基末端的甲基氧化为羧基的过程。

对有机污染物的还原作用主要表现为：

1）乙烯基的还原，如大肠杆菌可将延胡索酸还原为琥珀酸；

2）醇的还原，如丙酸梭菌可将乳酸还原为丙酸；

3）芳环羟基化，如甲苯酸盐在厌氧条件下可以羟基化；

4）醌类还原、双键、三键还原作用。

对有机污染物的基团转移作用：

1）脱羧作用，如脱卤作用是氯代芳烃、农药、五氯酚等的生物降解途径；

2）脱烃作用，常见于某些有烃基连接在氮、氧或硫原子上的农药降解反应，还存在脱氢卤以及脱水反应。

还有水解作用以及其他反应对有机污染物的降解，如酯类、胺类、磷酸酯以及卤代烃等的水解降解。

2. 重金属污染土壤的微生物修复

利用微生物修复受重金属污染的土壤，主要是依靠微生物对土壤中重金属进行固定、移动或转化，改变它们在土壤中的环境化学行为，可促进有毒、有害物质解毒或降低毒性，从而达到生物修复的目的。因此，重金属污染土壤的微生物修复原理主要包括生物富集和生物转化等作用方式。与有机污染物的微生物修复相比，关于重金属污染的微生物修复方面的研究和应用较少，直到最近几年才引起人们的重视。

微生物对重金属的生物积累和生物吸着主要表现在胞外配合、沉淀以及胞内积累等 3 种形式。由于微生物对重金属具有很强的亲和吸附性能，有毒金属离子可以沉积在细胞的不同部位或结合到胞外基质上，或被轻度螯合在可溶性或不溶性生物多聚物上。尽管微生物吸附方法修复矿区废弃物已有报道，但微生物对重金属的吸附作用主要还是用于废水治理。微生物吸附的实际应用取决于两个方面，即筛选具有专一吸附能力的微生物和降低培育微生物的成本。

重金属污染土壤中存在一些特殊微生物类群，它们对有毒重金属离子不仅具有抗性，同时也可以使重金属进行生物转化。其主要作用机理包括微生物对重金属的生物氧化和还原、甲基化与去甲基化、重金属的溶解和有机配合配位降解转化，改变土壤毒性，从而形成某些微生物对重金属的解毒机制。在细菌对有毒金属离子的修复中，修复 Cr 污染土壤的研究较多。金属价态改变后，金属的配合能力也发生变化，一些微生物的分泌物与金属离子发生配合作用，这可能是微生物具有降低重金属毒性的另一机理。

3. 污染土壤的微生物修复技术

土壤微生物修复技术是在适宜条件下利用土著微生物或外源微生物的代谢活动，对土壤中污染物进行转化、降解与去除的方法。从修复场地来分，土壤微生物修复技术主要分为两类,即原位微生物修复和异位微生物修复。

(1)原位微生物修复

原位微生物修复不需将污染土壤搬离现场,直接向污染土壤投放 N、P 等营养物质和供氧,促进土壤中土著微生物或特异功能微生物的代谢活性,降解污染物。原位微生物修复技术主要有以下几种。

1)生物通风法。

生物通风法又称土壤曝气法,是基于改变生物降解的通气状况等环境条件而设计的,是一种强迫氧化的生物降解方法。其操作原理是在污染的土壤上至少打 2 口井,安装鼓风机和抽空机,将空气强制注入土壤中,然后抽出土壤中的挥发性有机毒物。在通入空气时,可以加入一定量的氧气和营养液,改善土壤中降解菌的营养条件,提高土著微生物的降解活性,从而达到污染物降解的目的。

2)生物强化法。

生物强化法是基于改变生物降解中微生物的活性和强度而设计的,可分为土著菌培养法和投菌法。土著菌培养法是定期向污染土壤投加 H_2O_2 和营养,以满足土著降解菌的需要,提高土著微生物的代谢活性,将污染物充分矿化成 CO_2 和 H_2O 的方法。

目前,该方法在生物修复工程中实际应用较多,一方面是由于土著微生物降解污染物的潜力巨大,另一方面是因为接种的外源微生物在土壤中难以保持较高的活性以及工程菌的应用受到较为严格的限制。投菌法是直接向污染土壤中接入高效降解菌,同时提供给这些微生物生长所需营养的过程,但使用该方法时常常会受到土著微生物的竞争。因此,在应用时我们需要接种大量的外源微生物形成优势菌群,以便迅速开始生物降解过程。

3)土地耕作法。

土地耕作法也称农耕法,是以就地污染土壤作为接种物的好氧生物过程。首先对污染土壤进行耕耙,同时施入肥料等养分,进行灌溉,对降解菌株接种,定期翻动充氧从而尽可能地为微生物降解提供一个良好的环境,以便土壤中形成污染物的降解过程。土地耕作法相比其他处理方法,如填埋、焚烧、洗脱等,具有对土壤结构体破坏较小、实用、有效等特点,应用范围较广。

4)化学活性栅修复法。

化学活性栅修复法是依靠掺入污染土壤的化学修复剂与污染物发生氧化、还原、沉淀、聚合等化学反应,从而使污染物得以降解或转化为低毒性或移动性较差的化学形态的方法。

较为典型的化学活性栅系统修复规程是:通过注入井,把粉状胶体物质注入污染地区水流走向的下方,然后,在注入井的水流下方,开挖第二个井,用以抽取污染的地下水。通过污染地下水的处理,可以达到污染土壤修复的目的。目前,这一技术已经成功地应用于石油烃,特别是卤代烃等有机物污染土壤的修复。

(2)异位微生物修复

异位微生物修复是把污染土壤挖出,进行集中生物降解的方法。主要包括以下几种方法。

1)泥浆生物反应器法。

泥浆生物反应器法是将污染土壤转移至生物反应器,加水混合成泥浆,调节适宜的 pH 值,同时加入一定量的营养物质和表面活性剂,底部鼓入空气以补充氧气,满足微生物所需氧气的同时,使微生物与污染物充分接触,加速污染物的降解,降解完成后,过滤脱水。这种方法处理效果好、速度快,但仅仅适宜于小范围的污染治理。生物反应器一般设置在现场或特定的处理区,通常为卧鼓型和升降机型,有间隙式和连续式两种,但多为间隙式。

泥浆生物反应器具有有利于增加土壤微生物与污染物的接触面积,可使营养物、电子受体和主要基质均匀分布等优点,因此,生物反应器的修复效率较高。但是由于它增加了物料处理、固液分离、水处理以及能量消耗,泥浆生物反应器的处理成本要比农耕作法、堆制法等技术要高。因此,在选择污染土壤微生物修复技术时,应充分考虑上述各种修复方法的优缺点,结合污染物的类型、污染场地和污染状况等因素,充分发挥每种微生物修复方法的长处,加以灵活运用。

2)预制床法。

预制床法是农耕法的延续,它可以使污染物的迁移量减至最低。在不泄露的平台上铺上沙子和石子,将污染土壤平铺 10～30 cm 厚度于平台上,并加入营养液和水,必要时加入表面活性剂,定期翻动供氧,以满足土壤微生物的生长需要;处理过程中流出的渗滤液,及时回灌于土层,以彻底清除污染物。

3)堆制法。

堆制法是利用传统的堆肥方法,将污染土壤与有机废弃物质、粪便等混合起来,使用机械或压气系统充氧,同时加入石灰以调节 pH 值,经过一段时间依靠堆肥过程中微生物作用来降解土壤中的有机污染物。堆制法包括风道式、好气静态式和机械式 3 种,其中机械式易于控制,可以间歇或连续进行。近年来,国内外学者均在积极研究堆制修复的原理、工艺、条件、影响因素和降解效果等,并已将此工艺应用到污染土壤的修复。

第 9 章　环境化学研究方法

9.1　环境化学实验室模拟方法

野外现场调查是区域环境化学研究中最基本和最重要的工作,但只能了解该区域环境中各种物理、化学和生物化学作用的结果,不能确切地了解这些反应发生的过程。由于发生在自然界中的过程十分复杂,受控于多方面的因素,且多种作用交织在一起进行,因而在较深入的环境化学研究中,单一的现场调查是远远不够的,必须在现场或实验室内辅以简单的或复杂的模拟实验,才能揭示其内在的规律性。

模拟实验就是在现场模拟观测某一过程,或在实验室内模仿建造某种特定的经过简化的自然环境,并在人工控制的条件下,通过改变某些环境参数理想地再现自然界中某些变化的过程,从而得以研究环境因素间的相互作用及其定量关系。

环境化学研究中的模拟实验有以下几种分类方式:

1)按进行实验的场合可分为"现场实验模拟"与"实验室实验模拟";

2)按所研究问题的性质可分为"过程模拟"、"影响因素模拟"、"形态分布模拟"、"动力学模拟"及"生态影响模拟"等;

3)按模拟的精确性可分为"比例性模拟"和"形态分布模拟";

4)按实验的规模和复杂程度可分为"简单模拟"和"复杂模拟";

5)还可以做出其他一些划分。

模拟实验研究在推动科学发展和揭示客观世界规律性方面有巨大的作用。

1.模拟实验研究的设计及条件控制

模拟实验研究能否获得良好的结果与模拟研究的设计是否合理密切相关。经验表明,合理周密的设计应紧紧为研究目的服务。

一些学者做了酚、腈污水自净机制的模拟实验研究。在进行模拟研究之前,通过现场调查,查明某焦化厂排出的酚、腈污水在河道中有很强的自净能力,其自净过程符合负指数函数关系:

$$c_B = c_A e^{-kt} \text{ 或 } c_B = c_A e^{-kd}$$

式中,c_A——某水团在 A 点的酚(或腈)的浓度;c_B——水团流到 B 点的酚(或腈)的浓度;t——水团自 A 点流至 B 点的时间;d——A、B 两点间的距离;k——自净系数。

经分析,含酚废水的自净途径可能有微生物分解、化学氧化、挥发作用及底泥吸附等。鉴于所研究河段终年排放同类污水,且无其他污水或河流支流汇入,故假定底泥已经对酚饱和吸附。

实验的目的在于查明微生物分解、化学氧化和挥发作用在不同条件下所进行的强度,即明确这三种机制的净化量在总净化量中所占的比例。采用如图 9-1 所示实验装置进行实验。

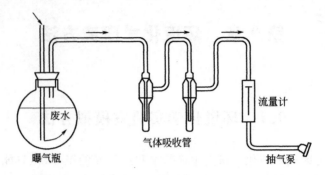

图 9-1　含酚废水降解曝气实验装置示意

将从焦化厂排水口取回的含酚废水分别置入两套实验装置中的曝气瓶中,一组加入 $HgCl_2$ 进行灭菌,另一组保持原废水中的微生物。然后在接近河流温度的条件下,按照一定的气流量进行曝气实验。按照一定的时间间隔分别取曝气瓶中的水测定其酚的减少量。

在曝气过程中挥发出的酚可用一定浓度的 Na_2CO_3 溶液吸收,然后按照相同的时间间隔测定 Na_2CO_3 溶液所吸收的酚的量。

经一定时间的曝气作用以后,未灭菌曝气瓶废水中酚的减少量减去灭菌曝气瓶废水中酚的减少量即可视为是由微生物分解引起的酚的自净量。这部分酚的自净量约占未灭菌废水中酚的自净量的 60%。吸收于 Na_2CO_3 溶液中的酚量可视为是由挥发作用引起的酚的自净量。这部分酚的自净量占未灭菌废水中酚减少量的 40%,几乎占灭菌废水中酚减少量的 100%。灭菌废水中酚的减少量减去吸收于 Na_2CO_3 溶液中的酚量可视为是由化学氧化作用引起的酚的自净量。这部分酚的自净量接近于零。

本模拟实验充分说明在酚的自净过程中单纯的化学氧化作用十分微弱,而生物化学氧化过程和挥发作用在酚的自净过程中具有十分重要的意义。

2.酸雨的形成模拟实验

(1)实验目的
了解酸性大气污染和酸雨的形成及它们的危害。
(2)实验用品
玻璃水槽、玻璃钟罩、喷头、小型水泵、小烧杯、胶头滴管、浓硫酸、浓硝酸、亚硫酸钠、稀盐酸、碳酸钠、铜片、昆虫、绿色植物、小草鱼和 pH 试纸。
(3)模拟酸性大气污染的形成过程
按图 9-2 所示做成封闭气室。
1)取少量 Na_2SO_3 于杯 1 中,加 2 滴水,加 1 ml 浓硫酸;
2)取少量铜片于杯 2 中,加 1 ml 浓硝酸;
3)取少量 Na_2CO_3 粉末于杯 3 中,加 2 ml 稀盐酸;
4)迅速将贴有湿润 pH 试纸的玻璃水槽罩在反应器上,做成封闭气室;
5)实验完毕后,用吸有 NaOH 溶液的棉花处理余气;

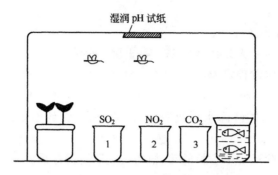

图 9-2 大气污染模拟封闭气室

6)观察动、植物在无污染的封闭气室中发生的变化,进行对比与观察。

(4)观察现象及解释

1)湿润的 pH 试纸变红,pH=4;

2)10 min 后,小昆虫落地,死亡;

3)3 h 后,小鱼开始死亡;

4)2 天后,植物苗开始枯黄、卷叶,最后死亡。

以上现象的化学反应方程式为:

$$Na_2SO_3 + H_2SO_4 \longrightarrow Na_2SO_4 + SO_2 \uparrow + H_2O$$
$$Cu + 4HNO_3(浓) \longrightarrow Cu(NO_3)_2 + 2NO_2 \uparrow + 2H_2O$$
$$Na_2CO_3 + 2HCl \longrightarrow 2NaCl + CO_2 \uparrow + H_2O$$

以上反应产生的 SO_2、NO_2 及 CO_2 均为酸性气体,使 pH 试纸呈红色。在受污染的环境中,动、植物难以存活。在无 SO_2、NO_2 及 CO_2 酸性气体存在的封闭气室的对照实验中,同样的动、植物一星期后仍存活。

(5)酸雨模拟实验

1)实验步骤。

如图 9-3 所示,在小烧杯中放入少量 Na_2SO_3,滴加 1 滴水后,加入 2 ml 浓硫酸,立即罩上玻璃钟罩,同时罩住植物苗和小鱼。少许几分钟后,经钟罩顶端加水使形成喷淋状,观察现象,最后测水、土的 pH 值。

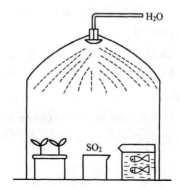

图 9-3 模拟酸雨的实验装置

2)现象及解释。

a.酸雨过后,约 1 h 小鱼死亡;

b.植物苗经酸雨淋后 3 天死亡,水 pH=4;土壤 pH=4。

以上现象的化学反应方程式为:

$$Na_2SO_3 + H_2SO_4 \longrightarrow Na_2SO_4 + SO_2\uparrow + H_2O$$

玻璃钟罩内的 SO_2 气体经降水形成酸雨,使动、植物受到危害。表明酸雨使水、土壤酸化,危害生态环境。

在无酸雨的对照实验环境中生长的动、植物一星期后仍存活。

3.同位素示踪技术在模拟实验中的应用

在环境化学模拟实验研究中,经常采用同位素示踪技术。因为此项技术可以确切地表明某元素或某污染物在环境各部分之间的具体迁移过程和归宿。

例如,国外学者应用此技术研究了汞、镉、硒由陆地向水生生态系统的迁移过程。该实验是在模拟实验装置中进行的,实验装置由一内垫有薄塑料板的金属池子构成。实验装置内包括陆生生态系统和水生生态系统两部分,前者为模拟的河滩地,由土壤、枯枝落叶层、高等植物和苔藓组成;后者为模拟的河流,由水(60 L)、沉积物和水生生物构成。河滩地上接受的降水可以径流的方式汇入河流。在模拟实验装置内保持一定的光照,温度为 $18\sim21$℃,湿度为 $70\%\sim100\%$。

使用 1.05×10^6 Bq(贝可,为放射性同位素衰变过程中放射性强弱的单位,每秒内有 1 个原子核发生衰变为 1 Bq)的 ^{115}Cd、含 4.07×10^6 Bq 的 ^{203}Hg 的煤烟尘和 3.7×10^6 Bq 的,^{75}Se 作示踪剂,将其配于人工降水中。模拟降水的速率为 2.5 cm/周。

此实验的持续时间为:^{115}Cd 的实验 3 周,在 3 周中,每周采集土壤、植物、水和鱼的样品各 2 次,供分析用;^{203}Hg 的实验 139 天,前 5 周,每周取样 1 次,以后每月取样 1 次;^{75}Se 的实验 56 天,取样安排与 ^{203}Hg 的实验相同。

实验结束后用物质平衡法计算这三种示踪剂在陆生生态系统和水生生态系统中各部分的分布。

实验结果表明,这三种元素在生态系统中的迁移和分布是有区别的。^{115}Cd 的绝大部分($94\%\sim96\%$)残留于陆生生态系统中,其中 70% 的 ^{115}Cd 存在于土壤中,^{115}Cd 在植物中的积累是缓慢的。降水中的 ^{115}Cd 有 4% 经陆地转移到水生生态系统中,其中 3% 的 ^{115}Cd 保留在沉积物中。^{115}Cd 进入鱼体比进入蜗牛慢得多。

实验证明,煤烟尘中 ^{203}Hg 是能被淋溶的,对生物群落有影响。^{203}Hg 总量的 50% 左右被淋溶到水生生态系统中,而进入水生生态系统中的 99% 的,^{203}Hg 则保留在沉积物中。^{203}Hg 在鱼体中的积累比蜗牛中的积累要高。

^{75}Se 的行为更接近于 ^{115}Cd,加入的 ^{75}Se 有 75% 残留在土壤中,9% 保留在沉积物中。^{75}Se 从陆生生态系统转入水生生态系统的速率与 ^{115}Cd 相似,比 ^{203}Hg 慢一些。

9.2　环境化学的仪器分析研究方法

1.化学分析研究

化学分析的对象是水、气、土壤、生物等各环境要素,化学元素及污染物的分析是环境化学研究的基础。工作目的与要求不同,分析项目与精度也不相同。在一般环境化学调查中,区分为简分析和全分析,为了配合专门任务,则进行专项分析或细菌分析。

(1)全分析

全分析项目较多,要求精度高。通常在简分析的基础上选择有代表性的水样进行全分析,比较全面地了解水化学成分,并对简分析结果进行检验,全分析并非分析水中的全部成分,一般定量分析以下各项:HCO_3^-、SO_4^{2-}、Cl^-、CO_3^{2-}、Cl^-、Ca^{2+}、Mg^{2+}、K^+、Na^+、NH_3、Fe^{2+}、Fe^{3+}、H_2S、CO_2、耗氧量、pH 值及干涸残余物等。

(2)简分析

简分析用于了解区域环境化学成分的概貌。例如,水质分析,可在野外利用专门的水质分析箱就地进行,简分析项目少,精度要求低,简便快速,成本不高,技术上容易掌握。分析项目除物理性质外,还应定量分析以下各项:HCO_3^-、SO_4^{2-}、Cl^-、Ca^{2+}、总硬度、pH 值等。通过计算可求得各主要离子含量及溶解性总固体。定性分析的项目则不固定,较经常的有 NO_2^-、NO_3^-、NH_3、Fe^{2+}、Fe^{3+}、H_2S、耗氧量等。分析这些项目是为了初步了解水质是否适于饮用。

(3)专项分析

根据专门的目的任务,针对性地分析环境中的某些组分。例如,在水质中,分析水中重金属离子,以确定水的污染状况。

(4)细菌分析

为了解水的污染状况及水质是否符合饮用水标准,一般需进行细菌分析,通常主要分析细菌总数和大肠杆菌。

在进行环境化学分析时,对环境要素取样必须有代表性。例如,在进行水质分析时,必须注意对地表水和地下水取样分析。因为地表水体可能是地下水的补给来源,或者是排泄去路。前一种情况下,地表水的成分将影响地下水。后一种情况下,地表水反映了地下水化学变化的最终结果。对于作为地下水主要补给来源的大气降水的化学成分,至今一直很少注意,原因是它所含物质数量很少。

但是,在某些情况下,不考虑大气降水的成分,就不能正确地阐明水化学成分的形成。因此要注意"三水"的分析研究。

2.仪器分析研究

仪器分析是根据物质的物理性质或物质的物理化学性质来测定物质的组成及相对含量。仪器分析具有快速、灵敏、准确的特点。目前,分析仪器开始进入微机化和自动化,能自动扫描,自动处理数据,自动、快速、准确打印分析结果,且新的先进仪器、新的仪器分析方法不断涌现。

根据测定的方法原理不同,仪器分析方法可分为光化学分析法、电化学分析法、色谱法和其他分析方法等。

(1)光化学分析法

光学分析法是根据物质发射、吸收辐射能,或物质与辐射能相互作用建立起来的分析方法。光学分析法主要有以下几种类型。

1)原子吸收分光光度法。

它是基于待测组分的基态原子对待测元素的特征谱线的吸收程度进行定量分析的一种方法。本法具有灵敏、准确、选择性好、操作简便快速和应用范围广等特点,是痕量金属及无机污染物分析的主要手段。到目前为止它能测定 70 多种元素,现已有许多方法定为标准方法,如水中铜、铅、锌、镉、铁、锰、锑、镍、钾、钠和铍等。

2)分光光度法。

分光光度法的理论依据是物质对不同波长的光具有选择性的吸收作用。在环境监测分析中,分光光度法是用得最多的方法之一。它具有仪器简单、容易操作、灵敏度较高和测试成分广的特点。可用于测定金属、非金属、无机物和有机化合物等。在国内外的环境监测分析中占有很大的比重。

3)荧光分析法。

荧光分析法分为分子荧光分析和原子荧光分析。

分子荧光分析法是根据某蟹物质被辐射激发后发射出的波长相同或不同的特征辐射的强度对物质进行定量分析的一种方法。在环境分析中主要用于强致癌物质的测定。

原子荧光分析法是根据待测元素的原子蒸气在辐射能激发下所产生的荧光发射强度和基态原子数目成正比的关系,通过测量待测元素的原子荧光强度进行定量分析,同时还可以利用各元素的原子发射不同波长的荧光进行定性分析。原子荧光分析对锌、镉、镁、钙等具有很高的灵敏度。

4)化学发光法。

某些物质在进行化学反应时,吸收反应产生的化学能,导致分子或原子呈激发状态,当它们回到基态时,以光辐射形式释放出能量,在反应物为低浓度时,其发光强度与物质的浓度成正比,利用这个原理测定物质的含量称为化学发光法。本法可用于大气中 NO_x,O_3,SO_2,硫化物及水中 Co^{2+}、Cu^{2+}、Ni^{2+}、Cr^{3+}、Fe^{3+}、Mn^{2+} 等金属离子的测定。

5)发射光谱分析法。

发射光谱分析法是根据气态原子受热或电激发时发射出特征辐射来对元素进行定性和定量分析的一种方法。本法具有准确、灵敏、快速、选择性好、应用范围广和样品用量少等优点。

此法不需要化学分离便可同时测定多种元素,可用于无机有害物质铬、镉、铅、硒、汞和砷等 20 多种元素的测定。但不易分析个别试样、且设备复杂、定量条件要求高。由于近年来等离子体新光源的应用,使等离子体发射光谱发展很快,已用于清洁水、废水、低质和生物样品中多种元素的测定。

6)非分散红外法。

非分散红外法不需要将红外线分光。目前已利用非分散红外吸收原理制成 CO_2、SO_2、CO 和油等监测仪器。

（2）电化学分析法

电化学分析法是利用物质的电化学性质测定其含量的方法，这类方法在环境监测中应用非常广泛。

1）电位分析法。

电位分析法是用一个指示电极和一个参比电极与试液组成化学电池，电池的电动势与待测离子的活度成正比，以此可对物质进行分析测定。电位分析法广泛用于水质中 pH、氟化物、氰化物、氨氮和溶解氧等的测定。

2）电导分析法。

电导分析法是通过测定溶液的电导来测定待测物质含量的方法。在环境监测中，电导分析法常被用来测定蒸馏水、饮用水及地表水的电导率，并以此推算出离子成分的总浓度。此法还可以测定水中的溶解氧及大气中的 SO_2。

3）库仑分析法。

库仑分析法是通过测量待测物质在某一电极上定量进行化学反应所消耗的电量进行定量分析的方法。该法可用于测定空气中 SO_2、NO_x 及水质中化学耗氧量和生化需氧量。

4）伏安和极谱法。

伏安和极谱法是用微电极电解被测物质的溶液，根据所得的电流－电压关系曲线来测定物质含量的方法。阳极溶出伏安法测定水中的 Cu、Pb、Zn、和 Cd 可以一次完成 4 个元素的同时测定，方法快速、灵敏，已被推荐作为水和废水的标准检验方法，我国也将该法定为水和废水的统一监测分析方法。

（3）色谱分析法

色谱分析法是一种物理分离分析方法。它根据混合物在互不相溶的两相中分配能力的不同，将待测混合物进行分离，从而进行定性和定量分析。色谱法主要有以下几种方法。

1）气相色谱法。

气相色谱法是一种新型的分离分析技术，具有灵敏度高、分离能力高、样品用量少和应用范围广等特点。已成为苯、二甲苯、多氯联苯、多环芳烃、酚类、有机氯农药和有机磷农药等有机污染物的重要分析方法。

2）高效液相色谱。

高效液相色谱是一种流动相为液体，采用高压泵、高效固定相和高灵敏度检测器的色谱新技术。可用于测定高沸点、热稳定性差和分子量大的有机物质，如多环芳烃、农药、苯并（a）芘等。

3）离子色谱分析法。

离子色谱分析法是离子交换分离、洗提液消除干扰、电导法进行监测的联合分离分析方法。本法可同时测定多种阴离子或阳离子。

4）纸层析和薄层层析。

纸层析是在滤纸上进行色层分析，用于分离多环芳烃。薄层层析是在均匀铺在玻璃或塑料板上的薄层固定相中进行，用于食品中黄曲霉素 B_1、作物中对硫磷农药及其代谢物对氧磷的测定等。

（4）其他分析法

其他分析法如差热分析法、质谱分析法、放射分析法、核磁共振波谱法和 X 射线荧光分析法等。

实际工作中，化学分析和仪器分析各有优缺点，应取长补短，合理应用。在环境化学监测中，仪器分析主要用于分析水、空气中的有毒物质、土壤中的金属及有机氯农药含量、农作物中的农药残毒等。

对不同类型的环境要素，化学分析和仪器分析的内容和方法不尽相同。一般而言，金属类化合物，通常用比色法和原子吸收分光光度法；非金属类化合物，常用比色法、离子选择电极法和容量法；有机化合物一般用比色法和容量法等。

9.3　环境化学图示研究方法

环境化学的图示法就是根据化学分析结果和有关资料把化学成分和有关内容用图示、图解的方法表现出来。这种方法有助于对分析结果进行比较，表示其规律性，并发现异同点，更好地显示各种环境要素的化学特性，具有直观性和简明性。

1.曲线图

曲线图是比较简单、常用的一种图示。它以直角坐标为基础，用纵、横两个坐标轴表示两相关事物的关系，即将研究的两种组分或两个因素或两项内容分别以纵、横坐标表示，做出关系曲线，如污染物浓度随时间变化曲线（见图 9-4）、矿化度－离子含量关系曲线、离子含量－深度关系曲线等。

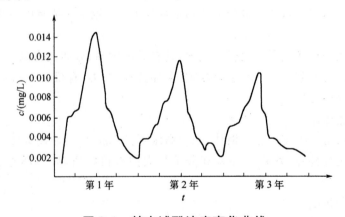

图 9-4　某水域酚浓度变化曲线

还可以对某一河流在各个地段某些水质指标用图示法表示，横坐标可表示流域中各采集水的地点距源头的距离，纵坐标表示某水质指标的数值。例如，黄河沿程含砷量与含砂量变化示意，如图 9-5 所示。还可以对同一采样点各水质指标含量作图。通过绘制曲线图，可以寻找化学成分变化的规律性。

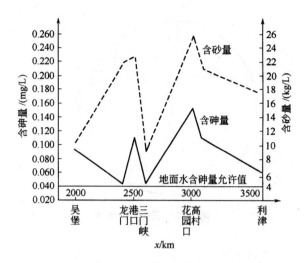

图 9-5　黄河沿程河水含砷量与含砂量变化曲线

2.等值线图

等值线图是利用一定密度的观测点资料,用一定方法内插出等值线(即浓度相等点的连线),以表示水质、大气、土壤或污染物在空间上的变化规律,如图 9-6 所示。

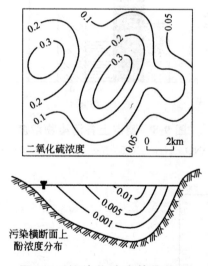

图 9-6　污染物浓度等值线图

3.圆形图示法

圆形图示法是把图形分为两半,一半表示阳离子,一半表示阴离子,其浓度单位为 mmol/L。某离子所占的图形大小,按该离子物质的量(mmol)占阴离子或阳离子物质的量(mmol)的比例而定。圆的大小按阴、阳离子总物质的量(mmol)大小而定,如图 9-7 所示。这种图示法可以用于表示一个水点的化学资料,也可以在化学平面图或剖面上表示。

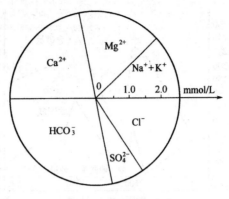

图 9-7　圆形图形法

4.直方图

直方图是用一组直方柱表示某环境要素中污染物含量或其他指标在时间或空间上的差异和变化规律,如图 9-8 和图 9-9 所示。

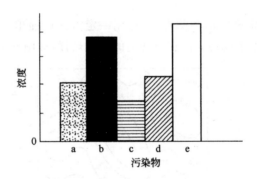

图 9-8　测点上各污染物浓度

a—NO_3^--N;b—NH_4^+-N;c—TP;d—COD;e—ss

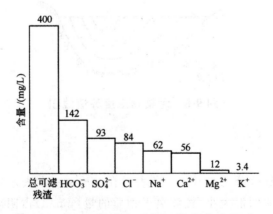

图 9-9　某观测站水质指标数量大小顺序

5.化学玫瑰图

如图 9-10 所示,化学玫瑰图是用圆的 6 条半径表示 6 种主要阴阳离子(K^+ 合并到 Na^+ 中)的毫摩尔百分数,其中圆心角均为 60°。每条半径称为离子的标量轴,圆心为零,至周边代表 100%。把各离子含量点绘在对应的半径上,用直线连接各点,即为化学玫瑰图。化学玫瑰图可以清晰地表示某环境要素中各组分的分布优势及其关系。

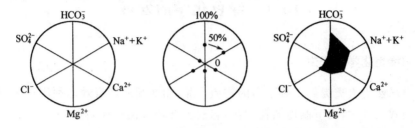

图 9-10　水化学玫瑰图画法的三个步骤

6.平面图

平面图主要包括化学成分类型分区图、采样点布置图、环境质量评价图等,这些图件可按行政区划、水系、自然单元等编制,如图 9-11 所示。

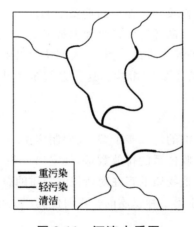

图 9-11　河流水质图

7.剖面图

剖面图主要是对地下水和土壤而言。当有足够的分层或分段取样的分析资料时,可编制地下水或土壤化学剖面图,以反映地下水化学成分或土壤成分在垂向上的变化规律。剖面图上一般还应表示水文地质的相关内容。

第 10 章　绿色化学

10.1　绿色化学的发展

10.1.1　绿色化学的产生

传统化学虽然为人类提供了数不尽的物质产品,然而却未能有效地利用资源,其对自然界采取的是掠夺式的开发,无节制地消耗物质,忽视生态环境的平衡,同时在生产过程中产生的大量有害物质也造成了严重的环境污染。

1.对化学物质的认识过程

随着人们对化学物质危害性认识的逐渐深入,防治与预防污染的措施也在逐渐发展,其大致经历了以下几个阶段:

(1)稀释有害物质

在人类对化学物质的危害性及环境保护的重要性的认识还很肤浅的时候,人类没有制定任何法规与标准来控制化学物质向环境中排放和大量暴露于人类,而是将有害物质直接排放到水、大气及土壤里作为最后的处理方法。当时,人们认为只要将化学物质在某一特殊溶剂中降低到一定浓度即足以减轻其主要的影响。这一逻辑成为当时人们处理有害物质的主要方法。

(2)规定废物排放量

随着对毒性作用及环境影响的进一步了解,人们制定了一些环境保护方面的条例来严格控制有害物质向任何一个可接收体系的排放数量,规定出一些标准及某一化学物质的最大安全浓度。这种做法没有考虑其他物质的存在对所控制物质的叠加影响。如果某一受控物质在水中本来处于安全浓度,但由于第二种物质的存在而使其产生有害影响,那么人类就不能受到足够的保护。

(3)防止污染

随着环境知识的积累及环境保护法规的日益完善,人们认识到,为了减少废物对人类健康与环境的影响,应在废物排放之前进行处理或在排放之后进行抑制。通过一些处理技术将废物转变成毒性小的物质,以减少化学有害物质的影响。

2.绿色化学的形成过程

1984 年,美国环保局(EPA)提出"废物最小化",基本思想是通过减少产生废物和回收利用废物以达到废物最少,这是绿色化学的最初思想。

1989 年,美国环保局提出了"污染预防",污染预防是指最大限度地减少生产场地产生的废物,包括减少使用有害物质和更有效地利用资源,并以此来保护自然资源。至此,绿色化学的思想初步形成。

1990 年,美联邦政府通过了"防止污染行动"的法令,将污染的防止确立为国策,所谓污染防止就是使得废物不再产生,不再有废物处理的问题。

1991 年"绿色化学"成为美国环境保护局的中心口号,从而确立了绿色化学的重要地位。同时美国环境保护局污染预防和毒物办公室启动"为防止污染变更合成路线"的研究基金计划,目的是资助化学品设计与合成中污染预防的研究项目。

1993 年研究主题扩展到绿色溶剂、安全化学品等,即"绿色化学计划",它构建了学术界、工业界、政府部门及非政府组织等自愿组合的多种协作,目的是促进应用化学来预防污染。

1993 年,在巴西里约热内卢召开了联合国环境与发展大会(UNCED),正式奠定了全球发展的最新战略——可持续发展。

从此,人类将从工业文明发展模式转向生态文明发展模式。

10.1.2　绿色化学现代发展过程

从 1996 年开始,美国每年在华盛顿科学院对在绿色化学方面作出了重大贡献的化学家和企业颁奖。此奖项旨在推动社会各界合作进行化学防止污染和工业生态学研究,鼓励支持重大的创造性的科学技术突破,从根本上减少乃至杜绝化学污染源,通过美国环境保护局与化学化工界的合作实现新的环境目标。

澳大利亚皇家化学研究所于 1999 年设立了"绿色化学挑战奖"。此奖项旨在推动绿色化学在澳洲的发展,奖励为防止环境污染而进行的各种易推广的化学革新及改进。其重点是:

1)更新合成路线,提倡使用生物催化、光化学过程、仿生合成及无毒原料等;

2)更新反应条件,以降低对人类健康和环境的危害,鼓励使用无毒或低毒的溶剂,提高反应选择性,减少废弃物的产生与排放;

3)设计更安全的化学产品。

为了使绿色化学更好地发展,推动绿色化学的研究和教育,美国于 1997 年成立了绿色化学协会(GCI),主要目的是促进美国国内及国外的政府和企业与大学和国家实验室等学术、教育、研究机构的协作,是一个非营利性,致力于环境友好化学教学、科研的工作组织。

英国皇家化学协会(RSC)创办了绿色化学网络(GCN),其主要目的是在工业界、学术界和学校中促进和普及有关绿色化学的教育、训练与实践。美国绿色化学协会在加拿大成立了分支机构,建立了加拿大绿色化学网络(CGCN)。这是一个致力于绿色化学研究和教育、保护环境和人类身心健康的非营利性机构。日本则于 2000 年成立了绿色与可持续化学网络(GSCN),主要的目的是促进环境友好、有利于人类健康和安全的绿色化学的研究与开发。2000 年 1 月在 Monash 大学成立澳大利亚研究协会专门研究中心,该中心由 Monash 大学和联邦政府共同赞助,是为了形成国际公认的绿色化学研究中心。

2004 年欧洲化学界发起了可持续化学的欧洲技术平台,2006 年 8 月 22 日又发布了实施行动计划(草案),解释如何在战略研究计划中确定优先领域并加以实施,提出了可持续化学的4 项战略目标,提出了可持续化学的优先领域和 8 个主题。

2005 年的诺贝尔奖获得者发展的烯烃复分解反应合成方法是学术领域的重要进展,它的合成路线短、副产物少、效率高,这将使生产过程对环境友好,更符合"绿色化学"的要求。它为设计新的有机物分子开拓了新思路,使得过去许多复杂分子的合成变得轻而易举,从而改变了工业上生产新物质的设计路线。烯烃复分解反应应用更合理、科学的生产方法减少了潜在的有害废物,代表了向"绿色化学"迈进的伟大进步。

2006 年 12 月 13 日,欧盟议会通过了《REACH 法案》。该法覆盖范围之广、对化工及相关行业影响之深,前所未有。《REACH 法案》涉及了 3 万多种化工产品和 500 多万种制成品,几乎涵盖了所有的化学品及下游产品的生产、贸易和使用,该法案将推动绿色化学新进程。

2008 年美国参议院提出《2008 绿色化学研发法案》,旨在引导化工行业通过技术创新活动,推出生产过程或产品本身都更安全的化学品及化工材料。

在我国,1998 年在中国科技大学举办了第一届国际绿色化学高级研讨会,2007 年 5 月在北京召开第 8 届绿色化学国际研讨会。目前,中国绿色化学国际研讨会已成为国际绿色化学顶级系列会议之一。

1999 年国家自然科学基金委员会设立了"用金属有机化学研究绿色化学中的基本问题"的重点项目。2006 年 7 月正式成立了中国化学学会绿色化学专业委员会。绿色化学在中国虽然起步较晚,但在近几年受到了充分的重视。目前国内很多高校也将"绿色化学"作为有关专业的必修或选修课程,加强了对大学生的绿色化学教育。

绿色化学在近十几年受到了世界各国的高度重视,政府直接参与、产学研密切合作已成为国际上绿色化学研究和开发的显著特点,有关绿色化学的国际学术会议与日俱增,体现了全球性合作的趋势。

10.2 绿色化学基本原理

10.2.1 绿色化学的 12 条原理

绿色化学的 12 条原理是:

(1)预防。防止产生废物比在它产生后再处理或清除更好。

(2)原子经济性。设计合成方法时,应尽可能使用于生产加工过程的材料都进入最后的产品中。

(3)无害(或少害)的化学合成。所设计的合成方法应该对人类健康和环境具有小的或没有毒性。

(4)设计无危险的化学品。化学产品应该设计为有效地显示所期望的功能而毒性最小。

(5)安全的溶剂和助剂。所使用的辅助物质包括溶剂、分离试剂和其他物品,当使用时都应是无害的。

(6)设计要讲求能效。化学加工过程的能源要求应该考虑它们的环境和经济影响并应尽量节省。如果可能,合成方法应在室温和常压下进行。

(7)使用可再生的原料。当技术和经济上可行,原料和加工厂粗料都应可再生。

(8)减少衍生物。如果可能,尽量减少和避免利用衍生化反应。因为,此种步骤需要添加额外的试剂并且可能产生废物。

(9)催化作用。采用具有高选择性的催化剂比化学计量学的助剂优越得多。

(10)设计要考虑降解。化学产品的设计应使它们在功能终了时,分解为无害的降解产物并不在环境中长期存在。

(11)为了预防污染进行实时分析。需要进一步开发新的分析方法,使之可以进行实时的生产过程监测并在有害物质形成之前予以控制。

(12)防止事故发生的固有安全化学。在化学过程中使用的物质和物质形态的选择,应使其尽可能地减少发生化学事故的潜在可能性,包括释放、爆炸以及着火等。

绿色化学的主要研究内容涉及可再生的原材料,溶剂、助剂和催化剂的革新,如何提高化学品的安全性,开发过程监测分析方法,以及变更合成方法等多方面。在一项绿色化学研究项目中不易同时体现这 12 条原理,当然这 12 条原理实际上是相互关联的,但实质上最关键的是要牢记,在化学品的创造、应用、直到报废的全过程中做到少废、无废和无毒、无害。

10.2.2 绿色化学的特点

1. 原子经济性

长期以来,合成化学对于合成工艺路线和加工生产过程中是否使用或产生有毒物质和废物则很少考虑。美国的 B. M. Trost 教授首次提出了反应的"原子经济性"新概念,他认为化学合成应考虑原料分子中的原子进入所希望产品中的数量,原子经济性的目标就是在设计合成路线时尽量使原料分子中的原子更多或全部地变成最终预期产品中的原子。

$$原子经济性或原子利用率(\%) = \frac{被利用原子的质量}{反应中所使用全部反应物分子的质量} \times 100$$

原子经济性的百分率高达 100% 时才能做到化学品生产中不产生副产物或废物,实现"零排放"、绿色化。可以通过采用新合成原料、新反应加工途径和开发新催化剂等来达到提高合成化学反应的原子经济性。

Trost 教授认为,合成效率应该是今后合成方法学研究中的关键所在,他将化学反应选择性和原子经济性并列为合成效率的两个必要方面。创造高原子经济性的合成化学反应是绿色化学研究的核心任务。

2. 使用非传统原材料

一个反应类型或一个合成路线在很大程度上是因起始物的最初选择而定的。因此,原材料的选择在绿色化学的决策过程中是非常正常的。现在,在人工合成的有机化学品中,绝大多数是从石化原料制备的。原油的精炼要消耗大量能源,而且在使原油转化为有用化学品的方法中,要经过氧化、加氧或类似的过程。传统上,这个氧化过程是化学合成中污染环境最重要的步骤之一。

农业性原材料和生物性原材料是很好的非传统原材料。这些原材料的分子中多数都含有大量的氧原子,所以用它们取代石油作起始原料可以消除污染严重的氧化步骤。

探索和开发非传统的可再生原材料是绿色化学的另一主要内容。

3.使用非传统溶剂

在传统的有机合成反应中,有机溶剂是最常用的反应介质。这些有机溶剂大部分属于挥发性有机化合物,而且很多都对环境和人类健康有害,还大多易燃易爆。因此,选择环境友好的反应介质是绿色化学研究的一个重要方面。目前一些非传统溶剂已日益增多地用于合成化学。

(1)超临界流体(SCF)

在超临界条件下的一些物质,它们的物理化学性质介于气体和液体之间,兼具两种状态的特点。如具有与液体相近的溶解能力和传热系数,同时具有与气体相近的黏度系数和扩散系数。在多数超临界流体中较为典型和应用广泛的当属超临界二氧化碳($SCCO_2$)。

CO_2无毒、不可燃、相对惰性、来源丰富、价廉,作为溶剂它必须处于超临界状态,改变温度和压力可改变它的密度和溶剂能力。它远比很多有机溶剂的毒性小,通常在室温$25\,℃$条件下对反复接触的人体是安全的。

$SCCO_2$适于作小分子反应的介质,包括氢化、胺化、羟基化、烷基化、异构化、氧化、成环作用等,也可用于无机和有机金属的反应和自由基反应。由于许多化学物质不溶于$SCCO_2$,故可用以进行选择性提取。常用于从食物中提取有效成分,如从咖啡中提取咖啡因,从食物中提取胆固醇等。

(2)离子液体

离子液体是由离子组成的液体,在室温下呈液态的盐。一般由有机阳离子(烷基铵离子、烷基磷离子、M烷基吡啶)和无机阴离子(BF_3、PFU、$SbFC$ 等)组成。离子液体没有可检测的蒸气压,不可燃,热稳定性高,且可以回收。它可溶解多种有机化合物,如原油、墨汁、塑料,甚至DNA,也可用离子液体从水中去除有毒重金属。

近来研究表明,可以在离子液体介质中进行酶催化和其他类型的生物转化反应乃至不对称合成。

最具挑战性的发现是离子液体可溶解不带电荷的共价键分子,这从理论上向"相似相溶"原理提出了挑战。近年来也有不少关于以水代替有机溶剂进行合成化学反应的报道。多种多样新型非传统反应介质的问世给绿色化学的飞速发展增添了强劲活力。

4.使用非传统催化剂

催化剂的正确选择,对合成化学反应速率、反应的选择性和转化率,以及减少或消除产生副产物等有重要影响。无毒无害和高效催化剂的研究和开发是绿色化学的一个重要研究方向。

目前在这方面已有很多付诸应用的研究成果。如:

1)采用安全的像分子筛、杂多酸等固体催化剂代替腐蚀性强酸的有害液体催化剂;

2)在精细化工工艺中采用不对称催化合成技术,得到减少有毒有害副产物的光学纯手性产品;

3)采用生物催化法以减少排废;

4)药物合成中使用超分子催化剂,并进行分子记忆和模式识别新技术;

5)在同一合成化学工艺体系中,同时采用酶、无机和有机金属催化剂,实行增效多功能催化反应等。

10.3　绿色化学的应用

10.3.1　绿色合成技术

绿色化学的目标是努力在化学品的设计、制造和使用过程中,减少或消除危险物质的使用和产生。研究跟环境友好的材料和温和的、直接的、无污染的合成方法是绿色化学的主要任务。化学家希望化学过程以清洁的、良好的方式运行,使环境友好过程、清洁技术成为化学工业发展的前沿。

1. 微波化学

微波是频率范围为 300 MHz 到 300 GHz 的电磁波,其真空中波长从 1 m 到 0.1 mm。由于微波的频率很高,所以也叫超高频电磁波。工业上主要应用的微波频率为 915 MHz 或 2450 MHz。微波作为一种传输介质和加热能源已被广泛应用于各学科领域。微波化学在相关产业中的应用可以降低能源消耗、减少污染、改良产物特性,有着巨大的应用前景。

(1)微波作用机理

微波作用到物质上,可能产生电子极化、原子极化、界面极化、偶极转向极化,其中偶极转向极化对物质的加热起主要作用。微波对被照物有很强的穿透力,对反应物起深层加热作用。

对于凝聚态物质,微波主要通过极化和传导机制进行加热。一般来说,离子化合物中离子传导机制占主导,共价化合物则是极化机制占优势。反应物对微波能量的吸收与分子的极性有关。极性分子由于分子内部电荷分布不均匀,在微波辐射下吸收能量,通过分子的偶极作用产生热效应,称为介质损耗。非极性分子内部电荷分布均匀,在微波辐射下不易产生极化,所以微波对此类物质加热作用较小。

在常见物质中,金属导体反射微波能,所以可用金属屏蔽微波辐射,以减少对人体的危害;玻璃、陶瓷等能透过微波,本身产生的热效应极小,可用做反应器材料;大多数有机化合物、极性无机盐及含水物质能很好地吸收微波,这为微波介入化学反应提供了可能性。

对于微波的作用机理,有两种不同的观点:①微波诱导有机合成反应速率或产率的提高在于微波的致热作用和过热作用,即微波热效应;②在微波作用下存在着其独特的非致热效应,即微波非热效应。微波热效应得到了众多学者的认可,而微波非热效应则一直处于争论之中。

微波加热的本质在于材料的介电位移或材料内部不同电荷的极化以及这种极化不具备迅速跟上交变电场的能力。微波中的电磁场以每秒数亿次甚至数十亿次的频率转换方向,极性电介质分子中的偶极矩的转向运动来不及跟上如此快速的交变电场,造成分子之间的相互碰撞、相互摩擦,将一部分动能转化为热能,使材料温度升高,即内加热。从本质上解释是微波能量不能引起分子能级的跃迁,所以微波只会使物质内能增加,而不会造成反应动力学上的不同。

微波非热效应观点认为微波加热还具有特殊效应,主要有以下几点:

1)微波的存在会活化反应物分子,使反应的诱导期缩短。

2)微波场的存在会对分子运动造成取向效应,使反应物分子在连心线上分运动相对加强,造成有效碰撞频率增加,反应速率加快。

3)电磁场的作用使反应的指前因子和反应活化能同时增加,这二者的增加是相互矛盾的,如指前因子增加的作用大于活化能增加的作用,微波就会加快反应进行;反之则减缓反应。

4)微波加速有机反应与其对催化剂的作用有很大关系。催化剂在微波场中被加热速率比周围介质更快,造成温度更高,在表面形成"热点",从而得到活化,造成反应速率和选择性的提高。

总之,传统加热方式是通过辐射、对流、传导由表及里进行加热,而微波加热是物质在电磁场中因本身介质损耗而引起的体积加热,可实现分子水平的搅拌,加热均匀、温度梯度小;物质吸收微波能的能力取决于自身的介电特性,因此可对混合物料中的各个组分进行选择性加热,以提高反应的选择性;微波加热除具有以上特点之外,还可引起化学反应动力学的改变、具有加快反应的催化效应等。

（2）微波在化学中的应用

微波加热能够显著改变化学反应速率。因而,国内外从有机合成到无机合成,从液相反应到干反应,从室温下合成到高温高压合成,从聚合反应到解聚反应等均有研究报道。与传统加热方式比较,微波加热的优势是:

· 微波能量可远距离输入,而不用能量源与化学品相接触;

· 能量的输入可快速地开始或停止;

· 加热速率高于传统加热方式。

1)微波在有机化学中的应用。

微波在化学中的最主要应用是有机化学,在有机合成中的应用发展极为迅速。微波有机合成的绝大部分反应还处于实验室研究阶段,主要用于优化一些已知的反应。但微波的特点是能在极短的时间内迅速加热反应物,可使一些在常规回流条件下因不能被活化而无法进行或难以进行的反应得以发生,这为微波促进有机化学研究展示了广阔的前景。

2)微波在无机化学中的应用。

在无机合成方面,微波主要用于烧结、燃烧合成和水热合成。微波烧结或微波燃烧合成是指用微波辐照固体原料,原料吸收微波能而迅速升温,达到一定温度后,引发燃烧合成反应或完成烧结过程。微波烧结有加热均匀、升温速率快、燃烧波传播可控制等优点,这一方法主要用于合成陶瓷。

微波水热合成可用于制备氧化物粉体、氮化物粉体、沸石分子筛等。用微波辐照强迫水解$FeCl_3$时,由于能使盐溶液在很短的时间内被均匀地加热,从而消除了湿度梯度的影响,同时可使沉淀相在瞬间萌发成核,由此制备的粉体粒径更小、更均匀,且可实现定量沉淀,因而提高了产率。类似地,也可用微波辐照金属硝酸盐、硫酸盐或氯化物溶液直接分解制备各种氧化物超细粉体,或用微波照射金属-有机化合物溶液来制备超细氧化物粉末。由于微波可将反应体系在短时间内均匀加热,因此可促进晶核的萌发、加速晶化速率,从而实现分子筛的合成。

利用聚四氟乙烯制作的高压反应器,在微波辐射下可以合成了Y型和ZSM-5沸石。PTFE反应器设计内径为5 cm,以保证反应物处在2450 MHz微波对水溶液体系的穿透深度范围内。常规加热条件制备的Y型沸石,常伴随有P型结晶或水钙沸石或钠菱沸石生成。微波加热条件下,未发现有上述非 Y 型结晶相生成。微波合成的选择性优于常规方式。采用微波加热诱导期极短,甚至没有诱导期,从而有效地防止了其他晶相的生成。

纳米无机颗粒表面活性强,容易团聚在一起形成带有弱连接界面的尺寸较大的团聚体,因此会降低甚至消除纳米颗粒的实际应用效果,特别在有机高分子树脂中难于均匀分散,有必要对纳米粒子进行表面改性,削弱团聚现象,提高分散效果。利用微波加热技术对纳米 TiO_2 粒子表面进行改性,把纳米 TiO_2 添加到正丁醇和油酸混合液中,在室温下高速分散 20 min,将分散好的料浆盛放在 200 ml 烧杯中,移入家用微波炉中,先用 700 W 辐射一段时间,然后调整至 120 W 辐射一定时间。反应完毕后,用乙醇清洗样品,抽滤、干燥、粉碎,得到有机化改性的纳米 TiO_2。试验表明,油酸和纳米粒子 TiO_2 经微波加热 3 min 后,油酸温度可达 120℃左右,而 TiO_2 粒子仅仅有 50℃左右,这种选择性加热既为化学反应提供了热源又避免了纳米粒子的长大。

2.超声化学

超声化学是声学与化学相互交叉渗透而发展起来的一门新兴边缘学科。超声化学是利用超声波加速化学反应、提高化学产率的一门学科。利用超声波可以加速和控制化学反应、提高反应产率、改变反应历程、改善反应条件和引发新的化学反应等。

(1)超声化学的作用机理

超声被定义为人耳能听到的声音频率之外的声音,一般认为频率在 20 kHz～500 MHz。它是由一系列疏密相间的纵波构成的,并通过媒质向四周传播。超声波作为一种能量形式,当强度超过一定值时,就可以通过它与传声媒质的相互作用,去影响、改变甚至破坏后者的状态、性质和结构。当超声波能量足够高时,就会产生"超声空化"现象。超声化学主要研究超声空化——液体中空腔的形成、振荡、生长收缩及崩溃引发的物理和化学变化。

液体超声空化是集中声场能量并迅速释放的过程。空化泡崩溃时,在极短时间和空化泡的极小空间内,产生 5000 K 以上的高温和大约 $5.05×10^8$ Pa 的高压,速度变化率高达 10^{10} K/s,并伴随产生强烈的冲击波和时速高达 400 km 的微射流。这就为在一般条件下难以实现或不能实现的化学反应提供了一种新的非常特殊的物理环境,开启了新的化学反应通道。

在液体内施加超声场,当超声强度足够大时,会使液体中产生成群的气泡,成为"声空化泡"。这些气泡同时受到强超声的作用,在经历超声的稀疏相和压缩相时,气泡生长、收缩、再生长、再收缩,经过多次周期性振荡,最终以高速度崩裂。在其周期性振荡或崩裂过程中,会产生短暂的局部高温、高压,加热和冷却的速率大于 10^{10} K/s,并产生强电场,从而引发许多力学、热学、化学、生物等效应。超声波可改变液体、固体发生化学反应的途径,它所产生的高温、高压可使声化学通过一条不同寻常的途径来促进声能量和物质的相互作用。

超声作为一种特殊的能量作用形式,与热能、光能和离子辐射能有显著的区别。超声空化作用时间短,释放出高能量。例如,在高温条件下,有利于反应物种的裂解和自由基的形成,从而形成了更为活泼的反应物种,有利于二次反应的进行,提高了化学反应的速率。同时,气泡崩溃时产生的高压,一方面有利于高压气相中的反应,另一方面高压存在导致的冲击波和微射流现象,在固液体系中起到很好的冲击作用,特别是导致分子间强烈的相互碰撞和聚集,对固体表面形态、表面组成都有极为重要的作用。总之,超声对于化学反应的影响,并不是直接作用于分子,而是间接地影响化学反应。

(2)超声化学的应用

目前,超声波的研究已涉及化学、化工的各个领域,如有机合成、电化学、光化学、分析化学、无机化学、高分子材料、环境保护、生物化学等。近年来,对超声化学在物质合成、催化反应、水处理、废物降解、纳米材料等方面的研究已成为其重要的应用研究领域。由于声能具有独特的优点,无二次污染、设备简单、应用面广,所以受到人们越来越多的关注,超声化学已成为一个蓬勃发展的应用研究领域。

1)在催化化学研究中的应用。

催化反应包括均相催化反应和多相催化反应。利用超声的空化作用以及在溶液中形成的冲击波和微射流,可提高许多化学反应的反应速度,改善目的产物的选择性和催化剂的表面形态,大幅度地提高其活化反应性,以及提高催化活性组分在载体上的分散性等。研究表明,超声催化能在低温下保持基质的热敏性并增加选择性,得到在光解和普通热解情况下不易得到的高能物种并实现微观水平上的高温高压条件。

超声波对催化反应的作用主要是:

· 改善催化剂分散性;

· 冲击波可能破坏反应物结构;

· 冲击波和微射流对固体表面有解吸和清洗作用,可清除表面反应产物或中间物及催化剂表面钝化层;

· 分散反应物系;

· 高温高压条件有利于反应物裂解成自由基和二价碳,形成更为活泼的反应物种;

· 促使溶剂深入到固体内部,产生所谓的夹杂反应;

· 超声空蚀金属表面,冲击波导致金属晶格的变形和内部应变区的形成,从而提高了金属的化学反应活性。

纳米无定形金属或合金催化材料可由它们的挥发性有机金属化合物采用超声分解的方法制备。如纳米 Fe、Co 和 Fe－Co 合金可由 $Fe(CO)_5$ 和 $Co(CO)_3(NO)$ 采用超声分解的方法得到,反应在低挥发性烷烃溶剂中、20 kHz 超声条件下完成。制得的纳米 Fe 粉末含有 3% 的碳和 1% 的氧的杂质,具有高的表面积。纳米无定形 Fe、Co 和 Fe－Co 合金对环己烷的脱氢和氢解具有高的活性。如环己烷的氧化反应,在无溶剂、温度 25～28℃ 条件下,使用纳米无定形 Fe、Co 和 $Fe_{20}Ni_{80}$ 合金作催化剂,环己烷与氧(4 MPa)反应生成环己酮和环己醇,转化率达到 40%,选择性为 80%。

超声波在催化剂的活化、再生和制备中也显示出独特的优势。例如,超声波洗涤浴可用于除去镍粉表面的氧化膜,使镍催化剂活化。

2)在有机合成中的应用。

20 世纪 80 年代以来,随着声化学的发展,超声波在有机合成中的应用研究呈蓬勃发展之势,已被广泛应用于氧化反应、还原反应、加成反应、取代反应、缩合反应、水解反应等,几乎涉及有机化学的各个领域。

3)在电化学研究中的应用。

超声在电化学中的应用主要有超声电分析化学、超声电化学发光分析、超声电化学合成、超声电镀等。超声与电化学的结合具有许多潜在的优点：

- 加速液相质量传递；
- 加快反应速率；
- 电极表面的清洗和除气；
- 增强电化学发光；
- 改变电合成反应的产率等；
- 电极表面的去钝化,电极表面的侵蚀。

超声伏安法即在超声存在下进行的伏安法,其优点有：

- 超声辐射使电极表面附近电活性物质和产物的质量传递大大加快；
- 超声通过在水声解过程中形成的高活性自由基,如羟基自由基和氢自由基改变化学和电化学反应的机理；
- 在超声存在的条件下,电化学反应中涉及的组分的吸附被减弱；
- 超声辐射能连续地使电极表面活化。

使用与超声相连的微电极能够达到极高的传质速率,超声的任何影响都集中在与电极表面冲击的瞬间,使超声对电极过程影响的研究更接近实际。

超声伏安分析法的研究主要是基于超声加快液相传质来提高灵敏度；基于电极的预处理和活化电极表面,提高重现性以及非均匀样品中的超声电化学分析等。超声伏安分析法在非均匀相样品中的应用具有广阔的前景,高浓度的蛋白质、多糖和脂肪在电极上的吸附严重污染电极,使电极的灵敏度和重现性大大降低。

电化学发光过程是电极反应产物之间或电极产物与体系中某组分进行化学反应所产生的一种光辐射过程。在电化学发光研究中存在很多问题,如电极污染严重和发光效率低等。将超声技术与电化学发光连用,不仅可以提高电化学发光分析的灵敏度,而且能克服上述缺点。

4) 降解过程中的应用。

超声波降解作用主要指对有机聚合物的降解作用及在水污染物处理过程中的应用。超声处理可以降解大分子,尤其是处理高分子量聚合物的降解效果更显著。纤维素、明胶、橡胶和蛋白质等经超声处理后都可得到很好的降解效果。目前,一般认为超声降解的原因是由于受到力的作用以及空化泡爆裂时的高压影响,另外部分降解可能是来自热的作用。

超声技术应用于水污染物中的难降解有毒有机污染物时,主要是当超声波照射水体环境时,其高能量的输出将产生涡旋气泡,而气泡内部的高温高压状态,可将水分子分解生成强氧化性的氢氧自由基。这些自由基对于各种有机物都有很高的反应速率,可将其氧化分解成其它较简单的分子,最终生成 CO_2 和 H_2O。大量的事实表明,声化学处理方法在治理废水中难生物降解的有毒有机污染物方面卓有成效。

5) 在纳米材料中的应用。

声空化所引发的特殊的物理、化学环境已为科学家们制备纳米材料提供了重要的理论依据。超声化学法是一种制各特异性能纳米材料的有效途径。

超声波对反应体系的作用主要表现在：

- 利用超声能量进行分散；
- 利用空化过程进行高温分解；

· 利用剪切破碎机理对颗粒尺寸进行控制；

· 利用机械搅动影响沉淀的形成过程。

超声化学法在制备纳米金属及合金、纳米金属氧化物及其他纳米金属化合物等方面都得到广泛应用。用声化学分解高沸点溶剂中的挥发性有机金属前体时，可以得到具有高催化性能的各种形式的纳米结构材料。在制备方法上主要有：超声雾化分解法、金属有机物超声分解法、化学沉淀法和声电化学法等。特别在超声电沉积法制备纳米粉体新技术及超声制备无机—有机纳米复合材料等方面更有其发展前景。

6)在超临界流体化学反应中的应用。

超声空化产生的冲击波和微射流不但可以极大地增强超临界流体对某些导致催化剂失活的物质的溶解作用，还起到解吸和清洗的作用，使催化剂长时间保持活性，而且还有搅拌的作用，能分散反应物系，令超临界流体化学反应传质速率更上一层楼。另外，超声空化形成的局部点高温高压将有利于反应物裂解成自由基，大大加快反应速率。目前对超临界流体化学反应研究较多，但对利用超声场强化此类反应的研究极少。

7)超声波其他方面的应用。

超声波在其他许多领域都得到广泛应用，例如，超声强化萃取和超声强化结晶。超声强化萃取分为固—液萃取和液—液萃取。超声强化固—液萃取可应用于从中药中提取或生产水杨酸，氯化黄连素，岩白菜宁等药物成分。而对于一般受传质速率控制的液—液萃取体系来说，超声波的作用十分显著，特别在有色冶金工业中金属的液—液萃取过程中应用合适的超声频率和功率作用时，可以大大加强其分解速度和提高其萃取速率。此外，超声化学技术在粮油食品的分析测试、包装、清洗、干燥、乳化、陈化、结晶、分离、萃取、澄清、化学合成、杀菌、酶研究等方面也有其广泛应用前景。

3. 电化学合成

合成化学，尤其是有机合成化学要求反应具有"原子经济性"，传统的合成催化剂和合成"媒介"是很难达到这种要求的。有机电合成把电子作为试剂，通过电子的得失来实现有机化合物合成，从本质上说，有机电合成将有可能消除传统有机合成产生污染的根源，故可以把有机电合成看作"绿色化学"的分支学科。

有机电合成符合绿色化学的目标：

1)直接进行氧化和还原的清洁合成；

2)替代了化学计量试剂；

3)可使用新的溶剂和反应媒介；

4)水相过程和产品；

5)替代了危险的试剂，溶液相氧化剂还原剂在原位产生；

6)可使用超声波等对过程强化；

7)通过试剂的原位产生和材料的循环使用，使废物最小化或降低；

8)提高了原子利用率。

有机电合成是一门涉及电化学、有机合成及化学工程的交叉学科，被称为"古老的方法，崭新的技术"。

（1）直接有机电合成

有机电氧化反应是指通过阳极向有机化合物进行电子转移从而实现氧化反应物的方法。从理论上讲,任何一种可用化学试剂进行的氧化反应,均可用电解氧化的方法来实现;而且某种物质在阳极上能否被氧化,主要取决于电化学氧化电位。同传统的有机氧化反应相比,由于未使用 Cr、Mn、Co 等高价金属,从而避免了残留金属的产生或金属废弃物的处理问题。因此,有机电氧化反应在有机合成中得到了广泛的应用。

有机电还原反应是指通过阴极向有机化合物进行电子转移从而实现还原反应物的方法。同阳极氧化反应相一致,阴极还原反应在有机合成中也得到了广泛的应用。

（2）间接有机电合成

某些有机化合物本身往往不能直接在电极表面上参加反应,需要选择某种氧化还原电对作为媒质。媒质能在电极表面上首先被氧化或还原,然后再与有机化合物进行化学反应获得产物。产物分离后,媒质在原电解槽中通过阳极或阴极再生,重新参与下一次化学反应。如此循环,直到电解完毕。

在间接电合成中,媒质可分为金属媒质、非金属媒质、有机化合物媒质和电化学媒质等种类,且合成所用的媒质不同,其反应历程也各不相同。

（3）金属有机化合物电合成

含有金属－碳键的金属有机化合物常被用作烯烃立体选择性聚合的催化剂、聚合材料和润滑剂的稳定剂、防腐剂以及颜料等。然而合成金属有机化合物通常是一项相当复杂的工作,长期以来人们一直致力于寻求新的、简便的合成路线。由于电合成法具有反应选择性高、产品纯度高和环境污染少的优点,因此,用其合成金属有机化合物的技术得到了迅速的发展。

金属有机化合物的电合成方法可分为三类,即"牺牲"电极法、常规电极法和添加催化剂法。常见的有机金属化合物电合成反应有硫鎓离子的电解还原、由羰基化合物制备有机汞齐化合物的电还原、制备烷基金属化合物的有机卤化物电还原等。

（4）有机电合成的新方法

在传统电化学基础上发展起来的一些新方法,相对于传统的有机电合成而言,这些方法都有其自身独特的优点。

1）固体聚合物电解质。

固体聚合物电解质(SPE)电合成是 20 世纪 80 年代初发展起来的一类有机电合成的新方法。SPE 复合电极由多孔金属层和 SPE 膜构成,其中膜表面的金属层作为电子导体和催化剂。SPE 膜有两方面的作用:一是起隔膜作用,将阳极室和阴极室隔开;二是传递电子,起导电作用。电化学反应发生在 SPE 膜、电催化层和有机溶剂的三相界面上。

SPE 电合成法具有不同于传统方法的优点:

· 不需要支持电解质,可避免由此产生的副反应,所以产物易于分离提纯;

· 可以在较低的槽电压和较大的电流密度下工作,因而电能消耗少、反应的选择性好。

SPE 复合电极技术在有机电合成领域中的应用研究十分活跃,人们对有机官能团的氧化或还原反应、烯烃的甲氧基化反应、双键烯烃的电还原及脱卤反应等进行了较广泛的研究,并取得了一些有价值的成果。

2)电化学不对称合成。

电化学不对称合成是指在手性诱导剂、物理作用等诱导作用存在下,将潜在的手性有机化合物通过电极过程转化为相应的光学活性化合物的一种合成方法。与通常的不对称合成方法相比,电化学不对称合成具有反应条件温和、易于控制、手性试剂用量小及产物纯净、易于分离等优点。

进行不对称合成需要手性诱导剂。常用的手性诱导剂有反应物分子的空间效应、手性电极、手性支持电解质、手性溶剂和外加物理作用等。典型的不对称电化学还原实例,如乙酰吡啶的电化学不对称还原及苯基环己基硫醚的不对称氧化。

3)成对电合成。

成对电合成是指在同一电解槽中,阴极、阳极同时得到各自的产物,或同时得到同一种有用产物的合成技术。成对电合成可以大大提高电流效率,理论上可以达到 200％;可以大大提高电合成的时空效率;与单电极反应相比,可降低生产成本和节省电能,提高电能效率。

4)电化学聚合。

电化学聚合是指应用电化学方法在阴极或阳极上进行的聚合反应,反应过程包含电化学步骤。该反应主要在电极表面上发生,但在整个聚合过程中也包括电极附近的液相化学反应。因此,电化学聚合反应一般是一种多相的聚合反应,是电化学步骤与化学步骤相关联的复杂动力学过程。同一般高分子化学聚合反应一样,电化学聚合也包括链引发、链增长和链终止三个阶段。根据产生引发物质的电极过程的类别不同,可将电聚合分为阴极聚合反应和阳极聚合反应;根据链增长的历程不同,可将电聚合分为电化学缩合聚合和电化学加成聚合两类。具体的应用实例,如苯胺的电聚合、吡咯的电聚合以及乙炔的电聚合。

4. 光化学合成

光化学反应就是只有在光的作用下才能进行的化学反应。该反应中分子吸收光能被激发到高能态,然后电子激发态分子进行化学反应。光化学反应的活化能来源于光子的能量。

光化学的研究是从有机化合物的光化学反应开始的。近年来人们对光化学的研究更多地关注于环境光化学和多相光催化,而对作为清洁技术的合成光化学的研究重视不够。

由于光是电磁辐射,相应于热化学,光化学的特点如下:

1)光作为一种非常特殊的生态学清洁"试剂"被使用,减少了其他试剂的使用;

2)光化学反应条件一般比热化学要温和,反应基本上在较低的温度下进行;

3)光化学能控制反应选择性。

光化学在合成化学中,特别是在天然产物、医药、香料等精细有机合成中具有特别重要的意义。

10.3.2 绿色化学品

1. 可降解塑料

高分子材料的出现,虽然极大地方便了人们的生活,但由于其质量轻、体积大、数量多、难以降解、废弃后对环境产生严重污染等特点已引起世界各国广泛关注。地膜、餐盒、包装袋和一次性垃圾袋等所造成的"白色污染"是继温室效应之后威胁人类生存环境的新焦点。因此，可降解塑料的开发和应用已越来越引起人们的重视。

可降解塑料是指一类其制品的各项性能可满足使用要求，在保存期内性能不变，而使用后在自然环境条件下，能降解成对环境无害的物质的塑料。因此，它也被称为环境降解塑料，或称为"绿色塑料"。

从实际应用的角度来讲，所谓的"可降解塑料"一般是特指光降解塑料、生物降解塑料和光－生物双降解塑料。在这三种降解塑料中，生物降解塑料能保持塑料特性，即使用中的稳定性、各种应用性、易处理性以及经济性，故其在塑料材料领域有着广阔的前景，已成为研究开发的新一代热点。

（1）光降解塑料

光降解塑料的作用原理是该塑料在日光照射下吸收紫外线后受到光引发作用，使键能减弱，长链断裂，成为较低分子量的碎片，较低分子量的碎片在空气中进一步发生氧化作用，降解成能被生物分解的低分子量化合物，在微生物作用下重新进入生物循环。

光降解塑料的成分中掺有光敏剂，能在日照下使塑料逐渐分解掉，但其降解时间因日照和气候变化难以预测，因而无法控制降解时间。目前，已被采用的光降解技术有合成型和添加型两种。前者是在烯烃聚合物主链上引入光敏基团，后者是在聚合物中添加有光敏作用的化学助剂。

光降解是聚合物在吸收紫外线等辐射能后，容易形成电子激发态而产生光化学过程，使聚合物破坏。在大气环境中，聚合物通过光的物理吸收过程而引起光化学反应，脱出聚合物分子链上的氢原子而形成自由基。直链聚合物降解后不再形成新的基团，而交联聚合物则在降解过程中又可能形成新的基团，这是简单的光降解机理。通常形成的自由基在有氧存在的条件下便发生氧化反应，形成过氧化基团以维持降解过程。过氧化基团和氢原子作用形成过氧化氢并脱出。过氧化物只需吸收光线中比紫外线稍低的能量，通过聚合物中残留的微量金属的催化作用很快便可分解。如图 10-1 所示。

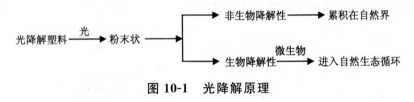

图 10-1　光降解原理

引起聚合物光降解作用的主要是波长 290～400 nm 的紫外光，波长越短，对聚合物的破坏越大。到达地面的紫外光的能量足以使某些聚合物的化学键发生断裂。但是，各种聚合物吸收光波的波长是不同的。

目前合成的光降解聚合物主要是烯烃和一氧化碳或烯酮类单体的共聚物。这样就可以得到含有羰基结构、可以发生光降解的聚乙烯（PE）、聚苯乙烯（PS）、聚丙烯（PP）、聚氯乙烯（PVC）、聚酰胺（PA）等。国外已经实现工业化的合成型光降解塑料有乙烯/CO 共聚物、乙烯酮共聚物、引入光活性基的接枝共聚物等。

添加各种光敏剂或光分解剂可以促使聚合物材料加快光降解。光降解添加剂主要有下述几种：

1）羰基甲基酮类。羰基甲基酮类作为促降解剂用于控制降解特种聚合物，常见的有二苯甲酮、对苯醌、1,4－萘醌、1,2－苯并蒽醌醇和2－甲基蒽醌醇等。

2）金属化合物。金属盐、氧化物和络合物特别是过渡金属的络合物常用作光热氧化降解的促进剂，往往和芳基甲基酮配合使用。在过渡金属氯化物中，氯化铁是最有效的光敏剂。常用做促降解剂的金属盐是硬脂酸铁。

3）含有芳烃环结构的物质。这类添加剂主要有：蒽、菲与六氢芘等。

4）过氧化物。过氧化物和偶氮化合物可以热分解产生自由基，也可以在光照条件下分解产生自由基。所以过氧化物可用做自由基引发剂，进而被用做促降解剂。但这类化合物的主要的应用是利用它较低的热稳定性。

5）卤化物。碳－卤键比碳－碳键或碳－氢键更弱，很容易断裂。

6）颜料等添加剂。塑料制品必须加入不同添加剂以改进其性能。国外已经实现工业化的添加型光降解塑料生产技术有添加芳香酮、添加金属络合物增感剂（Fe）、添加络合物取代二苯甲酮、添加金属络合物（Ni－Fe）、添加光增感剂、添加金属抗氧剂游离金属离子等。

（2）生物降解塑料

生物降解塑料是指在自然界微生物的作用下可完全分解成为低分子化合物的塑料，它的特点是贮存运输方便，干燥环境下不需要避光，应用范围较广。

1）生物降解机理。

生物降解是专指微生物降解。无光、高湿、合适的温度等环境因素，以及碳源和合适的矿物质是微生物生长的必要条件，也是影响塑料生物降解的因素。因此，凡适合于微生物生长的环境因素均有利于塑料的生物降解。

塑料的生物降解过程如图 10-2 所示，首先微生物分泌的酶附于塑料表面；然后，由酶的作用，顺序切断组成塑料的大分子中的某些化学键，从而发生降解，分子链变短，高分子化合物变为低分子化合物，塑料被破坏。酶的继续作用使低分子化合物进一步分解成有机酸，并经微生物体内的各种代谢过程，最终分解成二氧化碳和水。

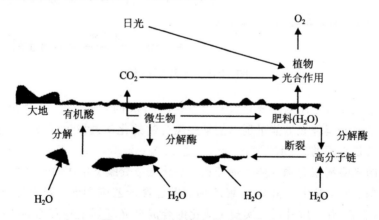

图 10-2　塑料的生物降解过程

生物降解材料的降解形式大致有 3 种：

• 生物的物理作用。由于生物细胞的增长使聚合物组分水解、电离质子化而发生机械性破坏,分裂成低聚物碎片。

• 生物的化学作用。微生物侵蚀后,其细胞的增长使得聚合物产生新的物质(CH_4、CO_2和 H_2O)。

• 酶的直接作用。微生物酶的本质是蛋白质,而蛋白质是由 20 种氨基酸组成的,氨基酸分子里除含有氨基和羧基外,有的还含有羟基或巯基等,这些基团既可作为电子供体,也可作为氢受体,它们能和材料分子或氧分子发生吸附作用。这些带电质点构成了酶的催化活性中心,使被吸附材料分子和氧分子的反应活化能降低,从而加速了材料的生物降解反应。

2)生物降解塑料。

生物可降解塑料按降解机理和破坏方式可分为完全生物降解型和生物破坏性塑料两种。其中,完全生物降解型塑料是主要采用天然高分子材料如淀粉、废糖蜜和具有生物降解性的合成高分子材料或水溶性高分子材料以及利用微生物发酵法制备的可降解塑料。

生物破坏性塑料是对材料水平而言的,主要是天然高分子与通用型合成高分子通过共混或共聚而制成的降解塑料。其组合方式有以下几种:

• 用熔融和溶液共混的方法;

• 将两种高分子材料配成悬浮体系,然后制成各种复合物;

• 将天然高分子材料分散或溶解在可进行聚合反应的体系中,进行均聚和共聚合反应,使体系中的单体聚合,得到含天然高分子的复合材料;

• 将天然高分子在适当的条件下进行适当的降解,并使降解后的分子链段与其他单体聚合反应,从而制备具有生物降解性能的新型共聚物。

(3)光-生物双降解塑料

光-生物双降解塑料是将光降解和微生物降解相结合,使其同时具有光和微生物降解塑料的特点。

光-生物双降解塑料不仅克服了无光或光照不足的不易降解、降解不彻底以及降解时间长等缺陷,同时还克服了生物降解塑料加工复杂、成本太高不易推广的弊端,因而成为近年来国内外研究的重点和热门课题。其制备方法是采用在通用高分子材料中添加光敏剂、促氧化剂、抗氧剂和作为微生物培养基的生物降解增敏剂等的添加型技术途径。

光-生物降解塑料可分为淀粉型和非淀粉型两种类型,目前采用淀粉作为生物降解助剂的技术应用比较普遍。淀粉型光-生物双降解塑料的作用机理是:

• 淀粉等添加剂首先被生物降解;

• 聚合物的基质被削弱,使聚合物母体变得疏松,增大表面与体积之比;

• 同时日光、热、氧等引发光敏剂、促氧化剂和生物降解增敏剂的光氧化和自氧化作用等,导致聚合物的氧化、断裂,使聚合物分子降解到能被微生物所消化的程度,最终变成二氧化碳和水,被农作物吸收。

光-生物双降解塑料的生产工艺和设备都比较复杂,其中淀粉的细化和结构水的脱除以及温度控制是关键。由于其设备投资大、工艺复杂,进行市场化、产业化的推广不容易,从而限制了它的发展。又由于细化的淀粉成本较高,故其生产成本相对较高。

淀粉型光-生物降解地膜的研究在淀粉微细化、淀粉母料及其衍生物易吸水、淀粉及其衍生物与聚乙烯的相容性、淀粉基塑料的加工性能、诱导期可控等技术难题上取得了突破性的进展。北京塑料研究所采用聚乙烯为基础料，并添加含有光敏剂、光氧化稳定剂等组成光降解体系和含有 N、P、K 等多种化学元素作为生物降解体系的浓缩母料，经挤出吹塑制成一定厚度的可控降解地膜。该降解地膜不仅具备普通地膜的保温、保湿和力学性能，而且可控性好，诱导期稳定，在暴晒条件下，当年可基本降解成粉末。在无光条件下，也可以促进微生物繁殖生长。目前，国内光－生物降解塑料的研究进程可与世界同步，研究水平与发达国家相当。

2.生物农药

农药是实现农业增产的重要手段，是农业生产不可缺少的生产资料，农药的使用对农业的发展是非常重要的。但是，大量传统化学农药在造福人类的同时，也对人类赖以生存的环境带来了很大的危害，并在很大程度上影响了我们的生活。

由于大量使用化学农药，空气、水源和土壤受到了污染，并潜入农作物，残留在粮食、蔬菜、水果等食品中，或通过饲料、饮用水进入畜体，继而又通过食物链或空气进入人体，并在人体当中蓄积，危害人类健康。另外，长期使用某些化学农药会使害虫产生了抗药性。由于传统化学农药选择性差，往往在杀死害虫的同时也能大量杀死害虫的天敌，使害虫失去了自然控制，导致虫害更为严重。发达国家于是开始以长远的眼光重新审定化学农药产业的发展技术策略和市场管理。

针对化学农药的种种弊端，一些国家已研制出一系列选择性强、效率高、成本低、不污染环境、对人畜无害的生物农药。生物农药已越来越多地用于农作物防病、治虫、除草等方面，对控制和消灭农作物病虫害、提高作物品质和产量发挥着重要作用。

生物农药是指直接利用生物产生的生理活性物质或生物活体作为农药，以及人工合成的与天然化合物结构相同的农药，这种农药也称为生物源农药。具体说是指以生物活体如细菌、真菌、病毒等微生物或其代谢产物为原料而制成的，或者是通过转基因、仿生合成具有特异作用的，用来防治农业病、虫、草、鼠害和卫生害虫等有害生物的生物活体及其生理活性物质，并可以制成商品上市流通的生物源制剂，包括细菌、病毒、真菌、线虫、植物生长调节剂和抗病、虫、草害的转基因植物等。生物农药包括微生物源，植物源，动物源和抗病、虫、草害的转基因植物等。

生物农药具有高效、广谱、不易产生抗药性、对人畜安全、不污染环境等特点，而且原料易获得、生产成本低。生物农药与化学农药相比，其有效成分来源、工业化生产途径、产品的杀虫防病机理和作用方式等诸多方面，有着许多本质的区别，是当前农作物病虫害防治中具有广阔发展前景的一种农药。

生物农药主要具有以下几方面的优点：

(1)选择性强，对人畜安全。目前市场开发并大范围应用成功的生物农药产品，只对病虫害有作用。

(2)对生态环境影响小。生物农药控制有害生物，主要是利用某些特殊微生物或微生物的代谢产物所具有的杀虫、防病、促生功能。

(3)可以诱发害虫流行病。一些生物农药品种，具有在害虫群体中定殖、扩散和发展流行的能力。不但可以对当年当代的有害生物发挥控制作用，而且对后代或者翌年的有害生物种群起到一定的抑制作用,具有明显的后效作用。

（4）可利用农副产品生产加工。目前国内生产加工生物农药,一般主要利用天然可再生资源,原材料的来源十分广泛,生产成本比较低廉。

10.3.3　绿色化工生产

面对化学工业产生的环境污染,最初人们采用的办法是"末端治理",各国政府和企业投入大量的人力和资金,对环境污染的治理方法和技术开展了大量卓有成效的研究,发展了水处理技术、大气污染防治技术、固体废弃物处理技术和噪声治理技术等环境保护技术,对生态环境的保护作出了重要贡献。但是随着人类社会的不断进步、发展和化工生产规模的迅速增长,环境污染治理的速度远远落后于环境污染的速度。

解决问题的根本办法只有一条,就是改变传统的化工生产模式,实施绿色化工生产,从污染源头防止污染的发生。用绿色的化工工艺取代传统的化工工艺;采用无毒、无害的原料;在无毒、无害的反应条件下进行;使反应具有高选择性,最大限度地减少副产物的生成。要达到此目的,必须在化工行业推行清洁生产,实现零排放,把污染消灭在生产过程中。

1. 化学工业的清洁生产

清洁生产是指将综合预防的环境策略持续地应用于生产过程和产品中,以便减少对人类和环境的风险性。定义包含了两个全过程的控制,即生产全过程和产品整个生命周期的全过程。对生产过程而言是节约原材料、能源,尽可能不使用有毒的原材料,尽可能减少有害废物的排放和毒性;对产品而言是沿产品的整个生命周期也就是从原材料的提取一直到产品最终处置的整个过程都尽可能地减少对环境的影响。

清洁生产的思想与传统的思路不同:传统的观念考虑生产对环境的影响时,把注意力集中在污染物产生之后如何处理,以减少对环境的危害;而清洁生产则是要求把污染消除在生产过程中的污染产生之前。

清洁生产的理论基础包括:可持续发展理论、全过程控制理论、工业生态学理论、最优化理论及环境承载力理论等。

化工行业清洁生产的内容包括三个方面,即清洁的生产过程、清洁的产品和清洁的能源。对生产过程而言,清洁生产包括节约原材料和能源,淘汰有毒原材料并在全部排放物和废物离开生产过程之前减少其数量和毒性;对产品而言,清洁生产策略旨在减少产品在整个生命周期过程中对人类和环境的影响。

清洁的生产过程是指:

- 在生产中尽量少用和不用有毒有害的原料;
- 采用无毒无害的中间产品;
- 采用少废、无废的新工艺和高效设备,改进常规的产品生产工艺;
- 尽量减少生产过程中的各种危险因素,如高温、高压、易燃、易爆等;
- 采用可靠、简单的生产操作和控制方法;
- 完善生产管理;
- 对物料进行内部循环使用,对少量必须排放的污染物采取有效的设施和装置进行处理与处置。

清洁的产品是指在产品的设计和生产过程中,应考虑节约原材料和能源,少用昂贵的和紧缺的原料;产品在使用过程中和使用后不会危害人体健康和成为破坏生态环境的因素,易于回收、复用和再生,产品的使用寿命和使用功能合理,包装适宜。

清洁的能源是指常规能源的清洁利用、可再生能源的利用、新能源的开发、各种节能技术的推广以及提高能源的利用率。

总之,清洁生产主要包括以下几个方面:

· 原料绿色化。应选择无害、无毒的化工原料,并且在此类原料获得的过程中不产生环境污染。

· 化工过程绿色化。目标是实现"原子经济"反应,即原料分子中的原子全部转化为产物,最大限度地利用资源,实现废物的零排放。

· 反应介质绿色化。采用无害、无毒的反应介质,主要是采用绿色催化剂和溶剂。

· 产品绿色化。生产出对环境友好的更安全的化工产品。

2.化学工业的"零排放"

化学工业"零排放"是指在化工生产过程中,无限地减少污染物的排放直至为零的活动,即应用物质循环、清洁生产和生态产业等各种技术,实现对资源的完全循环利用,而不给环境造成任何废物。换言之,就是在化工生产中以最小的投入谋求最大的产出,在一种产业无法做到时则构筑产业间生产网络,将某种产业产生的废弃物或副产品作为另一产业的原材料。

"零排放"包含两方面内容:

1)要控制化工生产过程中废物的排放直至减少到零;

2)将那些不得已排放出的废弃物资源化,最终实现不可再生资源和能源的可持续利用。

化学工业"零排放"不单纯指减少废物直至排放为零,还包含节约资源和能源、延长产品使用寿命、产品易回收、可重复使用也是重要内容。

化学工业"零排放"代表着从分散的粗放型经济发展模式向"四高"(高技术含量、高质量、高效率、高收益)和"四低"(低物耗、低能耗、低水耗、低污染)的循环经济发展模式的转变;它是一个无限逼近的极限过程,"3R"(减量化、再利用、再循环)原则和清洁生产是实现"零排放"的前提和手段,生态工业园区是实现"零排放"的重要组织形态、发展形态、必要的手段和载体。

化学工业"零排放"的原则:

(1)控制可再生资源的消耗量。

(2)在化工生产中节约使用不可再生资源,开发深度提取资源的技术。

(3)能源使用要逐渐由富碳能源、低碳能源逐步向无碳能源(氢能、聚变能、风能、太阳能)和再生能源转变。

(4)化工生产排放废弃物的种类和数量不能超过现有环保技术和再利用技术的处理容量和能力,废弃物排放速度不能超过清洁生产新技术的开发速度。

(5)开发与利用"地上资源"。对住房、汽车、家电、生活用品等"地上资源"进行再利用,是"零排放"的重要内容。

(6)发展高新技术,进行产品结构调整,生产附加价值高的产品。

参考文献

[1]夏立江.环境化学.北京:中国环境科学出版社,2003.

[2]王秀玲,崔迎.环境化学.上海:华东理工大学出版社,2013.

[3]姚运先.环境化学.广州:华南理工大学出版社,2009.

[4]汪群慧.环境化学(第2版).哈尔滨:哈尔滨工业大学出版社,2008.

[5]邹洪涛,陈征澳.环境化学.广州:暨南大学出版社,2011.

[6]沈玉龙,曹文华.绿色化学(第2版).北京:中国环境科学出版社,2009.

[7]赵美萍,邵敏.环境化学.北京:北京大学出版社,2005.

[8]郭子义.环境化学概论(第2版).北京:北京师范大学出版社,2004.

[9]董德明,康春莉,花修艺.环境化学.北京:北京大学出版社,2010.

[10]王红云,赵连俊.环境化学(第2版).北京:化学工业出版社,2009.

[11]李健,高沛峻.污水处理技术.北京:中国建筑工业出版社,2005.

[12]袁加程.环境化学.北京:化学工业出版社,2010.

[13]张宝贵.环境化学.武汉:华中科技大学出版社,2009.

[14]戴树桂.环境化学进展.北京:化学工业出版社,2005.

[15]黄伟.环境化学.北京:机械工业出版社,2010.

[16]吕小明.环境化学.武汉:武汉理工大学出版社,2005.

[17]陈景文,全燮.环境化学.大连:大连理工大学出版社,2009.

[18]杨志峰,刘静玲.环境科学概论.北京:高等教育出版社,2004.

[19]何强,井文涌.环境学导论(第3版).北京:清华大学出版社,2004.

[20]魏世强.环境化学.北京:中国农业出版社,2006.

[21]唐孝炎,张远航,郝敏.大气环境化学.北京:高等教育出版社,2006.

[22]何燧源.环境化学(第3版).上海:华东理工大学出版社,1996.

[23]牟树森,青长乐.环境土壤学.北京:中国农业出版社,2001.